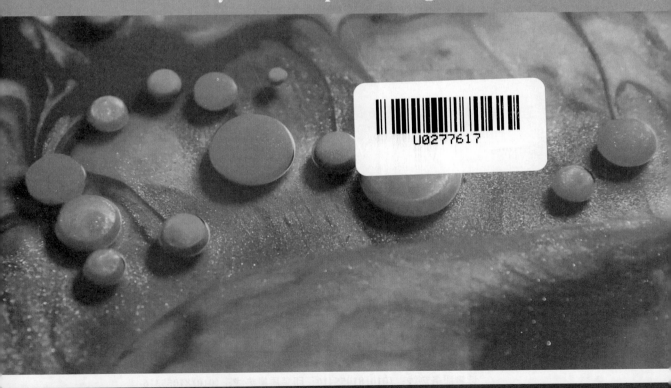

Packt>

深度学习系列
DEEP LEARNING SERIES

Python
深度学习从原理到应用

[美] 瓦伦蒂诺·佐卡（Valentino Zocca）　　　　[英] 丹尼尔·斯莱特（Daniel Slater）

[意] 詹马里奥·斯帕卡尼亚（Gianmario Spacagna）　　[比] 彼得·鲁兰茨（Peter Roelants）　　著

王存珉 王燕 译

Python Deep Learning

人民邮电出版社

北　京

图书在版编目（CIP）数据

Python深度学习从原理到应用 /（美）瓦伦蒂诺·佐卡（Valentino Zocca）等著；王存珉，王燕 译. --北京：人民邮电出版社，2021.3
（深度学习系列）
ISBN 978-7-115-55116-0

Ⅰ．①P… Ⅱ．①瓦… ②王… ③王… Ⅲ．①软件工具—程序设计 Ⅳ．①TP311.561

中国版本图书馆CIP数据核字(2020)第203783号

◆ 著　　　[美] 瓦伦蒂诺·佐卡（Valentino Zocca）

　　　　　　[英] 丹尼尔·斯莱特（Daniel Slater）

　　　　　　[意] 詹马里奥·斯帕卡尼亚（Gianmario Spacagna）

　　　　　　[比] 彼得·鲁兰茨（Peter Roelants）

　　译　　　王存珉　王 燕

　　责任编辑　吴晋瑜

　　责任印制　王 郁　焦志炜

◆ 人民邮电出版社出版发行　　北京市丰台区成寿寺路 11 号

　　邮编　100164　　电子邮件　315@ptpress.com.cn

　　网址　https://www.ptpress.com.cn

　　北京鑫正大印刷有限公司印刷

◆ 开本：800×1000　1/16

　　印张：19

　　字数：373 千字　　　　　　　2021 年 3 月第 1 版

　　印数：1 – 2 500 册　　　　　2021 年 3 月北京第 1 次印刷

　　著作权合同登记号　图字：01-2019-3819 号

定价：89.90 元

读者服务热线：(010)81055410　印装质量热线：(010)81055316
反盗版热线：(010)81055315
广告经营许可证：京东市监广登字 20170147 号

内容提要

本书借助现实案例介绍深度学习算法的实际应用（包括最佳实践），旨在帮助读者了解如何识别和提取信息，以提高预测准确率及优化结果。

本书共 10 章，分别是机器学习——引言、神经网络、深度学习基本原理、无监督特征学习、图像识别、递归神经网络和语言模型、深度学习在棋盘游戏中的应用、深度学习在电子游戏中的应用、异常检测和构建一个可用于生产环境的入侵检测系统。

本书适合想深入研究深度学习算法和技术的读者学习，也适合想探究如何从这项强大技术中学到更多知识的读者参考。

作者简介

瓦伦蒂诺·佐卡（Valentino Zocca）拥有罗马大学数学硕士学位，后又获得了美国马里兰大学的数学博士学位。其博士论文涉及辛几何（symplectic geometry）内容。瓦伦蒂诺曾在英国华威大学工作过一个学期，在巴黎攻读完博士后学位，他去了美国华盛顿哥伦比亚特区，在那里开始了他的职业生涯。当时，他就职于 Autometric 公司（后被波音公司收购），作为高级立体 3D 地球可视化软件设计、开发和实现方面的关键人员参与了一项高科技项目。在波音公司工作期间，他开发了许多数学算法和预测模型，并且用 Hadoop 实现了多个卫星图形可视化程序的自动化。源于在这一领域的积累，他成了一名机器学习和深度学习方面的专家，还曾在意大利米兰和美国纽约举办过机器学习和深度学习方面的研讨会。

瓦伦蒂诺目前居住在纽约，在一家大型金融公司担任独立顾问，负责为公司开发计量经济模型，并利用机器学习和深度学习技术创建预测模型。

詹马里奥·斯帕卡尼亚（Gianmario Spacagna）是 Pirelli 的一名高级数据科学家，负责处理物联网和联网车辆应用中的传感器数据和遥测数据。为了分析和开发混合动力、物理驱动和数据驱动汽车模型，他在工作岗位中跟轮胎技工、工程师以及业务部门保持着密切合作。詹马里奥擅长为数据产品构建机器学习系统以及端到端的解决方案。詹马里奥是《专业数据科学宣言》（*The Professional Data Science Manifesto*）的合著者，还是《数据科学》（*Data Science*）米兰活动社区的创始人，他热衷于在社区推行最佳实践和有效方法。

詹马里奥拥有意大利都灵理工学院远程信息处理技术硕士学位和瑞典皇家理工学院分布式系统软件工程学士学位。在加入倍耐力公司之前，他在零售和商业银行（巴克莱银行）、网络安全（思科公司）、预测营销（安捷隆公司）等行业工作。

丹尼尔·斯莱特（Daniel Slater）的编程生涯始于 11 岁——为 id Software 公司的《雷

神之锤》(*Quake*)游戏开发插件。出于对编程的痴迷,他成了游戏行业热门系列电子游戏《锦标赛经理人》(*Championship Manager*)的开发人员。后来,他转战金融行业,从事高风险、高性能信息系统方面的工作。

丹尼尔·斯莱特目前是 Skimlinks 的一名工程师,从事了解在线用户行为的大数据工作。他喜欢参加一些与深度学习和强化学习相关的技术会议,还利用业余时间来训练人工智能在游戏中打败计算机。

感谢我的妻子尤迪特·科洛(Judit Kollo)给予我的爱与支持。感谢我的儿子大卫(David)、我的母亲凯瑟琳(Catherine)以及我的父亲唐(Don)。

彼得·鲁兰茨(Peter Roelants)拥有比利时鲁汶大学计算机科学硕士学位,主攻人工智能领域。他擅长将深度学习应用于各种问题,例如光谱成像、语音识别、文本理解和文档信息提取)。

目前,他在 Onfido 公司担任数据提取研究小组组长,主要从事提取官方文件数据的工作。

审稿人简介

马克斯·帕普拉（Max Pumperla）拥有德国汉堡大学代数几何博士学位，是一名专攻深度学习及其应用的数据科学家兼工程师，目前在德国一家名为 Collect 的人工智能公司担任数据科学主管。他在银行、在线营销和 SMB 等领域有丰富的经验，还作为几个 Python 程序包的开发者和维护者，为 Keras 和 Hyperopt 等机器学习库提供技术支持。

前言

随着人工智能在全球的兴起，深度学习受到了公众的极大关注。如今，深度学习算法的应用几乎遍及各行各业。本书通过现实案例给出关于这一主题的实用信息（包括最佳实践）。通过阅读本书，读者可以了解如何学会识别和提取信息，以提高预测准确率及优化结果。

本书先简要介绍机器学习相关的重要概念，然后深入研究如何运用 scikit-learn 的深度学习原理，接着介绍如何使用最新的开放源代码库，如 Theano、Keras、谷歌的 TensorFlow 以及 H2O。本书还揭示了模式识别的难点，旨在帮助读者以更高的准确率缩放数据以及探讨深度学习算法和技术。本书适合想深入研究深度学习算法和技术的读者学习，也适合想探究如何从这项强大技术中学到更多知识的读者参考。

各章提要

第 1 章"机器学习——引言"：介绍不同的机器学习方法和技术以及它们在现实问题中的一些应用，还介绍一种用于机器学习的 Python 主要开源包——scikit-learn。

第 2 章"神经网络"：正式介绍什么是神经网络。本章详细讲解神经元是如何工作的，旨在让读者了解如何通过堆叠多层创建并使用深度前馈神经网络。

第 3 章"深度学习基本原理"：引导读者理解什么是深度学习以及深度学习和深度神经网络之间是相关联的。

第 4 章"无监督特征学习"：介绍两种强大、常用的无监督特征学习体系——自编码器和受限玻尔兹曼机。

第 5 章"图像识别"：先通过类比形式说明视觉皮层是如何工作的，然后介绍什么是卷积层，最后对它们为何有效做出直观描述。

第 6 章"递归神经网络和语言模型"：讨论在很多任务（如语言建模和语音识别）中很有应用前景的强大方法。

第 7 章"深度学习在棋盘游戏中的应用":内容涵盖解决棋盘游戏的不同工具(如跳棋和国际象棋)。

第 8 章"深度学习在电子游戏中的应用":介绍有关训练人工智能玩电子游戏的更复杂的问题。

第 9 章"异常检测":讲解异常点检测和异常检测这两个概念的区别和联系。本章先引导读者进行虚构欺诈案例的研究,然后列举一些示例,给出在现实应用中存在异常的危险以及自动快速检测系统的重要性。

第 10 章"构建一个可用于生产环境的入侵检测系统":利用 H2O 和一般常见实践来针对生产中的部署构建可扩展分布式系统。本章介绍如何使用 Spark 和 MapReduce 训练深度学习网络、如何使用自适应学习技术加快收敛,以及(非常重要的一点)如何验证模型和评估端到端传递途径。

阅读前提及读者对象

本书内容适用于 Windows、Linux 和 mac OS 操作系统。为了能够顺利地完成本书内容的学习,读者应提前了解 TensorFlow、Theano、Keras、Matplotlib、H2O、scikit-learn 等方面的知识,还应有一定的数学基础(已掌握微积分和统计学专业的概念性知识)。

体例

为了便于区分许多不同类型信息,本书使用了不同的字体样式。下面列出了关于这些字体样式的一些示例及其含义的解释。

对正文中的代码、数据库表名称、文件夹名称、文件名、文件扩展名、路径名、虚拟统一资源定位符(URL)、用户输入和 Twitter 句柄以代码体样式显示,例如:应立即清除上述图表中的代码,只关注导入 cm 的代码行。

代码块以如下样式设置:

```
(X_train, Y_train), (X_test, Y_test) = cifar10.load_data()
X_train = X_train.reshape(50000, 3072)
X_test = X_test.reshape(10000, 3072)
input_size = 3072
```

对于需要提醒读者注意代码块的某个特定部分,以**粗体**显示相关代码行或项:

```
def monte_carlo_tree_search_uct(board_state, side, number_of_
```

```
rollouts):
    state_results = collections.defaultdict(float)
    state_samples = collections.defaultdict(float)
```

命令行输入或输出以如下形式给出：

```
git clone ██████████████████████
cd keras
python setup.py install
```

新术语和**重要词汇**以黑体显示。

 警告或重要提示以这种框的形式呈现。

 提示和技巧以这种方式显示。

资源与支持

本书由异步社区出品，社区（https://www.epubit.com/）为您提供相关资源和后续服务。

配套资源

本书为读者提供源代码。要获得以上配套资源，请在异步社区本书页面中单击 配套资源 ，跳转到下载界面，按提示进行操作即可。注意：为保证购书读者的权益，该操作会给出相关提示，要求输入提取码进行验证。

提交勘误

作者和编辑尽最大努力来确保书中内容的准确性，但难免会存在疏漏。欢迎读者将发现的问题反馈给我们，帮助我们提升图书的质量。

如果读者发现错误，请登录异步社区，按书名搜索，进入本书页面，单击"提交勘误"，输入勘误信息，单击"提交"按钮即可。本书的作者和编辑会对读者提交的勘误进行审核，确认并接受后，将赠予读者异步社区的 100 积分（积分可用于在异步社区兑换优惠券、样书或奖品）。

扫码关注本书

扫描下方二维码，读者会在异步社区的微信服务号中看到本书信息及相关的服务提示。

与我们联系

我们的联系邮箱是 contact@epubit.com.cn。

如果读者对本书有任何疑问或建议，请发邮件给我们，并请在邮件标题中注明本书书名，以便我们更高效地做出反馈。

如果读者有兴趣出版图书、录制教学视频，或者参与图书翻译、技术审校等工作，可以发邮件给我们；有意出版图书的作者也可以到异步社区在线投稿（直接访问 www.epubit.com/selfpublish/submission 即可）。

如果读者来自学校、培训机构或企业，想批量购买本书或异步社区出版的其他图书，也可以发邮件给我们。

如果读者在网上发现有针对异步社区出品图书的各种形式的盗版行为，包括对图书全部或部分内容的非授权传播，请将怀疑有侵权行为的链接发邮件给我们。这一举动是对作者权益的保护，也是我们持续为读者提供有价值的内容的动力之源。

关于异步社区和异步图书

"异步社区"是人民邮电出版社旗下 IT 专业图书社区，致力于出版精品 IT 图书和相关学习产品，为作译者提供优质出版服务。异步社区创办于 2015 年 8 月，提供大量精品 IT 图书和电子书，以及高品质技术文章和视频课程。更多详情请访问异步社区官网 https://www.epubit.com。

"异步图书"是由异步社区编辑团队策划出版的精品 IT 专业图书的品牌，依托于人民邮电出版社近 40 年的计算机图书出版积累和专业编辑团队，相关图书在封面上印有异步图书的LOGO。异步图书的出版领域包括软件开发、大数据、人工智能、测试、前端、网络技术等。

异步社区

微信服务号

目录

第1章 机器学习——引言

"'机器学习（CS229）'是斯坦福大学最受欢迎的课程"——这是劳拉·汉密尔顿（Laura Hamilton）在《福布斯》（*Forbes*）杂志上发表的一篇文章的开头，接下来的内容是："为什么？因为机器学习正在逐步'吞噬'这个世界。"

机器学习技术的确被应用到了各种不同领域，而且目前很多行业都在招募数据专家。借助机器学习，我们能够找到可获取那些在数据中并不明显的知识的进程，进而做出决策。机器学习技术的应用范围非常广泛，适用于医学、金融和广告等不同领域。

本章将介绍不同的机器学习方法和技术以及它们在现实问题中的应用，还将介绍用于机器学习的主要 Python 开源包：scikit-learn。本章将为读者学习后续章节奠定基础。后续章节将重点介绍如何使用神经网络模拟大脑功能的具体机器学习方法（尤其是深度学习）。相比 20 世纪 80 年代，如今的深度学习更多地利用了高级神经网络，这不仅得益于理论方面的最新发展，还得益于计算机速度的进步以及**图形处理单元**（GPU）的应用，而不是传统的计算处理单元（Computing Processing Unit，CPU）的应用。本章主要概述机器学习的定义和作用，旨在帮助读者更好地理解深度学习与传统机器学习技术之间的区别。

本章涵盖以下主题：什么是机器学习、不同的机器学习方法、机器学习系统所涉及的步骤、关于流行技术/算法的简介以及在现实生活中的应用和流行开源包。

1.1 什么是机器学习

机器学习是一个经常与"大数据"和"人工智能"（简称 AI）等一并出现的术语，但它与其他二者有着很大的不同。要理解什么是机器学习以及它为什么有用，关键要理解：什么是大数据以及机器学习如何应用于大数据。大数据是一个用于描述大量数据集的术语，而数据集是通过大量聚集和保存的数据创建起来的，例如，通过摄像头、传感器或互联网社交网站产生的数据。据估计，仅仅谷歌公司每天就能处理超过 20PB 的信息，而且这个数字还会增加。IBM 公司估计每天都会产生 2500PB 的数据，而且世界 90% 的数据都是最近两年创建的。

　　显然，如此庞大的数据，单靠人类是无法掌握的，更不用说分析了。不过，这一切可以利用机器学习技术来实现。机器学习是一种可被用于处理大规模数据的手段，并且非常适合处理具有大量变量和特征的复杂数据集。许多机器学习技术（尤其是深度学习）的优点之一是：当被用于大型数据集以改善数据集分析和预测能力时，其性能最佳。换句话说，当机器学习技术（尤其是深度学习神经网络）能够访问大型数据集以便发现数据中所隐藏的模式和规律时，其"学习"效果最佳。

　　此外，机器学习的预测能力非常适用于人工智能系统。在人工智能系统中，机器学习可被视为"大脑"，而人工智能可被定义为（尽管这个定义可能并不是唯一的）一个可以与其环境交互的系统：人工智能机器拥有传感器，通过该传感器，它们能够了解自己所处的环境以及与其相关联的工具。因此，机器学习是一个允许机器通过其传感器分析数据进而明确给出恰当答案的大脑。举一个简单的例子：iPhone 的 Siri。Siri 通过麦克风接收指令并通过扬声器或显示屏输出答案。但为实现这一点，Siri 需要"理解"所接收的内容进而给出正确的答案。同样，无人驾驶汽车会配备摄像头、GPS 系统、声呐和激光雷达，但所有这些信息需要处理才能给出正确答案，即是否加速、刹车、转弯等。机器学习就是指能够得出答案的信息处理。

1.2　不同的机器学习方法

　　"机器学习"一词应用得非常广泛，它是指从大数据集中推断出模式的通用技术或者基于通过分析现有已知数据所获得的知识来对新数据进行预测的能力。这是一个非常宽泛的定义，并且涵盖了许多不同技术。机器学习技术可大致分为两大类：监督学习和无监督学习。不过，在这两大类的基础上，经常会增加一个名为"强化学习"的分类。

1.2.1　监督学习

　　第一类机器学习算法称为**监督学习**。监督学习算法是利用一组标记数据来对相似未标记数据进行分类的一类机器学习算法。标记数据是指已分类的数据，未标记数据是指尚未完成分类的数据。大家看到的标记不是离散的，就是连续的。为了更好地理解这个概念，我们来看一个示例。

　　假设用户每天都收到大量的电子邮件，包括一些重要的商务邮件以及一些来路不明的垃圾邮件。监督学习算法将被提供已由用户标记为垃圾邮件或非垃圾邮件的大量电子邮件。该算法将遍历所有标记数据，并预测电子邮件是否为垃圾邮件。这意味着该算法会检查每个示例，并针对每个示例做出其是否为垃圾邮件的预测。通常，该算法在首次遍历所有未标记数据时，会对许多邮件做出错误标记，并且标记过程可能会执行得相当糟糕。然而，在每次运行之后，算法都会将预测结果与期望结果（已标记数据）进行比较。通过这一比较过程，该算法将学会提高自身的性能和准确率。如前所述，这种算法依赖于大量数据，通过大量数据，它会更好地学会什么特征（或特性）会导致每封邮件被归类为垃圾邮件或者非垃圾邮件。

在标记数据（通常也称为训练数据）上遍历一定时间之后，该算法的准确率将不再提高，然后，可将其应用于新邮件，以测试其在识别新的未标记数据时的准确率。

在所用到的示例中，我们描述了一个过程：在该过程中，算法从标记数据（被归类为垃圾邮件或非垃圾邮件的电子邮件）学习进而对新的未标记电子邮件做出预测。但重要应该注意的是：可以将这一过程推广到两个以上的类别，例如，可以运行软件并在一组标记邮件上对其进行训练，其中，标记邮件包括**个人邮件**、**公司/工作邮件**、**社交**或**垃圾邮件**。

事实上，Gmail（谷歌提供的免费电子邮件服务）允许用户最多选择 5 个类别，分别标记如下。

（1）**常用**。包括私人邮件往来。

（2）**社交**。包括来自社交网络和媒体共享网站的信息。

（3）**促销**。包括促销邮件、优惠及折扣。

（4）**更新**。包括账单、银行对账单及收据。

（5）**论坛**。包括来自在线群组和邮件列表的消息。

有时，结果可能并非是离散的，并且可能会没有有限数量的类别用于进行数据分类，例如，可以尝试基于预先设定的健康参数来预测一群人的寿命。在本示例中，结果是一个连续函数（可以将预期寿命指定为一个表示某人有望存活的年数的实数），因此需要讨论回归问题（不再讨论分类任务）。

一种考虑监督学习的方法是：想象一下要在数据集上建立一个函数 f。数据集将由按特征组织起来的信息组成。在电子邮件分类的示例中，垃圾邮件中的某些特征可能会是比其他特征出现频率更高的特定词汇。如果使用了与"性"的相关词汇，很可能会导致一封邮件被识别为垃圾邮件，而非商务/工作邮件。相反，诸如"会议""公司"和"演示"等词汇更可能被识别为工作邮件。如果能够访问元数据，可以利用发送者信息来更好地分类电子邮件。此外，每封电子邮件将关联一组特征并且每个特征会有一个值（在本示例中，该值是指特定词汇在邮件正文中出现了多少次）。然后，机器学习算法会将这些值映射到一个表示类别集的离散范围，或者（在回归案例中）映射到一个实值。算法将遍历许多示例，直到它能够定义一个最佳函数来正确匹配大多数标记数据。然后，算法能在无人干预的情况下，对未标记数据进行预测。函数定义如下：

$$f: space\ of\ features \rightarrow classes = (discrete\ values\ or\ real\ values)$$

也可以将分类视为一个尝试分离不同组的数据点的过程。一旦完成了特征定义，数据集中的任意示例（如电子邮件）会被看作特征空间中的一个点，而这其中的每个点都代表一个不同的示例。机器学习算法的任务是：绘制一个超平面（即高维空间中的一个平面）来分离具有不同特征的点，就像分离非垃圾邮件和垃圾邮件一样。

虽然在图 1-1 所示的二维情况下，这看起来可能微不足道，但在数百或数千维度情况下，则可能会变得非常复杂。

后续章节会给出一些分类或回归问题示例。接下来我们讨论的一个问题是关于数字分类的。给定一组图形（以 0~9 表示），机器学习算法将对分配给它的每个图形（其所描述的数字）进行分类。对于此类示例，我们将利用经典数据集 MNIST。在本示例中，每个手写数字都由一个具有 784（28×28=784）个像素的图形来表示，并且因为需要对每 10 个数字进行分类，所以需要在一个 784 维空间中绘制出 9 个单独的超平面。来自 MNIST 数据集的手写数字示例，如图 1-2 所示。

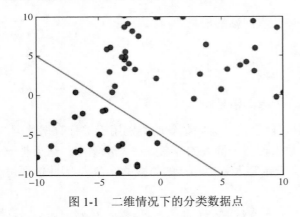

图 1-1　二维情况下的分类数据点

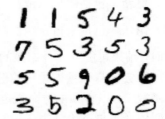

图 1-2　来自 MNIST 数据集的手写数字示例

1.2.2　无监督学习

第二类机器学习算法称为**无监督学习**。在这种情况下，不再事先标记数据，而是通过算法得出结论。最常见且最简单的无监督学习示例之一就是聚类。这是一种尝试将数据分成子集的技术。

举例来说，在前面所讲到的垃圾邮件/非垃圾邮件示例中，算法能够找到所有垃圾邮件的通用元素（如出现拼错的单词）。虽然这种算法可能会比随机分类更好，但并不清楚垃圾邮件/非垃圾邮件是否能够被如此简单地分开。用算法分离数据的子集是不同于数据集的类别。为了使得聚类可行，原则上，每个聚类中的每个元素都应该具有较高的类内相似性和较低的类间相似性。聚类适用于任意数量的类别，聚类算法背后的理念（如 k 均值）则是：找到原始数据的 k 子集，并且与类外的任何元素相比，这些原始数据元素之间会更接近（更相似）一些。当然，为了做到这一点，需要解释一下什么是更接近或更相似，也就是说，需要定义某种度量标准以便确定点之间的距离。

图 1-3 所示的是将一组点分为 3 个子集。

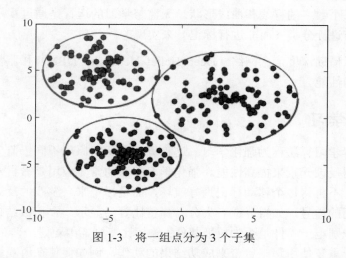

图 1-3 将一组点分为 3 个子集

给定数据集的元素无须聚在一起来形成有限集。此外，聚类也可能包括给定数据集的无界子集，如图 1-4 所示。

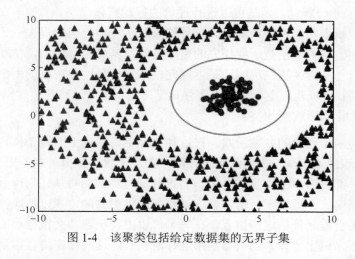

图 1-4 该聚类包括给定数据集的无界子集

聚类并不是唯一的无监督学习算法。读者会注意到，深度学习近期的成功与其在无监督学习任务中的有效性是分不开的。

每一天都会有很多新数据被创建出来，而且对所有新数据进行标记是一件非常费力且耗时的事情。无监督学习算法的一大优点是：不需要标记数据。无监督深度学习算法（例如受限玻尔兹曼机）是通过从数据中提取特征来实现的。举个例子，通过使用 MNIST 数据集，受限玻尔兹曼机（Restricted Boltzmann Machine，RBM）将提取每个数字的独特特征，检测每个数字的直线和曲线形状。无监督学习的运行是通过揭示数据中的隐藏结构以允许对其进行分类（而非进行标记）来实现的。

此外，可以借助深度信念网络（Deep Belief Network，DBN）和监督学习来改进无监督学习算法的性能。

1.2.3　强化学习

第三类机器学习算法称为强化学习。这种算法的运行原理不同于监督学习，虽然该算法仍然是使用反馈元素来提高性能。强化学习算法的常见应用是教机器如何玩游戏：在这种情况下，不再将每个移动标记为好或坏，而是标记来自游戏的反馈，包括游戏结果或者游戏期间的信号，如得分或者失分。赢得比赛会显示一个积极结果，类似于识别正确数字或者识别电子邮件是否为垃圾邮件；输掉比赛则需要更进一步的"学习"。强化学习算法倾向于重复使用那些曾带来成功结果的动作，例如促使在游戏中获胜的动作。然而，在未知领域，算法必须尝试新动作，从这些动作中，算法会基于结果更深入地学习游戏的结构。由于在通常情况下，动作都是相互关联的，因此不是那种能以"好"或"坏"进行评价的单一行动，而是可以进行评价的行动整体动态。类似于在下棋时偶尔会牺牲小卒以保全棋盘布局可能会被视为一种积极做法，即使通常损失一子是不利结果，但在强化学习中，这种做法是所要探究的整个问题及其目标。例如，移动清扫机器人可能不得不决定自己是继续清扫房间还是返回充电站，并且这类决定的做出要基于其能够在电池耗尽之前找到充电站这一前提。在强化学习中，基本思路是奖赏。在这种情况下，算法会努力最大化其所收到的奖赏。

强化学习可用于经典的井字游戏。在这种情况下，棋盘上的每个位置都关联一个概率（一个值）。该值是指基于先前经验（预测）在某个状态赢得游戏的概率。刚开始时，每个状态的概率都设为 50%，也就是说，假设开始时我们拥有从任何位置赢得比赛和输掉比赛的相同概率。一般说来，机器会尝试移向数值更高的位置以便赢得比赛；如果输了游戏，机器则会重新评估这些位置。在每个位置上，机器都会根据可能结果（而非固定的确定规则）来做出选择。当机器继续进行游戏时，这些概率将会得到细化，并且会基于位置输出更高或更低的成功概率。

1.2.4　机器学习系统所涉及的步骤

到目前为止，我们已经探讨了不同的机器学习方法并且将这些方法大致分为三大类。典型的机器学习的另一重要方面是：理解数据，以便更好地理解手头上的问题。为了应用机器学习，需要定义的重要方面可大致描述如下。

（1）**学习器**。这代表着所用到的算法以及其"学习哲学"。正如在下文会看到的一样，针对不同的学习问题，总有许多可供使用的不同机器学习算法。学习器的选择很重要，因为不同问题需要不同的机器学习算法。

（2）**训练数据**。这是指大家感兴趣的原始数据集。对于无监督学习，这些数据可以不加标记；对于监督学习，这些数据可以有标记。对学习器而言，重要的是要有足够的样本数据供其了解问题的结构。

（3）**表示法**。这是指为了能被学习器摄取到，如何根据所选特征来表示数据。举例来说，如果要尝试使用图形对数字进行分类，这就表示用于描述图形像素的数组。要获得更好的结果，重要的是要正确选择数据的表示法。

（4）**目的**。这是指就手头问题向数据学习的理由。它与目标严格相关，并且可帮助我们明确如何使用学习器、应该使用什么学习器以及要使用什么表示法。例如，目的可能会是清除邮箱中不想收到的电子邮件，那么目的就是为学习器定义目标（如检测垃圾邮件）。

（5）**目标**。这是指正在学习以及最终输出的是什么。它可能是一个无标记数据分类，可能是依据隐藏模式或特征的输入数据表示法，可能是一个未来预测模拟器，可能是对外部刺激的一个反应，也可能是强化学习情况下的策略。

虽然任何机器学习算法都无法达到完美的数值描述，只能达到目标的近似值，但是怎么强调机器学习算法的重要性都不为过。机器学习算法并不是问题的精确数学解答，而是一个近似值。在上文中，我们已将学习定义为一个从特征（输入）空间到类别范围的函数，稍后将带领大家了解一些机器学习算法（如神经网络）如何被证明能够任意程度地近似任何函数（理论上）。这被称为"万能近似定理"，不过该定理并不意味着我们可以得到问题的精确解。此外，更好地理解训练数据可以更好地找到问题答案。

一般来说，通过经典机器学习方法解决问题之前，我们可能需要透彻地理解和清理训练数据。解决机器学习问题所需要的步骤大致如下。

（1）**数据收集**。这意味着要收集尽可能多的数据，以及（在监督学习问题中）正确标记。

（2）**数据处理**。这意味着清理数据（例如，删除冗余或高度相关的特征，或者填补缺失数据），以及理解训练数据的特征。

（3）**测试用例的创建**。数据通常可被分为两到三个数据集：一个训练数据集——用来训练算法，以及一个测试数据集——在训练算法之后用来测试算法的准确率。通常，还会创建一个验证数据集，在反复完成多次训练测试程序并且对最终结果感到满意之后，会在该数据集上进行最终测试（或验证）。

测试数据集和验证数据集的创建是基于正当理由的。如前所述，机器学习算法只能产生预期结果的近似值。这是因为我们通常只能包含有限数量的变量而且可能会有许多变量超出了我们的控制范围。如果只使用单个数据集，模型可能会以"记住"数据而终止，并在其拥有记忆的数据上产生极高的准确率，但是这个结果可能无法在其他类似数据集上重现。对机器学习算法的关键预期之一是它们的可推广性。这就是为什么要创建一个测试数据集（用于在训练之后调优模型选择）和一个验证数据集（仅在流程结束时用于证实所选算法的有效性）。

我们需要理解选择数据中有效特征的重要性以及避免"记忆"数据的重要性（用更专业的术语来说，是指文献中的"过度拟合"，且在下文中，将其称为"过拟合"）。以一个笑话为例："在 1996 年之前，还没出现任何一位总统候选人能够在没有任何实战经验的情况下，击败任何一个名字在拼字游戏中更有价值的人。"很显然在本示例中"规则"是毫无意义的，它强调了选择有效特征的重要性（一个名字在拼字游戏中值多少钱与选总统存在任何关系吗？）。选取自由特征作为预测因子虽然可以预测当前数据，却不能被用作更普遍数据的预测因子。这一点在 52 次选举中均得到验证，只是一种巧合而已吗？这就是通常所谓的"过拟合"，它使得预测完全符合手头数据，却不能被推广到更大的数据集。过拟合是这么一个过程，它会使通常被称为"噪声"（即没有任何实际意义的信息）的事物变得有意义，并且会将模型与小扰动相拟合。

再来看一个例子：尝试用机器学习算法来预测一个球从地面向上（不是垂直地）抛向空中，直到它再次落回地面的轨迹，如图 1-5 所示。通过物理学知识，我们知道球的轨迹是抛物线形状的，并且认为一个好的观察过成千上万次此类投掷的机器学习算法会得出一个抛物线作为答案。然而，如果将球放大并观察球体由于湍流而在空气中产生的最小波动，就可能会注意到：球体并没有保持稳定的轨迹，而是可能会受到小的扰动的影响。这就是所谓的"噪声"。试图对这些小扰动建模的机器学习算法无法看到大局，因而难以产生一个令人满意的结果。换言之，过拟合是一个会使机器学习算法看到树而忘记森林的过程。

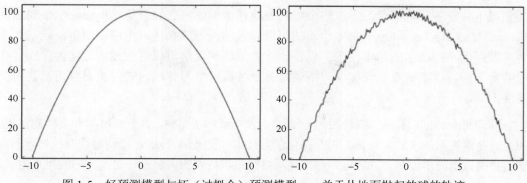

图 1-5　好预测模型与坏（过拟合）预测模型——关于从地面抛起的球的轨迹

　　这就是要将训练数据与测试数据分开的原因：如果测试数据的准确率不同于在训练数据上所获得的结果，就是模型过拟合的迹象。当然，也需要确保不会犯相反的错误，即欠拟合，如图 1-6 所示。然而，如果在实践中的目标是使得训练数据上的预测模型尽可能精确，相对于过拟合而言，欠拟合的风险要小得多，因此要格外小心，避免出现模型的过拟合。

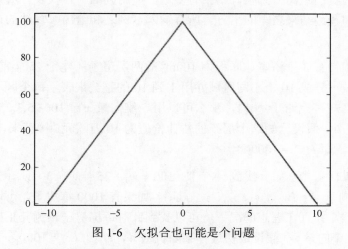

图 1-6　欠拟合也可能是个问题

1.2.5　关于流行技术/算法的简介

　　除了根据算法的"学习风格"对其进行分组，即在本章开头所讨论到的 3 个类别（监督学习、无监督学习和强化学习），我们还可以根据实现对它们进行分组。显然，可以通过使用不同的机器学习算法来实现前述的每个类别，例如存在许多不同的监督学习算法，其中每一种算法都可能最适合特定分类或手头的回归任务。事实上，分类和回归之间的差别是最关键的一点，并且了解正在努力完成的任务是什么也很重要。

以下并非各种机器学习方法的全部列表或详尽描述，它们只是 Sebastian Rashka 的 *Python Machine Learning* 一书中给出的可以参考的列表或描述，更确切地讲，这是一个为读者提供不同技术的简单说明，以便让读者了解深度学习跟这些技术之间的区别。在后续章节中，读者将看到深度学习不仅是另一种机器学习算法，它与机器学习算法有实质性不同。

我们将介绍回归算法（线性回归）、经典分类器（如决策树、朴素贝叶斯和支持向量机）和无监督聚类算法（如 k 均值）以及强化学习技术（交叉熵方法），以便对现有机器学习算法的种类做出简单说明，并通过介绍神经网络结束该列表的讲解——这是本书的重点内容。

1．线性回归

回归算法是利用输入数据的特征来预测数值的一种监督算法，例如：基于给定某特征（如卫生间大小、使用年限以及数量、层数、位置等）考虑房屋成本。回归分析尝试找到最适合输入数据集的函数的参数值。在线性回归算法中，目的是要最小化成本函数，方法是：通过输入数据为函数找到最近似目标值的适当参数。成本函数是关于误差的函数，而误差是指我们距离得到正确结果有多远。所用到的一个代表性成本函数是均方误差，即期望值和预测结果之差的平方。所有输入示例之和给出了算法的误差并且它代表着成本函数。

假设有一栋带有 3 个浴室、面积为 $100m^2$ 的两层房子（建于 25 年前）。此外，假设将房子所处的城市分成 10 个不同区域并用 1 到 10 的整数来表示每个区域，并且假设这个房子位于以"7"表示的区域内，那么可以用 5 维向量 $x = (100,25,3,2,7)$ 来对这个房子进行参数化。另外，假设已知这个房子的估计价值为 10 万欧元。接下来，想要实现的是：创建一个函数 f，即 $f(x) = 100000$。

在线性回归中，这表示找到一个使 $100 \times w_1 + 25 \times w_2 + 3 \times w_3 + 2 \times w_4 + 7 \times w_5 = 100000$ 成立的向量 $w = (w_1、w_2、w_3、w_4、w_5)$。如果有 1000 栋房子，可以针对每栋房子重复同样的步骤，并且在理想情况下，可以找到针对每栋房子预测其正确值（或者足够接近数值）的一个向量 w。假设最初选择某随机值 w，如果 $f(x) = 100 \times w_1 + 25 \times w_2 + 3 \times w_3 + 2 \times w_4 + 7 \times w_5 = 100000$ 不可能成立，那么可以计算误差 $\Delta = [100000 - f(x)]^2$。这是针对一个示例 x 的平方误差，并且所有示例的所有平方误差的平均值代表着成本，即函数跟实值之间的差异大小。因而，目标是最小化这个误差，为此需要计算成本函数相对于 w 的导数 δ。

导数表示函数增加（或减少）的方向，因此向导数相反方向移动 w 会提高函数的准确率。向成本函数最小值方向移动（这代表着误差），这是线性回归的要点。当然，我们需要确定应该以多快的速度沿导数方向移动，因为导数只表示方向。成本函数不是线性的，所以我们需要确保只在导数所指示的方向上移动小步长。移动太大步长可能会致使移动范围超出最小值，从而导致无法收敛到最小值。这个步骤的步长称为**学习率**，其大小以符号"lr"来表示。

因此，通过设置 $w = w - \delta * lr$，我们可以改进 w 的选择进而取得更好的解决方案。多次重复此过程将会生成可代表函数 f 的最佳可能选择的值 w。但应该强调的是：此过程仅局部适用，并且如果空间不是凸面的，则无法通过该过程找到全局最佳值。如图 1-7 所示，如果存在许多局部极小值，算法可能会陷入其中一个局部极小值，并且无法避开该值进而达到误差函数的全局最小值，这类似于一个小球从山上向下移动时可能会陷入一个小山谷并且因此永远无法到达山脚一样。

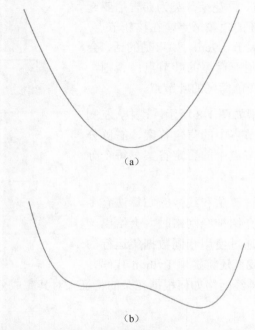

（a）

（b）

图 1-7　图（a）是凸面的，因此它只有一个最小值。在图（b）中，函数有两个局部极小值，
因此可能会找到并非全局最小值的第一个局部极小值

2. 决策树

另一种使用广泛的监督算法是决策树算法。决策树算法会创建树形结构的分类器。决策树的组成包括：在具体特征上执行测试的决策节点，以及说明目标属性的值的叶节点。决策树是一种分类器，它从根节点开始沿着决策节点向下移动，直至到达叶节点。

该算法的一个经典应用是鸢尾花数据集，该数据集包含来自 3 种鸢尾花（山鸢尾花、弗吉尼亚鸢尾和变色鸢尾）的 50 个样本的数据。创建该数据集的 Ronald Fisher 对这些花的不同特征（萼片的长度和宽度以及花瓣的长度和宽度）进行了测量。基于这些特征的不同组合，我们可以创建一个决策树来确定每一朵花属于哪个种类。这里将仅使用这些特征中的两个（花瓣长度和宽度）来描述一个简单的可用于正确分类几乎所有花朵的简化决策树。

我们从第一个节点开始，针对花瓣长度创建第一次测试：如果花瓣长度小于 2.5cm，则该花朵属于山鸢尾花品种。事实上，我们通过测试可以将所有山鸢尾花正确地分类出来——这种花的花瓣长度均小于 2.5cm。因而我们到达叶节点，按测试结果将该节点标记为：山鸢尾花。如果花瓣长度大于 2.5cm，则取不同分支，且到达一个新的决策节点，在该新节点处，测试花瓣宽度是否小于 1.8cm。如果花瓣宽度大于或等于 1.8cm，则到达一个叶节点，在该叶节点，将花朵分类为弗吉尼亚鸢尾；否则，将到达一个新的决策节点，在该新节点，再次测试花瓣长度是否大于 4.9cm。如果是的话，会到达一个被标记为弗吉尼亚鸢尾的叶节点；否则，会到达另一个被标记为变色鸢尾的叶节点。

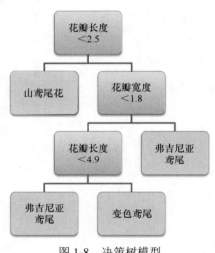

所讨论的决策树模型如图 1-8 所示。其中，左侧分支反映了测试在决策节点中的肯定答案，右侧分支则反映了测试在决策节点中的否定答案。每个分支的结束节点均为叶节点。

该示例显示出决策树算法和线性回归算法有多么不同。此外，我们在介绍神经网络时，会给出一个关于神经网络是如何通过使用相同数据集运行的示例。在那个示例中，我们还将提供 Python 代码并

图 1-8　决策树模型

展示一些图像，以说明神经网络如何根据花朵的特征来对其完成分组。

3. k 均值聚类

正如前面所讨论的，聚类算法是一种无监督机器学习方法。最常见的聚类算法称为 k 均值聚类，它是一种通过将数据集中每个元素分组为 k 个不同子集（因此名称中出现 k）的方式来实现对元素分类的聚类技术。k 均值聚类是一个相对简单的过程：选择代表 k 子集不同中心的随机 k 点（称为质心），然后可为每个质心选择距离其最近的所有点。这样将会创建 k 个不同的子集。此时，对于每个子集，将重新计算中心。于是，又有了 k 个新质心，然后重复上面的步骤，从而为每个质心选择最接近质心的点的新子集。不断重复这个过程，直到质心停止移动。

显然，要运行该算法，我们需要能够确定一个度量标准，以便计算点之间的距离。

这个过程总结如下。

（1）选择初始 k 点（称为质心）。

（2）将最近的质心关联到数据集中的点。

（3）计算与特定质心相关联的点集的新中心。

（4）将新中心定义为新质心。

（5）重复步骤 3 和步骤 4，直到质心停止移动。

需要注意的是，这种方法对随机质心的初始选择很敏感，并且针对不同初始选择重复该过程可能是一个好办法。此外，一些质心和数据集中的任何点可能都达不到最接近状态，因此会导致子集的数目低于 k 个。值得一提的是，如果在上面所讨论的决策树的示例中使用了 $k = 3$ 的 k 均值，对于鸢尾花数据集，可能无法得到和使用决策树时相同的分类，这再次强调了针对每个问题仔细选择以及使用正确的机器学习方法是多么重要。

现在，我们来讨论使用 k 均值聚类的一个示例。假设一个比萨饼配送点计划在一个新的城市开设 4 家新的专营店，需要为这 4 家新店选择位置。通过使用 k 均值聚类可以很容易地解决这个问题。想法就是：找出最常点比萨饼的地方，并以此作为数据点。接下来，随机选择 4 个可供选择的地点。通过使用 k 均值聚类算法可以在稍后确定 4 个最佳位置，以便使新网点到每个配送地点的距离最小。这是 k 均值聚类可以帮助解决业务问题的一个示例（见图 1-9）。

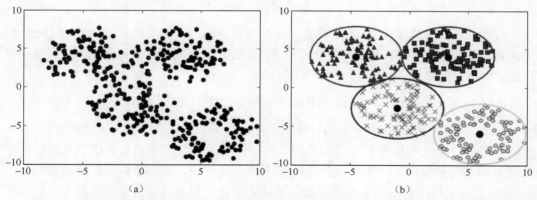

图 1-9　图（a）是最经常配送比萨的地点分布，图（b）中的圆点表示这些新店应该选择的位置及相应的配送区域

4. 朴素贝叶斯

朴素贝叶斯（Naive Bayes）算法不同于许多其他机器学习算法。从概率上讲，大多

数机器学习算法尝试评估的都是在给定条件 X 时某个事件 Y 的概率，我们用 $p(Y|X)$ 来表示。例如，给定表示数字的图片（即具有一定像素分布的图片），那么，该数字为 5 的概率是多少？如果像素分布接近于其他被标记为"5"的示例的像素分布，则该事件的概率将会很高；否则，概率将会很低。

有时，会有相反信息，即假设知道有一个事件 Y，就会知道样本为 X 的概率。朴素贝叶斯定理指出：$p(X|Y) = p(Y|X)*p(X)/p(Y)$，其中 $p(X|Y)$ 表示在给定 Y 时生成示例 X 的概率，这也是朴素贝叶斯被称为生成方法的原因。简言之，可以计算特定像素配置代表数字"5"的概率，知道在假设有一个数字"5"的情况下，随机像素配置可能会和给定数字相匹配的概率是多少。

在医学测试领域，这是最容易理解的。假设检测一种特定疾病或癌症，想要知道当检测结果是阳性时患某种疾病的概率是多少。现在，大多数测试有一个可靠性值，该值是在对患有特定疾病的人进行测试时，测试结果呈阳性的概率的百分比。通过反转表达式 $p(X|Y) = p(Y|X) \times p(X)/p(Y)$，可得到：

$$p(癌症 | 测试 = 阳性) = p(测试 = 阳性 | 癌症)* p(癌症)/p(测试 = 阳性)$$

假设测试的可靠性为 98%，这就意味着在 98% 的病例中，如果患者患有癌症，测试就会显示阳性；同样，如果患者没有患癌症，测试结果就会显示阴性。此外，假设这种特殊类型的癌症只会影响到老年人，并且 50 岁以下的人群中只有 2% 的人患有这种癌症，并且针对 50 岁以下人群所进行的检测的结果显示只有 3.9% 的人的测试结果呈阳性（可以从数据中推导出这个事实，但为了简单起见，我们直接提供该信息）。

我们可以提出这样一个问题：如果一个针对癌症的测试的准确率是 98%，而一个 45 岁的人参加了该测试并且测试结果是阳性的，那么他/她患有癌症的概率是多少？使用上述公式，可以计算出：

$$p(癌症 | 测试 = 阳性) = 0.98 * 0.02/0.039 \approx 0.50$$

因此，尽管测试的准确率很高，朴素贝叶斯告诉我们，还需要兼顾"癌症在 50 岁以下的人群众发生的概率是相当罕见的"这一情况，因此仅根据检测结果呈阳性并不能给出 98% 的癌症概率。概率 $p(癌症)$，或者更笼统地说，我们尝试估计的结果的概率 p，被称为先验概率，因为它表示在进行测试之前尚无任何其他信息的情况下事件的发生概率。

这时，有人可能会想，如果有更多信息（例如，如果用不同的可靠性进行不同的测试，或者知道一些关于这个人的信息——如家族成员癌症复发），会发生什么。在前面所使用的等式中，我们以概率作为计算中的因子之一，即 $p(测试 = 阳性 | 癌症)$。如果进行

第二次测试并且结果呈阳性，则也会得到 p(测试 2 = 阳性 | 癌症)。朴素贝叶斯技术算法做出如下假设，即每条信息都彼此独立（这意味着测试 2 的结果不知道测试 1 的结果，并且独立于测试 1 的结果而存在，即进行测试 1 不会改变测试 2 的结果，则测试 2 的结果不受测试 1 的影响）。朴素贝叶斯是一种分类算法，该算法假设了不同事件在计算概率时的独立性。因此：

$$p(测试 1 和测试 2 = pos | 癌症) = p(测试 1 = pos | 癌症) \times p(测试 2 = pos | 癌症)$$

这个等式也称为可能性 L（测试 1 和测试 2=阳性），即在某人确实患有癌症时，测试 1 和测试 2 是阳性的。

然后，可以将等式改写为：

$$p(癌症 | 两次测试 = pos) =$$

$$p(两次测试 = pos | 癌症) \times p(癌症)/p(两次测试 = pos) =$$

$$p(测试 1 = pos | 癌症) \times p(测试 2 = pos | 癌症) \times p(癌症)/p(两次测试 = pos)$$

5. 支持向量机

支持向量机是一种主要用于分类的监督机器学习算法。支持向量机相对于其他机器学习算法的优点在于：它不仅将数据分离成类，还能据此发现分离的超平面（在大于三维的空间中的平面模拟）——这个超平面能够最大化分离超平面每个点的间隔。支持向量机还能处理数据不是线性分离的情况。处理非线性可分数据的方法有两种：一种是引入软间隔（soft margin）；另一种是引入所谓的核技巧（kernel trick）。

软间隔的工作原理是在保留算法的大部分预测能力的同时，允许一些未分类元素存在。如前所述，在实践中，最好不要过拟合任何机器学习模型——我们可以通过放松一些支持向量机假设做到这一点。

相反，核技巧涉及将特征空间映射到可以定义一个超平面的另一个空间。如图 1-10 所示，当该超平面映射回特征空间时，其不再是线性超平面，其允许将在数据集中看起来不可分离的元素分离。本书主要关注深度学习，因此不会花费太多时间去详细探讨支持向量机是如何实现的，而是会强调概念，即由于向量机可推广至非线性情况的能力，支持向量机曾一度流行且有效。如前所述，监督机器学习算法的任务是从特征空间到一组类别之间找到一个函数。每个输入 $x(x_1, x_2, \cdots, x_n)$ 代表着一个输入示例，并且每个 x_i 代表着第 i 个特征的 x 的值。我们在前面举过一个例子，即尝试基于某些特征（如浴室数量或位置）估算房子的转售价。如果第 i 个特征对应浴室的数量，则 x_i 将对应房子 x 中浴室的数量。我们可以从特征空间创建一个函数，以实现这个空间的不同表示（称为

"核"）：例如示例 k 可以将 x_i 映射到 $(x_i)^2$，并且通常将特征空间非线性地映射到另一空间 W。这样，W 中的一个分离超平面就可以被映射回到特征空间。在特征空间中，该超平面不再是一个线性超平面。在确切的情况下，这是正确的定义，但超出了本章这一简要介绍的范畴。然而，这再次强调了正确特征选择（一个能够允许找到具体问题解决办法的选择）在经典机器学习算法中的重要性。

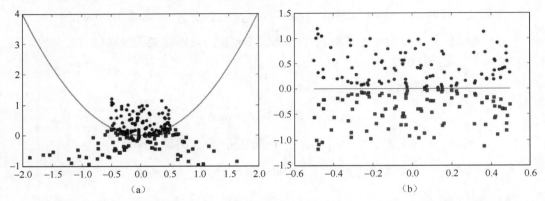

图 1-10　图（a）是在应用核技巧之前的非线性可分集，图（b）是在应用核技巧之后的相同数据集并且数据可被线性分离

6. 交叉熵方法

到目前为止，我们介绍了监督学习算法和无监督学习算法。交叉熵方法属于强化学习类算法（见第 7 章和第 8 章），是一种求解最优化问题的技术，即找到可以最小化或最大化特定函数的最佳参数。

一般说来，交叉熵方法包括以下阶段。

（1）生成我们想要优化的变量的随机样本。对于深度学习，这些变量可能会是神经网络的权值。

（2）运行任务并存储性能变量。

（3）确定最佳运行并选择最佳性能变量。

（4）基于最佳性能变量运行，计算每个变量的新均值及方差，并生成变量的新样本。

（5）重复上述步骤，直至达到停止条件或者系统停止改善为止。

假设要求解依赖于许多变量的一个函数，例如，做模型飞机，使其从特定高度起飞时，能飞得最远。飞机飞过的距离是一个与其机翼尺寸、角度、重量等相关的函数。每一次都记录下每个变量，然后启动飞机并测量它的飞行距离。然而，我们并不去尝试所有可能的组合，而是创建统计数据，选择最佳运行和最差运行，并且注意变量在最佳运行和最差运行期间所设置的值。例如，如果检测到每一次最佳飞行时飞机都有着特定尺寸的机翼，就可以得出这样的结论：特定尺寸的机翼可能是飞机实现长距离飞行的最佳选择。相反，如果飞机的机翼在每一次最差飞行中都处于一定角度，则可以得出这样的结论：这个角度对飞机机翼来说是一个糟糕的选择。一般说来，针对应该产生最佳飞行的每个值会产生一个概率分布，这些概率不再是随机概率，而是基于已经收到的反馈的概率。

因此，在具代表性的强化学习过程中，该方法会使用来自运行的反馈（飞机飞行了多远）以确定问题的最佳解决方案（每个变量的值）。

7. 神经网络

在补充了一些流行经典机器学习算法的知识之后，现在我们介绍一下神经网络，并更详细地解释它们是如何工作的以及它们跟前面简单总结的算法有何不同。

神经网络是另一种机器学习算法，它们有过非常流行的时期，也有过很少被人提及的经历。理解神经网络（见第 2 章和后续章节），确实是理解本书内容的关键。

神经网络的第一个例证叫作感知机，它是由 Frank Rosenblatt 于 1957 年发明的。感知机是一个仅由输入层和输出层组成的网络，如图 1-11 所示。在二值分类情况下，输出层只有一个神经元或者单元。从一开始，这种感知机似乎前途一片光明，虽然人们很快意识到它只能学习线性可分模式。例如，Marvin Minsky 和 Seymour Papert 证明了它不能学习异或逻辑函数。在其最基本的表示中，感知机只是一个神经元及其输入的简单表示，其中，输入由几个神经元组成。

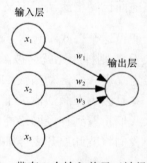

图 1-11　带有 3 个输入单元（神经元）和一个输出单元（神经元）的简单感知机

在给定神经元的不同输入的情况下，用公式 $\alpha(x) = \sum_i w_i x_i$ 来定义一个激活值，其中 x_i 是指输入神经元的值，而 w_i 是指神经元 i 与输出之间的连接的值。在第 2 章中，我们将深入学习相关知识，目前只需注意一点：感知机与逻辑回归算法之间存在许多相似之处，并且也受到线性分类器的约束。如果激活值（应该被认为是神经元的内部状态）大于一个固定阈值 b，那么神经元将被激活，也就是说，它要么放电，要么不会放电。

上面所定义的简单激活可被解释为向量 w 和向量 x 之间的点积。向量 w 是固定的并且定义了感知机是如何工作的，而 x 则代表着输入。如果 $<w, x> = 0$，则向量 x 垂直于

权值向量 w，所以，使得 $<w, x> = 0$ 成立的所有向量 x 可定义 $\mathbf{R}^3$ 中的一个超平面（其中，3 是 x 的维数，但其通常可以是任意整数）。因此，满足 $<w, x> > 0$ 的任意向量 x 都是用 w 定义的超平面侧边上的一个向量。由此，我们便可以弄清楚感知机是如何定义超平面以及是如何作为分类器运行的。一般说来，可以将阈值设置为不是 0 的任意实数 b，这会产生将超平面从原点移开的效果。然而，通常不是保持这个值，而是在网络中包含一个偏置单元，这是一个带有连接权值 "$-b$" 的常开（数值=1）特殊神经元，如图 1-12 所示。在这种情况下，如果连接权值具有数值 "$-b$"，则激活值变为 $a(x) = \sum_i w_i x_i - b$，并且设置 $a(x) > 0$ 相当于

设置 $\sum_i w_i x_i > b$ 。

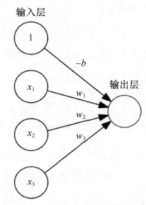

图 1-12 一个带有为输出向量增加偏置单元的感知机。偏置单元总是在感知机上，虽然其性能有限，但有着重要的历史意义，因为它们是神经网络的第一批示例

当然，神经网络不需要并且（事实上）通常也没有单一输出神经元。如果网络有一个以上的输出神经元，则针对每个输出神经元，可以重复相同的过程。然后，用两个指数 i 和 j 来标记每个权值，以说明权值将输入层上的神经元 i 连接到输出层上的神经元 j。此外，从偏置单元（值为 1）到输出层的每个神经元也都会有一个连接。还要注意的是，可以在激活值上定义不同的激活函数。我们在前面已经将激活值定义为 $a(x) = \sum_i w_i x_i - b$ （从现在开始假设这个公式中包含了偏置），并且说过：如果激活值大于 0，则神经元就会被激活。正如接下来会看到的，这已经定义了一个活动函数，即在激活上（也就是在神经元的内部状态上）定义的一个函数，并且因为在激活值大于 0 时，神经元会被激活，因此这被称为阈值激活。然而，接下来我们将看到神经网络能够有许多（能在激活值上定义的）不同激活函数。在第 2 章中，我们将就此展开更详细的探讨。

8. 深度学习

我们在前面介绍了一个关于神经网络（1 层前馈网络）的非常简单示例。之所以包含 "前馈" 一词，是因为信息从输入层传入输出层，并且永不循环。之所以包含 "1 层"，是因为除了输入层，只有 1 层输出层。这不是通常情况。在提到 1 层前馈网络只能在线性分离数据上运行时，我们讨论了 1 层前馈网络的局限性，并且特别提及这些网络会逼近逻辑异或函数。但是，在有些网络的输入层和输出层之间会有其他层，我们将这些其他层称为 "隐藏层"。那么，具有隐藏层的前馈网络会将信息从输入层经由隐藏层传入输出层——该层会定义一个接收输入的函数，并且该函数会定义一个输出。有一个名为

"万有定理"的定理，该定理表示任何函数能够由具有至少一个隐藏层的神经网络来近似。我们将在第 2 章给出"为什么该定理是正确的"的直观说明。

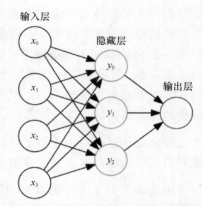

图 1-13　带有一个隐藏层的浅层网络

长期以来，鉴于该定理以及运用复杂网络的困难，人们一直使用仅带有一个隐藏层的浅层网络（图 1-13）。然而，最近人们认识到，具有许多隐藏层的更复杂网络可以理解浅层网络所无法理解的抽象层次。此外，针对神经元也可以将信息反馈给自己的情况，人们还引入了递归网络。一些神经网络的结构还允许定义能量函数，以便创造记忆。我们将在第 2 章讲解这些令人兴奋的功能，届时还将深入探究深度学习的最新发展。

1.2.6　在现实生活中的应用

总的来说，机器学习（特别是深度学习）正在预测质量、特征检测和分类方面产生越发惊人的结果。近年来，许多这样的研究成果成了焦点新闻。

机器学习的进步如此之快，以至于许多专家担心机器人很快就会比人类聪明。在 2015 年 10 月 14 日召开的联合国会议上，人工智能专家和许多其他领域的研究人员发出警告：有必要制定道德准则，以预防超级智能级别的机器给人类造成的威胁。这种恐慌源于近期的一些令人难以置信的结果：计算机竟在一些曾被认为依靠人比机器更富优势的直觉便可以取胜的游戏中获胜。

AlphaGo 是一种基于深度学习的人工智能机器，因曾在 2016 年击败围棋世界冠军李世石而广为人知。早在 2016 年 1 月，便传出 AlphaGo 击败欧洲冠军樊麾 Fan Hui 的消息。不过，当时的 AlphaGo 似乎不太可能会接着击败世界冠军。然而，经过几个月的快速进步，AlphaGo 以 4∶1 取胜，一举横扫对手，取得了非凡战绩。之所以值得庆祝，是因为围棋比其他游戏（如国际象棋）具有更多可能的游戏变化，并且不可能提前考虑所有可能的动作。此外，跟国际象棋不同的是：在围棋中，很难判断棋盘上每颗棋子的当前位置或价值。

AlphaGo 的优势在于，它并非通过编程学会玩游戏，而是利用强化学习和深度学习技术，通过进行成千上万次跟自己的比赛来学习的。学习能力使得机器学习（尤其是深度学习）成为解决问题的一种完全不同的方法。深度学习是关于创建程序，从而可以在根本不需要人类帮助或者只需很少帮助的情况下自行学习。

　　然而，不仅在游戏方面，深度学习在各种领域的应用均取得了成功。Kaggle 是一个举办多种机器学习竞赛的网站。使用深度学习的领域与深度学习的应用有着千差万别。2013 年，美国俄勒冈大学赞助了一项赛事，该赛事要求参赛者通过使用真实世界音频数据的标准录音，将机器学习技术用于检测和识别鸟类。为了更好地了解鸟类的数量趋势，人们常常需要耗费大量的人力。机器学习可以通过简单听取音频记录来自动识别都有哪些种类的鸟来帮助解决这一问题。

　　近期，亚马逊针对授予员工访问内部计算机和网络问题，举办了另一场内部竞赛，以期利用成功的解决方案来削减由人力监督的干预所导致的高昂延迟代价。

　　美国芝加哥卫生部门在 2015 年举行了一场竞赛，提出"根据给定天气、位置、测试和喷洒数据……何时何地对车西尼罗病毒测试呈阳性"。

　　2015 年 8 月，一场要求对整个西澳大利亚州租金价格做出预算的竞赛成功举办；2016 年 2 月，一家法国银行（BNP Paribas）发起了一场加快索赔管理程序的竞赛。

　　上述赛事为利用机器学习来解决各种问题提供了一些思路，并且应该注意的是，所有这些竞赛都为最佳解决方案准备了奖励。2009 年，Netflix 发起了一项耗资 100 万美元的赛事，该赛事是基于用户以往影片排名来提高关于用户可能会喜爱什么影片的预测的准确率。与此同时，数据专家也成了薪酬最高且最受欢迎的职业之一。

　　机器学习通常应用于自动驾驶汽车、军用无人机和目标侦察系统乃至医疗应用，例如，能够阅读医生笔记进而发现潜在健康问题，以及能够提供面部识别的监视系统的应用。

　　光学字符识别得到广泛应用，举例来说，邮局利用字符识别来读取信封上的地址。我们也将在后文向大家展示如何使用 MNIST 数据集将神经网络应用于数字识别。此外，无监督深度学习也被广泛应用于自然语言处理（Natural Language Processing，NLP），并且在这方面取得了巨大效果。在几乎每个人的智能手机上都有一个深度学习的 NLP 应用程序，例如苹果和安卓系统都将应用于 NLP 的深度学习用作虚拟助手（如 Siri）。机器学习也被应用于生物测定学，例如，用于识别某人物理特征（如指纹、DNA 或视网膜识别）。此外，汽车自动驾驶技术近年来得以改进，现已被用于现实。

　　机器学习也可应用于编排相册图片目录，或者（更重要的）为编排卫星图形目录，这样卫星可以根据其是否是市区环境，是否描述了森林、冰川、水域等来描述图形。

　　总而言之，机器学习应用已经慢慢渗透到了我们生活中的方方面面，并且随着计算机的计算能力越来越好、越来越快，机器学习的准确率和性能也在不断提高。

1.2.7　流行开源包

机器学习是一个流行且存在激烈竞争的领域，并且有许多开源包均可用来实现大多数的经典机器学习算法。其中最为流行的是在 Python 中得到广泛使用的一个开源库：scikit-learn。

scikit-learn 会提供可实现大多数经典机器学习分类器、回归器和聚类算法（如支持向量机、最近邻、随机森林、线性回归、k 均值、决策树和神经网络）以及更多机器学习算法的函数库。

根据所选算法的类型，基类 scikit-learn 拥有几个可用软件包，如 sklearn.ensemble、sklearn.linear_model、sklearn.naive_bayes、sklearn.neural_network、sklearn.svm，以及 sklearn.tree。

还有一些帮助程序可用于执行交叉验证以及帮助选择最佳特征。接下来，我们将列出一个使用多层神经网络的简单示例来描述所有函数库，而不是花时间对它们做出抽象描述。scikit-learn 函数库会针对每个机器学习算法使用具有相似特征的方法，这样分类器便可共享相同的常用功能。此外，希望读者能够快速了解神经网络能够做什么，而不是花时间去从头开始创建一个神经网络。在后续章节中，我们将讨论其他函数库以及许多不同类型深度学习神经网络的更复杂的实现。但是现在，读者可以首先快速了解一下上述函数库的功能。

例如，如果要将多层神经网络用于 scikit-learn，只需输入以下命令，便可将其导入程序：

```
from sklearn.neural_network.multilayer_perceptron import MLPClassifier
```

每个算法都需要通过使用预定义参数来调用，尽管在大多数情况下可以使用默认值。在 MLPClassifier 情况下，不需要参数，可以使用默认值（通过 scikit-learn 网站可以找到所有参数，特别是针对 MLPClassifier 的参数）。

然后，在训练数据上调用该算法，使用参数来调优标记并使用拟合（fit）函数：

```
MLPClassifier().fit(data, labels)
```

一旦算法与训练数据完成拟合，就可以将该算法用于预测测试数据，使用会针对每个类别输出概率的 predict_proba 函数：

```
probabilities = MLPClassifier().predict_proba(data)
```

下面是一个简单例子，用来说明如何在 iris 数据集上使用 MLPClassifier 分类器，其中 iris 数据集已在介绍决策树时简短讨论过：

```
probabilities = MLPClassifier().predict_proba(data)
```

利用 scikit-learn，我们可以很容易地加载重要的经典数据集。要加载数据集，只需执行以下代码：

```
from sklearn import datasets
iris = datasets.load_iris()
data = iris.data
labels = iris.target
```

加载完数据集后，我们用如下代码加载分类器：

```
from sklearn.neural_network.multilayer_perceptron import MLPClassifier
```

使用以下数据来调优参数：

```
mlp = MLPClassifier(random_state=1)
mlp.fit(data, labels)
```

因为权值是随机初始化的，所以随机状态（random_state）值只是强制初始化过程始终使用相同的随机值，以便在不同尝试中得到一致结果，这与理解这个过程完全无关。fit 函数是一种可供调用的重要函数，这种函数可以在监督形式下通过使用所提供的数据和标记来训练算法进而找到最佳权值。

现在我们可以查看预测并将其与实际结果进行比较。predict_proba 函数会输出概率，而 predict 函数会输出具有最高概率的类，因此我们将使用后者进行比较，并使用 scikit-learn 辅助模块给出准确率：

```
pred = mlp.predict(data)
from sklearn.metrics import accuracy_score
print('Accuracy: %.2f' % accuracy_score(labels, pred))
```

就这么简单！当然，正如前文所提到的，在通常情况下，最好将数据分为训练数据和测试数据。我们还可以通过使用数据的一些正则化来改进这段简单的代码。scikit-learn 也针对此提供了一些辅助函数：

```
from sklearn.cross_validation import train_test_split
from sklearn.preprocessing import StandardScaler
data_train, data_test, labels_train, labels_test = train_test_
split(data, labels, test_size=0.5, random_state=1)
scaler = StandardScaler()
scaler.fit(data)
data_train_std = scaler.transform(data_train)
data_test_std = scaler.transform(data_test)
data_train_std = data_train
data_test_std = data_test
```

这段代码是无须解释的，我们要分割数据并将其正则化，这意味着要减去均值并将数据缩放到单元方差，然后将算法与训练数据进行拟合并在测试数据上进行测试：

```
mlp.fit(data_train, labels_train)
pred = mlp.predict(data_test)
print('Misclassified samples: %d' % (labels_test != pred).sum())
from sklearn.metrics import accuracy_score print('Accuracy: %.2f' %
accuracy_score(labels_test, pred))
```

这样会得到以下输出：

Misclassified samples: 3 Accuracy: 0.96

我们可以绘制一些图来显示数据以及神经网络是如何将空间分成 3 个区域来分离这 3 种类型的花朵（只能绘制出二维图，因此只能绘制出两个特征）的。第一张图（图 1-14）显示了算法如何在不对数据进行正则化的情况下，根据花瓣的宽度和长度来分离花朵。

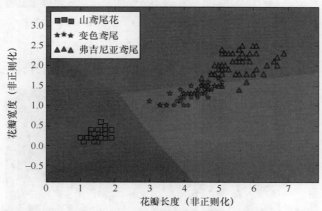

图 1-14　算法如何在不对数据进行正则化的情况下，根据花瓣的宽度和长度来分离花朵

第二张图只是基于花瓣宽度和萼片宽度来显示相同花朵，如图 1-15 所示。

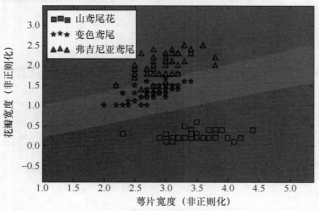

图 1-15　基于花瓣宽度和萼片宽度来显示相同花朵

在对数据进行正则化之后，第三张图和第一张图相同，如图 1-16 所示。

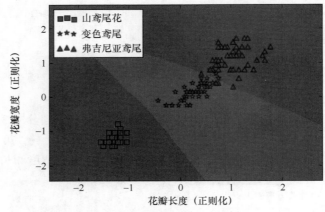

图 1-16　正则化数据后的显示效果

最后，具有正则化数据的第四张图与第二张图相同，如图 1-17 所示。

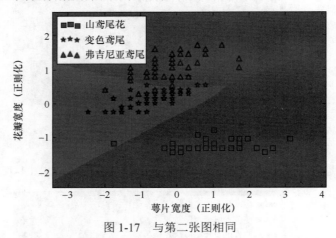

图 1-17　与第二张图相同

这里还给出了用于绘制这些图的代码。注意，绘制这些图的源代码来自 Sebastian Raschka 的 *Python Machine Learning*。

绘制上述图片的代码如下。注意，必须设置为仅包含两个变量的数据，例如萼片长度和花瓣长度 data = iris. data[:,[1,3]]，因为只能绘制二维图。

```
import numpy
from matplotlib.colors import ListedColormap
import matplotlib.pyplot as plt
markers = ('s', '*', '^')
colors = ('blue', 'green', 'red')
```

```
cmap = ListedColormap(colors)
x_min, x_max = data[:, 0].min() - 1, data[:, 0].max() + 1
y_min, y_max = data[:, 1].min() - 1, data[:, 1].max() + 1
resolution = 0.01
x, y = numpy.meshgrid(numpy.arange(x_min, x_max, resolution), numpy.
arange(y_min, y_max, resolution))
Z = mlp.predict(numpy.array([x.ravel(), y.ravel()]).T)
Z = Z.reshape(x.shape)
plt.pcolormesh(x, y, Z, cmap=cmap)
plt.xlim(x.min(), x.max())
plt.ylim(y.min(), y.max())
# plot the data
classes = ["setosa", "versicolor", "verginica"]
for index, cl in enumerate(numpy.unique(labels)):
plt.scatter(data[labels == cl, 0], data[labels == cl, 1],
c=cmap(index), marker=markers[index], s=50, label=classes[index])
plt.xlabel('petal length')
plt.ylabel('sepal length')
plt.legend(loc='upper left')
plt.show()
```

正如前文所提到的，`MLPClassifier` 确实有很多能够使用的参数。这里只引用激活函数和隐藏层的数量以及每个层都可能有多少个神经元：

`neural_network.MLPClassifier.html`

隐藏层的数量和神经元的数量都可以通过添加 `hidden_layer_sizes=(n1, n2, n3, …, nm)` 来指定，其中 `ni` 是第 i 层中的神经元数。

对于一个具有两个隐藏层（分别带有 200 个神经元和 100 个神经元）的神经网络，将代码写成如下：

`mlp = MLPClassifier(random_state=1, hidden_layer_sizes=(200, 100,))`

另一个重要的参数是指激活函数。此模块支持以下 3 种类型。

> **ReLU** 函数是最简单并且最流行的函数之一（以及默认激活函数），并且被简单地定义为 $f(x) = \max(0, x)$。
>
> 如果读者对计算事件概率感兴趣，可使用 **logistic** 函数，事实上它的值介于 0 和 1 之间，并且可被定义为
>
> $$f(x) = \frac{1}{1 + \exp(-x)}\text{。}$$
>
> 最后，tanh 函数被简单定义为
>
> $$f(x) = \tanh(x) = \frac{\exp(x) - \exp(-x)}{\exp(x) + \exp(-x)}$$

例如，要将两个隐藏层（分别带有 200 个神经元和 100 个神经元）用于 logistic 函数，修改后的代码如下：

```
mlp = MLPClassifier(random_state=1, hidden_layer_sizes=(200, 100,),activation = "logistic")
```

我们建议读者运用其中的一些参数，并使用 max_uiter 参数限制迭代次数。迭代次数是指遍历训练数据的次数。一个小数值（如 max_uiter=100）不会产生很好的结果，因为没有时间对算法进行收敛。不过，注意，在这样一个小的数据集上，要获得好的预测无需更多的隐藏层，并且使用更多隐藏层反而可能会降低预测准确率。

本章到此结束。在本章中，我们向读者介绍了机器学习的重要性以及机器学习在现实世界中的许多应用。我们已经简要提及一些问题，并且提到在第 2 章中将会重点讲解的神经网络，还提到了如何利用标准开源库（如 scikit-learn）来实现一些简单的多层前馈网络。

接下来，我们开始深入讨论神经网络以及使用它们的动机。

1.3　小结

本章讨论了机器学习包含哪些内容以及这些内容如此重要的原因，并通过一些示例说明了机器学习技术的应用领域以及使用机器学习可以解决哪些类型的问题。本章还介绍了一种特殊类型的机器学习算法（称为神经网络，该算法是深度学习的基础），并给出了示例代码。在该示例中，我们利用流行的机器学习库解决了具体分类问题。第 2 章将针对神经网络展开更为详细的讲解，并基于观察人脑如何运行所得出的生物学因素，给出有关神经网络的理论依据。

第 2 章　神　经　网　络

在第 1 章中，我们讲述了几种机器学习算法，并且介绍了分析数据、做出预测的不同技术，例如，我们就机器如何利用房屋售价的数据来预测新房的价格，给出了一些建议。我们还讲述了诸如 Netflix 这样的大公司，为了基于用户以往的观影喜好来为其推荐新的影片，是如何利用机器学习技术的。同样的技术也被亚马逊或沃尔玛这样的巨头们广泛应用于商业领域。不过，为了对新数据进行预测，这些技术中的绝大多数要求使用标记数据，并且为了改进其性能，人类需要以有意义的特征来对数据做出描述。

人类能够快速地推断模式、推理规则，而无须清理和准备数据。如果机器能够做到这一点，那便是最理想的状态。正如前面所讨论过的，早在 60 多年前的 1957 年，Frank Rosenblatt 便发明了感知机。感知机之于现代深度神经网络，就如同单细胞生物之于复杂的多细胞生命形式，不过，重要的一点是，理解并熟悉人工神经元是如何工作的，这有助于读者更好地理解和领会如何将许多神经元组合到许多不同层上以创建深度神经网络的复杂性问题。神经网络是模仿人类大脑通过简单观察来获知新规则的功能和能力的一种尝试。虽然在了解"人类大脑是如何组织并处理信息的"这个问题上还有很长的路需要走，但是，我们已经非常了解单个人类神经元是如何工作的了。人工神经网络试图模仿同样的功能，将化学信息和电子信息换算成数值和函数。近十年来，人类在这方面的研究取得了很大进展。在此之前，神经网络研究曾一度流行，然后被搁置，如此反复至少两次，直到近期该研究的再次兴起，可部分归功于有了计算速度越来越快的计算机、使用了**图形处理单元**（GPU）更好的算法和神经网络设计，以及越来越大的数据集。

本章正式介绍什么是神经网络，详细讲述神经元是如何工作的，并带领读者了解如何堆叠多层来创建并使用深度前馈神经网络。

2.1　为什么是神经网络

神经网络已经存在了多年，在此期间经历了几个周期的起起伏伏。然而，在最近几年里，相较与其竞争的许多其他机器学习算法，神经网络取得了稳步进展。究其原因，在许多任务中，高级神经网络结构均表现出远超其他算法的准确率。例如，在图像识别领域，神经网络的准确率可以通过拥有 1600 万张图像的 ImageNet 数据库得到验证。

在引入深度神经网络之前，准确率的提高一直比较缓慢；但在引入深度神经网络之后，准确率的出错率从 2010 年的 40%下降到 2014 年的不足 7%，并且该值仍在降低。不过，这仍不及人类仅仅 5%左右的出错率。鉴于深度神经网络的成功，参与 2013 年 ImageNet 比赛的参赛者都用到了某种形式的深度神经网络。此外，深度神经网络会"学习"数据的表示，也就是说，它们不仅学习识别对象，还学习定义被识别对象的唯一重要特征是什么。通过学习自动识别特征，深度神经网络可被成功地应用于无监督学习，即将具有相似特征的对象进行自然分类，而无须费力地进行人工标记。此外，深度神经网络在其他领域也取得了类似的进展，例如信号处理。如今，深度学习和使用深度神经网络的案例随处可见，例如苹果公司的 Siri。谷歌在为其 Android 操作系统引入深度学习算法之后，该系统的单词识别误差率降低了 25%。应用于图像识别的另一数据集是 MNIST 数据集，该数据集包含以不同笔迹书写的数字示例。目前，利用深度神经网络进行数字识别可达到 99.79%的准确率，跟人类可达到的准确率水平相当。此外，深度神经网络算法是最接近人类大脑工作原理的人工智能案例。尽管事实上它们可能仍处于人类大脑的最简单或最基础的阶段，然而，它们所包含的人类智慧的种子要比任何其他算法多得多。在后续章节中，我们主要介绍不同的神经网络，并且会给出几个有关神经网络不同应用的示例。

2.2 基本原理

第 1 章介绍了 3 种不同的机器学习方法：监督学习、无监督学习和强化学习。传统神经网络是一种监督机器学习方法，不过，读者稍后会了解到，深度学习的流行实际上源于"现代深度神经网络也可应用于无监督学习任务"这一事实。在第 3 章中，我们将重点介绍传统浅层神经网络和深度神经网络间的主要差异。在本章中，我们把学习的重点锁定在监督学习方式下工作的传统前馈网络。本章的第一个问题是：什么是神经网络？也许，最好诠释神经网络的方法是将它描述成用于信息处理的一个数学模型。这虽然看起来很模糊，但是，随着后面章节内容的展开，一切会变得越来越清晰。神经网络不是一个固定程序，而是一个模型，一个处理信息（或者输入）的系统，这有点类似于生物实体处理信息的方式。神经网络有如下 3 个主要特征。

（1）**神经网络结构**。描述神经元之间的连接点集（前馈、回归、多层或单层等）、层数和每层的神经元数目。

（2）**学习**。就是通常所说的训练。无论使用反向传播，还是某种能量级训练，都会决定我们如何确定神经元之间的权值。

（3）**激活函数**。描述了在传递到每个神经元的激活值（神经元内部状态）上用到的函数，神经元是如何工作的（随机的、线性的以及其他）、在什么情况下会"激活"或者"点火"，以及其向相邻神经元传递的输出。

需要指出的是，有些研究人员会将激活函数视为神经元结构的组成部分。不过，对于初学者来说，目前将这两个方面分开来学可能会更容易一些。需要注意的是，人工神经网络仅仅代表生物大脑工作原理的一个近似。生物神经网络是复杂得多的模型；不过，不用担心这个问题。事实上，人工神经网络仍然可以执行许多有意义的任务，也就是说，人工神经网络确实可以在任意程度上逼近我们希望的输入到输出的任意函数。

神经网络的发展基于以下假设。

（1）信息处理以其最简单的形式发生在名为神经元的简单元素上。

（2）神经元间彼此相连并沿着连接点在彼此间交换信号。

（3）神经元间的连接或强或弱，而这决定了处理信息的方式。

（4）每个神经元都有一个内部状态，该内部状态由来自其他神经元的所有入站连接决定。

（5）每个神经元有着不同的激活函数，该函数根据神经元内部状态进行计算并且决定了神经元的输出信号。

我们在 2.2.1 节将详细说明神经元是如何工作的，以及它是如何与其他神经元互动的。

2.2.1 神经元以及层

什么是神经元？神经元是一个接收输入值并根据预定义规则输出不同值的处理单元。

1943 年，Warren McCullock 和 Walter Pitts 共同在 *The Bulletin of Mathematical Biophysics* 上发表了一篇题为 *A Logical Calculus of the Ideas Immanent in Nervous Activity* 的文章。在这篇文章中，他们描述了单个生物神经元的运行。生物神经元的组成包括树突、体细胞、轴突和突触间隙，如图 2-1 所示。这些也是人工神经元的组成部分，只是采用了不同名称。

树突将来自其他神经元的输入带到体细胞（即神经元细胞体）。体细胞是处理和汇总输入的地方。如果输入超出一定阈值，神经元就会通过轴突放电式地"激发"并传输单一输出。突触间隙存在于传递神经元的轴突和接收神经元的树突之间，其通过化学方式来调解脉冲，以改变自己的频率。在人工神经网络中，用一个权值来模拟频率：频率越高，脉冲越大，权值也就越大。我们可以针对生物神经元和人工神经元建立一种对应关系（这是一个非常简化的描述，但符合我们的目的），如图 2-2 所示。

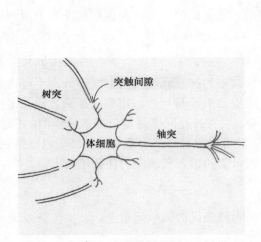

图 2-1　生物神经元

图 2-2　生物神经元和人工神经元的对应关系

因此，我们可以将人工神经元大致描述为图 2-3 所示的样式。

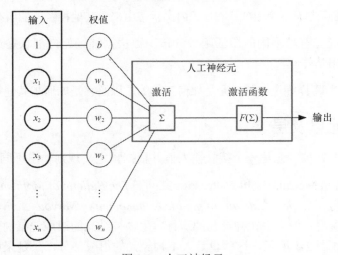

图 2-3　人工神经元

可以看到，神经元（或体细胞）位于该图的中心位置，该神经元获得一个输入（激活值）并设置可触发一个输出（激活函数）的神经元内部状态。输入来自其他神经元，并且其强度通过权值（突触间隙）来调整。

简单的神经元激活值由 $\alpha(x)=\sum_i w_i x_i$ 得出，其中，x_i 是每个输入神经元的值，w_i 是神经元 i 与输出之间的权值。我们在第 1 章中讲到神经网络时，介绍过偏置。如果想在此讲解偏置（bias）并且想把它的存在弄明白，那么，可以重新将前面的等式写成 $\alpha(x)=\sum_i w_i x_i + b$。偏置是指平移由权值所定义的超平面，因此不一定经过原点（并且因此而得名）。读者应该把激活值理解为神经元的内部状态值。

正如在第 1 章中所提到的，前面定义的激活值可以理解为向量 w 和向量 x 的点积。如果 $<w, x> = 0$，向量 x 将垂直于权向量 w，那么，使得 $<w, x> = 0$ 的所有向量 x 在 R^n 中定义出一个超平面（其中，n 是 x 的维度）。

因此，满足 $<w, x> > 0$ 的任何向量 x 是由 w 定义的超平面一侧的向量。所以，神经元是线性分类器，根据该规则，当输入是上述具体阈值时，或者当输入是由权重向量所定义的超平面一侧的输入时（从几何方面），该分类器被激活，如图 2-4 所示。

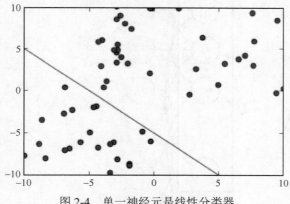

图 2-4 单一神经元是线性分类器

神经网络可以有无限个的神经元，但是，不管有多少个神经元，传统神经网络的神经元都是分层排列的。输入层代表数据集，即初始条件。例如，如果输入的是灰度图像，则每个像素的输入层由一个输入神经元表示，每个输入神经元的内部值为像素的强度。但需要注意的是，输入层的神经元与其他神经元不同，它们的输出是恒定的，并且等于它们内部状态的值，因此输入层通常不被计算在内。因此，单层神经网络是仅有一个层（即输出层，除了输入层）的神经网络。从每个输入神经元上画出一条跟每个输出神经元相连接的线，并且这个值要通过人工突触间隙，即连接输入神经元 x_i 和输出神经元 y_i 的权值 $w_{i,j}$ 来调整。通常，每个输出神经元代表一个类，例如，对于 MNIST 数据集来说，每个神经元代表一个数字。因而，单层神经网络可以用来做出预测，例如输入图像代表哪个数字。实际上，输出值的集合可以看作图像代表给定类的概率的度量值，因此，具有最高值的输出神经元将代表神经网络的预测。

　　必须注意的一点是，位于同一层的神经元之间是互不相连的，而是会连接到下一层的每个神经元上，以此类推，如图 2-5 所示。

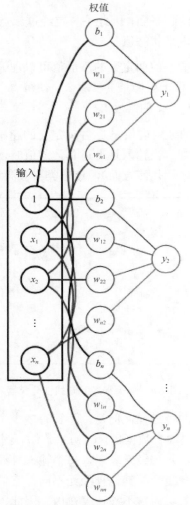

图 2-5　单层神经网络示例：左侧的神经元代表具有偏置 b 的输入，中间的值代表
每个连接的权值，而右侧的神经元代表给定权值 w 的输出

　　在神经元可连接到相邻层的每个神经元的同时，无层内连接是传统神经网络的必要条件之一。图 2-5 明确显示了神经元间每个连接的权值，但通常的情况是，连接神经元的边代表着权值。1 代表偏置单元，带有连接权值的数值 "1" 神经元等于前面所介绍的偏置。

如我们在前文多次提到的，1 层神经网络只能对线性可分离类进行分类。不过，可以在输入和输出之间引入更多的层，这些更多的层称为隐藏层，如图 2-6 所示。

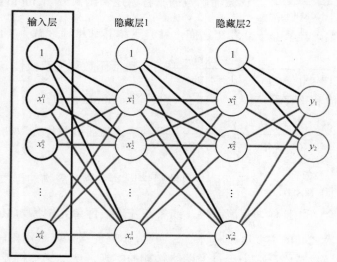

图 2-6 带有隐藏层的 3 层神经网络

图 2-6 是一个带有两个隐藏层的 3 层神经网络。输入层有 k 个输入神经元，第一隐藏层有 n 个隐藏神经元，第二隐藏层有 m 个隐藏神经元。原则上可以存在所需要的多个隐藏层。在本例中，输出是 y_1 和 y_2 两个分类器。最上面的神经元是实时偏置神经元。每个连接都有自己的权值 w（为简化起见，在此不做描述）。

2.2.2 不同类型的激活函数

从生物学上讲，神经系统科学已被确认有数百种甚至可能超过 1000 种不同类型的神经元（见 Gary Marcus 和 Jeremy Freeman 的著作 *The Future of the Brain*），因此，读者应该至少能够模拟一些不同类型的人工神经元。这可以使用不同类型的激活函数实现，这里所说的函数是指，在由激活 $\alpha(x) = \sum_i w_i x_i$ 所表示的神经元内部状态上定义的函数，其中激活值是根据所有输入神经元的输入计算得到的。

激活函数是在 $\alpha(x)$ 上定义的函数，并且由其确定神经元的输出。最常使用的激活函数如下。

（1） $f(\alpha) = a$。该激活函数称为恒等函数，其允许激活值通过。

（2） $f(\alpha) = \begin{cases} 1 & \alpha \geqslant 0 \\ 0 & \alpha < 0 \end{cases}$。该激活函数称为阈值函数，当激活为上述某特定值时，它会

激活神经元。

（3）$f(\alpha) = \dfrac{1}{1 + \exp(-\alpha)}$。该激活函数通常称为逻辑函数或 sigmoid 函数，它是最常用的一个输出函数，其值介于 0 和 1 之间，并且可将其随机地理解为神经元激活概率。

（4）$f(\alpha) = \dfrac{1}{1 + \exp(-\alpha)} - 1 = \dfrac{1 - \exp(-\alpha)}{1 + \exp(-\alpha)}$。该激活函数称为双极性 sigmoid 函数，它只是一个重新缩放和平移至范围为（-1,1）的逻辑 sigmoid 函数。

（5）$f(\alpha) = \dfrac{\exp(\alpha) - \exp(-\alpha)}{\exp(\alpha) + \exp(-\alpha)} = \dfrac{1 - \exp(-2\alpha)}{1 + \exp(-2\alpha)}$。该激活函数称为双曲正切函数。

（6）$f(\alpha) = \begin{cases} \alpha & \alpha \geqslant 0 \\ 0 & \alpha < 0 \end{cases}$。该激活函数可能最接近其生物对应物的函数，它是恒等函数和阈值函数的混合，并且称为整流函数，或者在**整流线性单元**中称为 **ReLU 函数**。

这些激活函数之间的主要区别是什么？通常，不同的激活函数用于解决不同的问题。一般而言，激活函数被广泛应用于神经网络初期的实现，例如感知机或**自适应线性神经网络**。恒等激活函数或阈值函数最近逐渐被 sigmoid 函数、双曲正切函数或线性整流函数（ReLU）所取代。虽然恒等函数和阈值函数要简单得多，并因此成为计算机计算能力不强时的首选函数，但通常情况下，最好使用非线性函数，例如 sigmoid 函数或线性整流函数。还应该注意的是，如果只使用线性激活函数，添加额外的隐藏层是毫无意义的，因为线性函数的复合函数仍然只是线性函数。后面 3 种激活函数存在以下方面的不同：它们的范围不同，随着 x 的增加，它们的梯度可能会消失。

随着 x 的增加，梯度可能会消失的这一事实以及它为什么重要，随着内容讲解的深入会愈发清晰。现在，想提醒大家的是，激活函数的梯度（如导数）对于神经网络训练很重要。这类似于在第 1 章中介绍的关于"如何沿着与其导数相反方向实现函数最小化"的线性回归示例。

sigmoid 函数的取值范围为(0,1)，这就是它是随机网络（即带有基于概率函数可以激活的神经网络）的首选函数的原因之一。双曲函数与 sigmoid 函数非常相似，只是它的取值范围为(-1,1)，而 ReLU 函数的取值范围为(0,∞)，因此后者有着非常大的输出。

然而，更重要的是看看这 3 个函数各自的导数。对于 sigmoid 函数 f 来说，它的导数是 $f * (1 - f)$，如果 f 是双曲正切函数，则它的导数是 $(1 + f) * (1 - f)$。

如果 f 是 ReLU 函数，导数就会简单得多，即 $\begin{cases} 1 & \alpha \geqslant 0 \\ 0 & \alpha < 0 \end{cases}$。

简单地了解一下如何计算 sigmoid 函数的导数。只要记住函数 $\dfrac{1}{1+\exp(-\alpha)}$ 的 α 的导数如下，便可以很快地计算出来导数：

$$\frac{\exp(-\alpha)}{[1+\exp(-\alpha)]*[1+\exp(-\alpha)]} = \frac{1}{1+\exp(-\alpha)} * \frac{[1+\exp(-\alpha)]-1}{1+\exp(-\alpha)}$$

$$\frac{1}{1+\exp(-\alpha)} * \left[\frac{1+\exp(-\alpha)}{1+\exp(-\alpha)} - \frac{1}{1+\exp(-\alpha)}\right] = f*(1-f)$$

当讨论反向传播时，读者将了解深度网络面临的梯度消失问题（如前所述），而 ReLU 函数的优势是：导数是恒定的，并且不会随着 α 的增大而趋于 0。

通常，同一层的所有神经元有着相同的激活函数，但不同层的神经元可能有着不同的激活函数。然而，为何神经网络超过 1 层（2 层或以上）时深度如此重要呢？正如读者所看到的，神经网络的重要性在于它们的预测能力，也就是它们能够用所需的输出近似定义在输入上的函数。有一个定理，叫作万能近似定理，根据该定理，R^n 紧致子集上的任何连续函数有逼近它且带有至少一个隐藏层的神经网络。虽然该定理的形式证明太过复杂因而无法在此做出解释，但我们将尝试通过仅仅使用一些基本数学知识的方法来给出直观解释，为此，要以 sigmoid 函数作为激活函数。

将 sigmoid 函数设定为：$\dfrac{1}{1+\exp(-\alpha)}$，其中，$\alpha(x) = \sum_i w_i x_i + b$。现在，假设只有一个神经元 $x = x_i$，如图 2-7 所示。

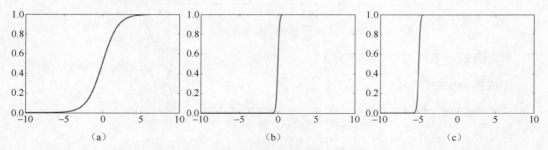

图 2-7　图（a）为一个权值为 1、偏置为 0 的标准 sigmoid 函数。图（b）为一个权值为 10 的
　　　　sigmoid 函数。图（c）为一个权值为 10、偏置为 50 的 sigmoid 函数

可以很容易地看出，当 w 值很大时，sigmoid 函数趋近于阶跃函数。w 越大，其越像在 0 点上的权值为 1 的阶跃函数。换句话说，b 只是平移了这个函数，平移量等于 $-b/w$。尝试调用等式 $t = -b/w$。

基于这种情况，现在我们考虑一个简单的神经网络，该网络有一个输入神经元和一个带有两个神经元的隐藏层，以及仅有一个输出神经元的输出层，如图 2-8 所示。

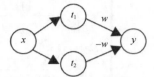

输入 x 被映射到两个神经元上，其中，一个神经元带有的权值和偏置使得 $-b/w$ 的值等于 t_1，另一个带有的权值和偏差使得 $-b/w$ 的值等于 t_2。那么，两个隐藏神经元会被分别映射到带有权值 w 和 $-w$ 的输出神经元上。如果将 sigmoid 激活函数应用到每个隐藏神经元，并且将恒等函数应用到输出神经元（无偏置），那么会得到从 t_1 到 t_2、权重值 w 的阶跃函数（见图 2-9）。既然一系列阶跃函数可以逼近 $\boldsymbol{R}$ 紧致

图 2-8　x 被映射到两个带有权重和偏置的隐藏神经元上，以致在顶部隐藏神经元上 $-b/w$ 的值为 t_1，而在底部隐藏神经元上，该值为 t_2。两个隐藏神经元都使用 sigmoid 激活函数

子集上的任何连续函数，那么，这便直观地说明了万能近似定理为何成立（简而言之，数学定理的内容称为"简单函数逼近定理"）。

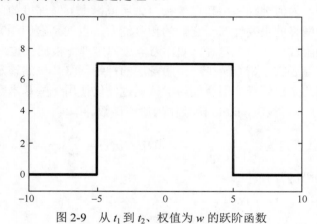

图 2-9　从 t_1 到 t_2、权值为 w 的跃阶函数

再多尝试一下，这可以推广到 R^n。

生成图 2-9 的代码如下：

```
#The user can modify the values of the weight w
#as well as biasValue1 and biasValue2 to observe
#how this plots to different step functions

import numpy
import matplotlib.pyplot as plt
weightValue = 1000
#to be modified to change where the step function starts
biasValue1 = 5000
#to be modified to change where the step function ends
biasValue2 = -5000
```

```
plt.axis([-10, 10, -1, 10])

print ("The step function starts at {0} and ends at {1}"
        .format(-biasValue1/weightValue,
        -biasValue2/weightValue))

y1 = 1.0/(1.0 + numpy.exp(-weightValue*x - biasValue1))
y2 = 1.0/(1.0 + numpy.exp(-weightValue*x - biasValue2))
#to be modified to change the height of the step function
w = 7
y = y1*w-y2*w
plt.plot(x, y, lw=2, color='black')
plt.show()
```

2.3 反向传播算法

读者已经了解神经网络如何根据固定权值将输入映射到已确定输出。一旦确定了神经网络的结构（前馈、隐藏层、每层神经元数目），并且为每个神经元选择了激活函数，就要设置权值，进而确定网络中每个神经元的内部状态。读者将了解如何针对一层网络实现这一点，然后了解如何将其扩展到深度前馈网络。对于深度神经网络，设置权值的算法称为反向传播算法。由于该算法是多层前馈神经网络最重要的论题之一，因此本节的大部分内容将用于讨论和解释这种算法。不过，在此之前，首先要讨论的是单层神经网络的实现。

需要理解的一般性概念如下：每个神经网络都是一个函数的近似值，所以每个神经网络都不等于预期函数，都会存在一定的差值。这个差值被称为误差，目的是要最小化这个误差。由于误差是神经网络中权值的函数，因此要做的是最小化权值的误差。误差函数是多个权值的函数，因此它是一个多元函数。所以，在数学上，该函数为 0 时的点集代表着一个超曲面，并且为了找到这个超曲面上的最小值，要选一个点，然后沿着曲线的最小值方向寻找。

2.3.1 线性回归

我们在第 1 章介绍过线性回归，但是由于现在要处理很多变量，为简化过程，将引入矩阵符号。设定 x 为输入，可以将其看作一个向量。在线性回归案例中，要考虑单个输出神经元 y；所以，权值集合 w 是与 x 维数相同的向量。那么，激活值则被定义为内积 $<x, w>$。

假设对于每个输入值 x，都要输出一个目标值 t；而对于每个 x，神经网络将输出一个由所选激活函数定义的值 y。在这种情况下，$y-t$ 的绝对值代表着特定输入示例 x 的预测值和实际值之间的差值。如果有 m 个输入值 x_i，那么每个输入值会有一个目标值 t_i。在这种情况下，利用均方误差 $\sum_i (y_i - t_i)^2$ 来计算误差，其中，每个 y_i 都是 w 的函数。所以，误差是 w 的函数，并且通常用 $J(w)$ 来表示。

如前所述，这代表着一个等于 w 维的超曲面（还要考虑偏置），并且对于每个 w_j，需要找到引向曲面最小值的一条曲线。让曲线在特定方向上增加的那个方向由那一方向的导数给出，在该例中，导数如下：

$$\vec{d} = \frac{\partial \sum_i (y_i - t_i)^2}{\partial w_j}$$

为了移向最小值，针对每个 w_j，需要沿着 $\vec{d}$ 所设定的相反方向移动。

计算过程如下：

$$\vec{d} = \frac{\partial \sum_i (y_i - t_i)^2}{\partial_{wj}} = \sum_i = \frac{\partial (y_i - t_i)^2}{\partial_{wj}} = 2 * \sum_i = \frac{\partial y_i}{\partial w_j}(y_i - t_i)$$

如果 $y_i = <x_i, w>$，那么 $\frac{\partial y_i}{\partial w_j} = x_{i,j}$，所以得出：

$$\vec{d} = \frac{\partial \sum_i (y_i - t_i)^2}{\partial w_j} = 2 * \sum_i x_{i,j}(y_i - t_i)$$

以上这个表示符号有时会令人困惑，尤其是在第一次看到这个符号的时候。输入由 x_i 给出，其中，上标表示第 i 个例子。由于 x 和 w 都是向量，因此，下标表示向量的第 j 个坐标。此外，y_i 表示给出输入 x_i 的神经网络的输出，t_i 表示目标，即与输入 x_i 相对应的期望值。

为了移向最小值，我们需要将每个权值沿其导数方向小量上移 1（称为**学习率**），该值通常比 1 小得多（如 0.1 或更小值）。因此，我们可以在导数中重新定义，并在学习率中加入 "2"，以得到如下更新规则：

$$w_j \rightarrow w_j \rightarrow \lambda \sum_i x_{i,j}(y_i - t_i)$$

或者，更普遍地说，可以将矩阵形式的更新规则表示如下：

$$w \rightarrow w \rightarrow \lambda \nabla \left(\sum_i (y_i - t_i)^2 \right) = w - \lambda \nabla(J(w))$$

这里，∇（也称为劈形算符）表示偏导数向量。这个过程通常称为梯度下降。

$\nabla = \left(\dfrac{\partial}{\partial w_1}, \cdots, \dfrac{\partial}{\partial w_n} \right)$ 是一个偏导数向量。可以将更新规则写成矩阵形式，而不是针对每个分量 w_j 写出针对 $\boldsymbol{w}$ 的更新规则；我们通常会针对每个 j 说明每个偏导数，而不是针对每个 j 写出偏导数。

最后需要注意的一点是：在完成所有输入向量的计算之后，可以完成权值更新。但是，在一些情况下，要在每个示例或者确定预设示例数目之后，再更新权值。

2.3.2 逻辑回归

在逻辑回归中，输出不是连续性的，而是被定义为一组类。在这种情况下，激活函数不再是之前的恒等函数，要用到的将是 sigmoid 函数。正如读者之前所看到的，sigmoid 函数输出一个实值(0,1)，因此，可将其理解为概率函数，并且那也是它能够在二值分类问题中如此有效的原因。在这种情况下，目标可以是两个类中的一个，并且输出表示它会成为那两个类中的一个的概率（如 $t=1$）。

同样，这个符号也可能会让人困惑。t 是我们的目标，并且在这个示例中，它可以有两个值。这两个值通常被定义为类 0 和类 1。这些值（0 和 1）不会跟逻辑 sigmoid 函数的值相混淆，sigmoid 函数是介于 0 和 1 之间的一个连续实值函数。sigmoid 函数的实值表示输出在类 0 或类 1 中的概率。

如果 α 是前面所定义的神经元激活值，用 $\sigma(\alpha)$ 来表示 sigmoid 函数，那么，对于每个示例 x，在给定权值 $\boldsymbol{w}$ 的情况下，输出是类 t 的概率为：

$$P(t \mid x, \boldsymbol{w}) = \begin{cases} \sigma(\alpha) & t = 1 \\ 1 - \sigma(\alpha) & t = 0 \end{cases}$$

可以将这个等式简化，写成如下形式：

$$P(t \mid x, \boldsymbol{w}) = \sigma(\alpha)^t (1 - \sigma(\alpha))^{1-t}$$

既然对每个样本 x_i，概率 $P(t_i \mid x_i, \boldsymbol{w})$ 都是独立的，那么全局概率如下：

$$P(t \mid x, \boldsymbol{w}) = \prod_i P(t_i \mid x_i, \boldsymbol{w}) = \prod_i \sigma(\alpha^i)^{t_i} (1 - \sigma(\alpha))^{(1-t_i)}$$

如果取前一个等式的自然对数（把乘积变成和），那么得到：

$$\log(P(t \mid x, w)) = \log\left(\prod_i \sigma(\alpha)^{t_i} (1 - \sigma(\alpha))^{(1-t_i)}\right)$$

$$= \sum_i t_i \log(\sigma(\alpha_i)) + (1 - t_i) \log(1 - \sigma(\alpha_i))$$

现在的目标是要最大化这个自然对数，以获得预测正确结果的最大概率。通常，与前面示例一样，这要通过使用梯度下降来最小化 $J(w) = -\log(P(y \mid x,w))$ 所定义的成本函数 $J(w)$ 得到。

如前所述，计算成本函数相对于权值 w_j 的导数，得到：

$$\frac{\partial \sum_i t_i \log(\sigma(\alpha_i)) + (1 - t_i) \log(1 - \sigma(\alpha_i))}{\partial w_j}$$

$$= \sum_i \frac{\partial \sum_i t_i \log(\sigma(\alpha_i)) + (1 - t_i) \log(1 - \sigma(\alpha_i))}{\sigma w_j} =$$

$$\sum_i t_i \frac{\partial \log(\partial(\alpha_i))}{\partial w_j} + (1 - t^i) \frac{\partial \log(1 - \sigma(\alpha_i))}{\partial w_j}$$

$$= \sum_i t_i (1 - \sigma(\alpha_i)) x_j^i + (1 - t_i) \sigma(\alpha_i) x_{i,j}$$

要理解最后一个等式，请读者注意以下事实：

$$\frac{\partial \sigma(\alpha_i)}{\partial \alpha_i} = \sigma(\alpha_i)(1 - \sigma(\alpha_i))$$

$$\frac{\partial \sigma(\alpha_i)}{\partial \alpha_j} = 0$$

$$\frac{\partial \alpha_i}{\partial w_j} = \frac{\partial \sum_k w_k x_{ik} + b}{\partial w_j} = x_{ij}$$

因此，根据链式法则：

$$\sum_i \frac{\partial \log(\sigma(\alpha_i))}{\partial w_j} = \sum_i \frac{\partial \log(\sigma(\alpha_i))}{\partial \alpha_j} \frac{\partial \alpha_i}{\sigma(\alpha_i)} \sigma(\alpha_i)(1 - \sigma(\alpha_i)) x_{i,j}$$

$$= (1 - \sigma(\alpha_i)) x_{i,j}$$

类似地：

$$\sum_i \frac{\partial \log(1 - \sigma(\alpha_i))}{\partial w_j} = \sigma(\alpha_i) x_{i,j}$$

一般来说，在多类输出 t 的情况下，对于向量 $t(t_1, \cdots, t_n)$，可以使用 $J(\boldsymbol{w}) = -\log(P(y \,|\, \boldsymbol{x}, \boldsymbol{w})) = E_{i,j} t_j^i \log((\alpha_i))$ 来推广该等式，进而引出权重更新等式：

$$w_j \to w_j \to \lambda \sum\nolimits_i x_{ij}(\sigma(\alpha_i) - t_i)$$

这类似于读者在线性回归中所看到的更新规则。

2.3.3 反向传播

在单层神经网络的情况下，权值调整极其容易，因为可以使用线性或逻辑回归，并且同时调整权值以获得更小的误差（最小化成本函数）。对于多层神经网络，对于用于连接最后隐藏层和输出层的权值同样适用于相似论点，因为读者知道希望输出层是什么样子，但是却不能对隐藏层采取同样的做法，因为按照推理，读者不知道隐藏层神经元的值应该是什么。在这种情况下，要做的是计算最后隐藏层的误差，并且估算其在前一层应该是什么，将误差从最后一层传播回第一层，因此取名为反向传播。

反向传播是最难以理解的算法之一，要掌握它，需要了解一些基本的微分知识以及链式法则。我们先介绍一些符号。用 J 表示成本（误差），用 y 表示在激活值 a 上所定义的激活函数（例如，y 可能是 sigmoid 函数），其中，该函数是权值 $\boldsymbol{w}$ 和输入 $\boldsymbol{x}$ 的函数。此外，来定义第 i 个输入值和第 j 个输出值间的权值 $w_{i,j}$。在这里，相较于单层网络，通常会确定更多输入和输出：如果 $w_{i,j}$ 连接前馈网络中的一对连续层，那么将两个连续层的第一个神经元表示为"输入"，将两个连续层的第二个神经元表示为"输出"。为了避免符号过于烦琐，以及避免再标注每个神经元所在的层，假设第 i 个输入 y_i 一直位于包含第 j 个输出 y_j 所在层之前的层中。

注意，字母 y 既表示激活函数的输入，也表示激活函数的输出。y_j 是指下一层的输入，y_j 是激活函数的输出，但它也是下一层的输入。因此，可以把"y_j 的"看作"y_j 的函数"。

我们还会用到下标 i 和 j。我们总是有带有下标 i 的元素，该元素属于有下标 j 的元素所在层之前的层，如图 2-10 所示。

针对最后一层神经网络，使用这个符号以及导数的链式法则，可以写出如下等式：

$$\frac{\partial J}{\partial w_{i,j}} = \frac{\partial J}{\partial y_j} \frac{\partial y_j}{\partial a_j} \frac{\partial a_j}{\partial w_{i,j}}$$

既然知道 $\dfrac{\partial \alpha_j}{\partial w_{i,j}} = y_i$，则会得到以下等式：

$$\frac{\partial J}{\partial w_{i,j}} = \frac{\partial J}{\partial y_j}\frac{\partial y_j}{\partial \alpha_j}y_i$$

如果 y 是前面所定义的 sigmoid 函数，由于知道成本函数并且能够计算所有导数，那么会得到在 2.2 节结尾部分中所计算出的相同结果。对于前面的层，适用于同样的公式：

$$\frac{\partial J}{\partial w_{i,j}} = \frac{\partial J}{\partial y_j}\frac{\partial y_j}{\partial \alpha_j}\frac{\partial \alpha_j}{\partial w_{i,j}}$$

事实上，α_j 是激活函数，如我们所知，它是权值的函数。"第 2 层"中神经元的激活函数 y_j 值是其激活值的函数，当然，成本函数是所选的激活函数的函数。

图 2-10　在这个示例中，第一层代表输入，第二层代表输出，因此 $w_{i,j}$ 是一个连接一层中的 y_j 值和其下一层中的 y_j 值的数字

尽管有多个层，但我们总是关注连续的层，因此，也许会有点滥用符号的情况，我们总是有一个"第 1 层"和一个"第 2 层"（见图 2-10），它们分别是"输入层"和"输出层"。

既然知道 $\dfrac{\partial \alpha_j}{\partial w_{i,j}} = y_i$，并且知道 $\dfrac{\partial y_j}{\partial \alpha_j}$ 是可以计算的激活函数的导数，那么需要计算的就是导数 $\dfrac{\partial J}{\partial y_j}$。我们注意到该导数是针对"第 2 层"中激活函数的误差的导数，如果能够计算出最后一层的这一导数且拥有一个公式，其中，该公式允许计算出对于某一层之下一层的导数，就可以计算从最后一层开始往前倒推的所有导数。

要注意的是，正如 y_j 所定义的，它们是"第 2 层"神经元的激活值，但也是激活函数，因此是第一层激活值的函数。所以，通过应用链式法则，得到：

$$\frac{\partial J}{\partial y_j} = \sum_j \frac{\partial J}{\partial y_j}\frac{\partial y_j}{\partial y_i}\sum_j \frac{\partial J}{\partial y_j}\frac{\partial y_j}{\partial \alpha_j}\frac{\partial \alpha_j}{\partial y_i}$$

可以再次计算 $\dfrac{\partial y_j}{\partial \alpha_j}$ 和 $\dfrac{\partial \alpha_j}{\partial y_i} = w_{i,j}$，并且在这样的情况下，一旦知道了 $\dfrac{\partial J}{\partial y_j}$，就可以计

算 $\dfrac{\partial J}{\partial y_i}$，而既然可以计算最后一层的 $\dfrac{\partial J}{\partial y_j}$，就能够计算出任何层的 $\dfrac{\partial J}{\partial y_i}$，因此也可以计算

任何层的 $\dfrac{\partial J}{\partial w_{i,j}}$。

简而言之，如果有一个层序列，其中：

$$y_i \rightarrow y_j \rightarrow y_k$$

那么会得到两个基本等式，其中，第二个等式的总和应该是对从 y_j 到连续层神经元 y_k 的所有输出连接的总和：

$$\frac{\partial J}{\partial w_{i,j}} = \frac{\partial J}{\partial y_j} \frac{\partial y_j}{\partial \alpha_j} \frac{\partial \alpha_j}{\partial w_{i,j}}$$

$$\frac{\partial J}{\partial y_i} = \sum_k \frac{\partial J}{\partial y_k} \frac{\partial y_k}{\partial y_j}$$

通过这两个等式，可以计算出针对每一层的成本的导数。

如果设定 $\delta_j = \dfrac{\partial J}{\partial y_j} \dfrac{\partial y_j}{\partial \alpha_j}$，$\delta_j$ 表示相对于激活值的成本变化，可以将 δ_j 视为 y_j 神经元的误差。那么，可以重写等式如下：

$$\frac{\partial J}{\partial y_i} = \sum_j \frac{\partial J}{\partial y_j} \frac{\partial y_j}{\partial y_i} = \sum_j \frac{\partial J}{\partial y_j} \frac{\partial y_j}{\partial \alpha_j} \frac{\partial \alpha_j}{\partial y_i} = \sum_j \delta_j w_{i,j}$$

这意味着 $\delta_i = (\sum_j \delta_j w_{i,j}) \dfrac{\partial y_i}{\partial \alpha_i}$。随着相对于激活值的成本变化，这两个等式给出了供读者了解反向传播的另一种方法，并提供了一个公式，一旦知道下一层的变化，就可以利用该公式计算出每一层的这种变化：

$$\delta_i = \frac{\partial J}{\partial y_j} \frac{\partial y_j}{\partial \alpha_j}$$

$$\delta_i = (\sum_j \delta_i w_{i,j}) \frac{\partial y_i}{\partial \alpha_i}$$

此外，也可以把这些等式结合起来，得到：

$$\frac{\partial J}{\partial w_{i,j}} = \delta_j \frac{\partial \alpha_j}{\partial w_{i,j}} = \delta_j y_i$$

然后，通过 $w_{i,j} \rightarrow w_{i,j} - \lambda\delta_j y_i$ ，给出针对每一层的权值更新的反向传播算法。

2.5 节将提供一个代码示例来帮助大家理解和应用这些概念以及公式。

2.4 行业应用

在第 1 章中，我们提到了有关机器学习应用的一些示例，尤其是神经网络，有着许多类似应用。

接下来，我们回顾一下之前的一些应用。它们是在发现反向传播、更深的神经网络可以训练之后，于 20 世纪 80 年代末和 90 年代初流行起来的一些应用。

2.4.1 信号处理

神经网络在信号处理领域有着广泛的应用。神经网络的最早应用之一是抑制电话线上的回声，特别是洲际电话——该应用是由 Bernard Widrow 和 Marcian Hoff 从 1957 年开始发展起来的。自适应线性神经网络（Adaline）利用恒等函数作为其激活函数进行训练，并寻求最小化激活与目标值之间的均方误差。通过将输入信号同时应用到 Adaline（过滤器）和电话线，训练 Adaline 去除电话线上的信号回声。电话线输出和 Adaline 输出之间的差值就是误差，利用该误差可以训练网络并从信号中去除噪声（回声）。

2.4.2 医疗

"即时医生"是由 Anderson 于 1986 年开发出来的，其背后的原理是存储大量的医疗记录，包括关于每个病例的症状、诊断以及治疗信息。通过训练，该神经网络可以做出最佳诊断并且针对不同症状提出治疗方案。

最近，凭借利用深度神经网络，IBM 做出一项研究，可以像有经验的心脏专家那样对可能出现的心脏衰竭进行预测，还可以阅读病历。

2.4.3 自动汽车驾驶

Nguyen 和 Widrow（1989），以及 Miller、Sutton 和 Werbos（1990）分别开发了一款神经网络，该神经网络可以指导一辆大型拖车倒车到装货码头。神经网络由两个模块组成：第一个模块通过学习如何让卡车响应不同信号，利用多层神经网络来计算新位置；第二个模块（称为控制器）学习使用仿真器给出正确指令以指导其位置。近年来，自动驾驶取得了巨大的进步并且应用于现实，该应用更加复杂一些，是深度学习神经网络通过结合使用摄像机、GPS、雷达以及声呐装置来实现的。

2.4.4 商业

1988 年，Collins、Ghosh 和 Scofield 开发了一款神经网络，用于评估是否应该批准和发放抵押贷款。利用来自抵押贷款评估者的数据，训练神经网络确定申请人是否应该获得贷款。输入信息是申请人的特征，例如申请人受雇的年数、收入水平、受赡养人、财产的估价等。

2.4.5 模式识别

关于这个问题，我们已经提及多次。神经网络应用的领域之一就是字符识别，例如，可以利用神经网络识别数字，也可以识别手写的邮政编码。

2.4.6 语音生成

1986 年，Sejnowski 和 Rosenberg 提出了一个如今广为人知的 NETtalk 示例。该示例通过阅读文字来产生语音。NETtalk 的必要条件是要求有一组文字及其发音的示例。NETTalk 的输入包括发音的字母和该字母前面和后面的字母（通常是 3 个），而训练是通过使用最广泛使用的单词及它们的音标来进行的。在实现过程中，NETtalk 首先要学会从辅音中识别出元音，然后识别单词的开头和结尾。一般来说，NETtalk 需要经过多次训练通关才能发出易于理解的单词发音，这个过程有时候就像是孩子们学习如何读出单词一样。

2.5 异或函数的神经网络代码示例

这是一个众人皆知的事实，并且前面也提到，单层神经网络不能预测异或（XOR）函数。单层神经网络只能对线性可分集进行分类，不过，正如读者所了解的，万能近似定理表明，只要结构足够复杂，一个二层神经网络便可以逼近任何函数。现在，要创建一个在隐藏层中包含两个神经元的神经网络，然后，要展示它是如何对异或函数建模的。不过，要编写的代码会允许读者简单修改任何层数以及每层神经元数目，以便读者可以尝试模拟不同的场景。此外，针对该网络，还会用双曲正切函数作为激活函数。为了训练该网络，会执行前面所讨论的反向传播算法。

只需导入一个程序库"numpy"，如果读者希望结果可视化，我们还建议导入 matplotlib（绘图）库。代码的前面几行如下：

```
import numpy
from matplotlib.colors import ListedColormap
import matplotlib.pyplot as plt
```

接下来，定义激活函数及其导数（在该示例中，使用 tanh(x) 函数）：

```
def tanh(x):
    return (1.0 - numpy.exp(-2*x))/(1.0 + numpy.exp(-2*x))

def tanh_derivative(x):
    return (1 + tanh(x))*(1 - tanh(x))
```

下一步，定义 NeuralNetwork 类：

```
class NeuralNetwork:
```

为遵循 Python 语法，NeuralNetwork 类中的所有内容必须缩进。定义 NeuralNetwork 类的"构造函数"，即 NeuralNetwork 类的变量，而在本例中，则是指神经网络结构——即有多少层以及每层有多少神经元。此外，还将随机地初始化介于–1 和+1 之间的任意权值。net_arch 变量是一个包含每一层神经元数目的一维数组：例如 [2,4,1]表示带有两个神经元的输入层、带有 4 个神经元的隐藏层和带有 1 个神经元的输出层。

既然在研究异或函数，对于输入层，需要有两个神经元；对于输出层，只需要 1 个神经元：

```
#net_arch consists of a list of integers, indicating
#the number of neurons in each layer, i.e. the network
#architecture
def __init__(self, net_arch):
    self.activity = tanh
    self.activity_derivative = tanh_derivative
    self.layers = len(net_arch)
    self.steps_per_epoch = 1000
    self.arch = net_arch

    self.weights = []
    #range of weight values (-1,1)
    for layer in range(self.layers - 1):
        w = 2*numpy.random.rand(net_arch[layer] + 1,
                                net_arch[layer+1]) - 1
        self.weights.append(w)
```

在以上代码中，我们将激活函数定义为双曲正切函数，并定义了它的导数，还定义了每个轮次（epoch）应该包含多少个训练步骤，最后初始化了权值，并确保也针对稍后添加的偏置进行权值初始化。接下来，需要定义 fit 函数，该函数将被用于训练神经网络。在以下代码的最后一行中，nn 代表 NeuralNetwork 类，predict 是我们将在后面给出详细说明的 NeuralNetwork 类的函数：

```
#data is the set of all possible pairs of booleans
#True or False indicated by the integers 1 or 0
#labels is the result of the logical operation 'xor'
#on each of those input pairs
def fit(self, data, labels, learning_rate=0.1, epochs=100):
    #Add bias units to the input layer
    ones = numpy.ones((1, data.shape[0]))
    Z = numpy.concatenate((ones.T, data), axis=1)
    training = epochs*self.steps_per_epoch
    for k in range(training):
        if k % self.steps_per_epoch == 0:
            print('epochs: {}'.format(k/self.steps_per_epoch))
            for s in data:
                print(s, nn.predict(s))
```

在这里，所做的就是在输入数据中添加一个"1"（实时偏置神经元），并设置代码以在每个周期结束时输出结果，以便跟踪进展。现在，继续下面内容，设置前馈传播：

```
sample = numpy.random.randint(data.shape[0])
y = [Z[sample]]
for i in range(len(self.weights)-1):
    activation = numpy.dot(y[i], self.weights[i])
    activity = self.activity(activation)
    #add the bias for the next layer
    activity = numpy.concatenate((numpy.ones(1),
                numpy.array(activity)))
    y.append(activity)


#last layer
activation = numpy.dot(y[-1], self.weights[-1])
activity = self.activity(activation)
y.append(activity)
```

要在完成每一步骤之后更新权值，所以要随机地选择一个输入数据点。然后，通过设置每个神经元的激活来建立前馈传播。之后，在激活值上应用 tanh(x) 函数。由于有一个偏置，因此需要将偏置添加到矩阵 *y*，以便记录每个神经元输出值。

现在，要进行误差的反向传播以调整权值：

```
#error for the output layer
error = labels[sample] - y[-1]
delta_vec = [error * self.activity_derivative(y[-1])]
#we need to begin from the back,
```

```
#from the next to last layer
for i in range(self.layers-2, 0, -1):
    error = delta_vec[-
    1].dot(self.weights[i][1:].T)
    error =
    error*self.activity_derivative(y[i][1:])
    delta_vec.append(error)
#Now we need to set the values from back to front
delta_vec.reverse()
#Finally, we adjust the weights,
#using the backpropagation rules
for i in range(len(self.weights)):
    layer = y[i].reshape(1, nn.arch[i]+1)
    delta = delta_vec[i].reshape(1, nn.arch[i+1])
    self.weights[i]
    +=learning_rate*layer.T.dot(delta)
```

通过以上步骤就实现了反向传播算法，剩下要做的是编写一个 predict 函数来检查该算法的结果：

```
def predict(self, x):
    val = numpy.concatenate((numpy.ones(1).T, numpy.array(x)))
    for i in range(0, len(self.weights)):
        val = self.activity(numpy.dot(val, self.weights[i]))
        val = numpy.concatenate((numpy.ones(1).T,
                                 numpy.array(val)))
    return val[1]
```

至此，只需写出如下主函数即可：

```
if __name__ == '__main__':
numpy.random.seed(0)
#Initialize the NeuralNetwork with
#2 input neurons
#2 hidden neurons
#1 output neuron
nn = NeuralNetwork([2,2,1])
X = numpy.array([[0, 0],
                 [0, 1],
                 [1, 0],
                 [1, 1]])

#Set the labels, the correct results for the xor operation
y = numpy.array([0, 1, 1, 0])

#Call the fit function and train the network
#for a chosen number of epochs
nn.fit(X, y, epochs=10)
```

```
print "Final prediction"
for s in X:
    print(s, nn.predict(s))
```

注意 `numpy.random.seed(0)` 函数的用法。这只是为了确保权值初始值在不同的运行中保持一致性,以便能够比较结果,但是对于神经网络的实现,这并非是必要的。

以上代码的输出应该是一个四维数组,例如(0.003032173692499, 0.9963860761357, 0.9959034563937, 0.0006386449217567),表明神经网络在学习输出(0,1,1,0)。

读者可以稍微修改一下本书前面部分用到的分区函数的代码,并了解不同神经网络是如何根据所选结构划分不同区域的。

输出图像如图 2-11 所示。圆圈代表着输入**(True, True)**和**(False, False)**,而三角形则代表着异或函数的输入**(True, False)**和**(False, True)**。

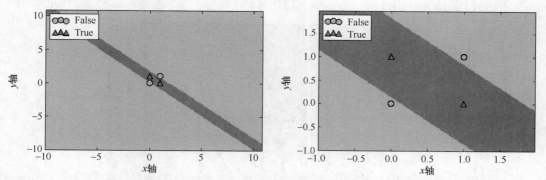

图 2-11　同样的图像,左图对选定输入做了缩小处理,而右图则做了放大处理。神经网络学习区分这些点,创建一个包含两个真实(True)输出值的区域带

不同的神经网络结构(例如,实现一个在隐藏层中具有不同数目神经元或者多个隐藏层的神经网络)可能会产生不同的划分区域。为此,读者可以简单地更改代码 `nn = NeuralNetwork([2,2,1])`。尽管该代码的第一个 2 必须保留(输入不发生改变),但第二个 2 可以修改,以表明隐藏层中有不同数目的神经元。向代码中添加另一个整数将会增加一个新的隐藏层,该新隐藏层包含添加整数所注明的神经元数目。代码中最后一个"1"不能修改。例如,([2,4,3,1])表示一个 3 层神经网络,其中,第 1 隐藏层有 4 个神经元,第 2 隐藏层有 3 个神经元。

读者将会发现,虽然解决方案总是相同的,但是基于所选择结构划分区域的曲线将会完全不同。实际上,`nn = NeuralNetwork([2,4,3,1])` 时,将得到图 2-12 所示的输出图像。

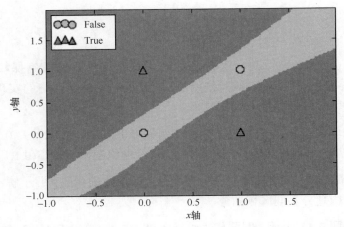

图 2-12　选择 nn = NeuralNetwork([2,4,3,1]) 时得到的输出图像

若选择代码 nn = NeuralNetwork([2,4,1])，则会得到图 2-13 所示的输出图像。

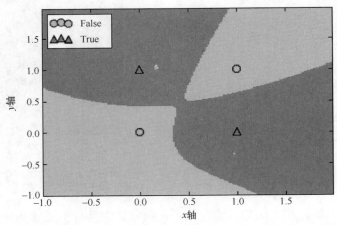

图 2-13　选择 nn = NeuralNetwork([2,4,1]) 时得到的输出图像

　　因此，神经网络的结构决定了它解决问题的方法，并且不同结构可提供不同的方法（尽管它们可能会给出相同的结果），类似于人类采用不同路径得到相同结论的思维过程。接下来，我们开始更仔细地研究什么是深度神经网络以及它们的应用。

2.6　小结

　　在本章中，我们详细介绍了神经网络，并谈到了它们相对于其他竞争算法的成功之处。神经网络是由"单元"或者"神经元"或者权值组成，其中"神经元"是指属于神经网络或者其连接的神经元，而"权值"描述了神经元及其激活函数间的交流强度重，这就是神经元处理信息的过程。在本章中，我们探讨了如何创建不同的结构，神经网络如何能够拥有很多层，以及为什么强调隐藏（内在）层的重要性；接着解释了信息如何根据权值和所定义的激活函数从每一层向下一层实现输入到输出的传递；还解释了如何根据名为反向传播的方法来调整权值，以改善所期望的准确率；最后还讲到了正在使用以及已经在使用神经网络的许多领域。

在第 3 章中，我们继续讨论深度神经网络，并且会着重讲解深度学习中"深度"二字的含义——该术语不仅指网络中的隐藏层的数量，还指神经网络学习的质量。为此，我们将说明神经网络如何学习识别特征，并将这些特征作为对所识别对象的描述进行合并，为神经网络使用无监督学习开辟道路。我们还会描述一些重要的深层学习数据库，并给出有关利用神经网络进行数字识别的具体示例。

第 3 章　深度学习基本原理

第 1 章介绍了机器学习以及它的一些应用，并且简要探讨了一些可用于实现机器学习的算法及技术。第 2 章主要介绍了神经网络；说明了单层网络过于简单，只能处理线性问题，并引入了万能近似定理，通过定理说明了只有一个隐藏层的双层神经网络如何能够在 R^n 的一个紧致子集上任意程度地逼近任意连续函数。

本章将介绍深度学习和深度神经网络，即带有至少两个或更多隐藏层的神经网络。根据万能近似定理，读者可能会想知道使用一个以上隐藏层的目的是什么——这绝不是一个幼稚的问题。因为长期以来所使用的神经网络都很浅，即只有一个隐藏层。问题的答案是：双层神经网络可以在任何程度上逼近任何连续函数。这也确定了一个事实，即添加层会增加复杂程度，而这可能会使神经网络的求解更加困难并且模仿浅层网络可能需要更多神经元。更重要的是，深度学习中的"深度"一词背后还有另外一个原因，即它不仅指网络的深度或者神经网络有多少层，还指"学习"的水平。在深度学习中，网络不仅会简单地学习在给定输入 X 情况下预测输出 Y，还会了解输入的基本特征。在深度学习中，神经网络能够对组成输入示例的特征进行抽象处理，理解示例的基本特性，并基于那些特性做出预测。在深度学习中还会有其他基本机器学习算法或浅层神经网络中所缺少的抽象阶段。

本章涵盖以下主题：什么是深度学习、深度学习的基本概念、深度学习的应用、GPU、CPU 以及流行开源库。

3.1　什么是深度学习

2012 年，Alex Krizhevsky、Ilya Sutskever 和 Geoffrey Hinton 在 Proceedings of Neural Information Processing System（2012）中发表了一篇题为 *ImageNet Classification with Deep Convolutional Neural Networks* 的论文，并在论文结尾写道：

"值得注意的是，如果删除单个卷积层，神经网络的性能就会下降。举例来说，删除任何中间层都会导致网络的顶层性能损失大约 2%。因此，要实现成果，

深度的确非常重要。

这个具有里程碑意义的论文明确提到深度网络中所存在的隐藏层数量的重要性，还讲到了卷积层。在第 5 章之前，我们不会讲解隐藏层的内容，不过请记住这个基本问题"这些隐藏层用来做什么"。

英语中一个经典的谚语是"一画抵千字"。大家不妨使用这种方法来了解什么是深度学习。在由 H. Lee、R.Grosse、R.Ranganath 等人合著并发表于 Proceedings of International Conference on Machine Learning (2009) 的文章 *Convolutional Deep Belief Networks for Scalable Unsupervised Learning of Hierarchical Representations* 中，他们用到了一些图像，我们在这里借用其一（见图 3-1）。

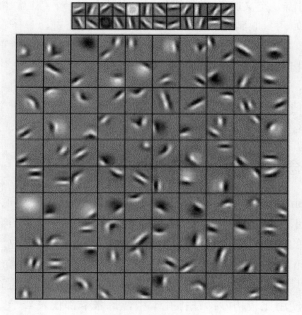

图 3-1 示例图像

他们的例子展示了不同类别对象和/或动物的神经网络图像（见图 3-2），其中，该网络学习了每种类别的一些基本特征。例如，网络能够学习一些非常基本的形状（如线或者边），这对于每个类别而言都是通用的。但是，在下一层中，网络能够学习那些线和边是如何与每个类别相拟合，进而制作出可描述面部的眼睛或者车的轮子的图像的。这类似于人类视觉皮层的工作方式，即大脑从简单的线和边开始，逐渐识别越来越复杂的特征。

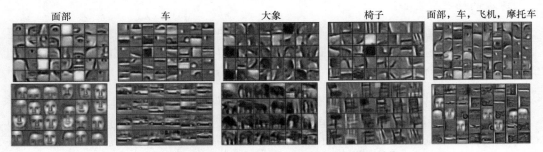

面部　　　　　车　　　　　大象　　　　　椅子　　　面部，车，飞机，摩托车

图 3-2　不同类别对象和/或动物的神经网络图像

深度神经网络隐藏层用于了解每个隐藏层中越来越复杂的特征。如果要定义"什么构成了一张脸"，则需要定义脸的各个部分，如眼睛、鼻子、嘴巴，然后需要定义它们相对于彼此的位置，如两只眼睛都在顶部中间相同高度的位置、鼻子在中部、嘴巴在鼻子下方（即下部中间）位置。深度神经网络通过自己捕获这些特征，首先学习图像的组成部分，然后学习其相对位置等，这个过程类似于在图像 1 和图像 2 中更深的抽象层所起到的作用。实际上，一些深度学习网络可被视为生成算法，而非简单的预测算法，如在受限玻尔兹曼机的情况下，它们会学习生成信号，然后基于它们所学到的生成假设做出预测。随着本章内容的深入，这一概念将越发清晰。

3.1.1　基本概念

1801 年，Joseph Marie Charles 发明了提花机，Charles 是一名商人而非科学家。提花机利用了一组打孔卡并且每张打孔卡都显示了要在织机上复制的图案。每张打孔卡都显示了设计（图案）的抽象形式，是那一图案的抽象表示。举例来说，打孔卡后来曾被用于 Herman Hollerith 所发明的制表机中，以及向机器输入代码的第一批计算机中。以制表机为例，打孔卡只是被输入机器用来计算总体统计数据的示例的简单抽象表示。在提花机中，打孔卡的使用比较巧妙；在打孔卡中，每张卡都代表着一个图案的抽象表示，该抽象表示随后可与其他图案组合在一起创建更加复杂的图案。打孔卡是现实特征（最终的编织设计）的抽象表示。

从某种意义上讲，提花机孕育了当今深度学习的萌芽：通过表示其特征定义了现实。在深度学习中，神经网络不仅可以简单地识别什么使猫成为猫，或者什么使松鼠成为松鼠，还可以了解猫身上有什么特征以及松鼠身上有什么特征，并且学会使用这些特征来**设计**一只猫或者一只松鼠的编织图案。如果要使用提花机设计出猫的编织图案，则需要使用在鼻子上有**胡须**（就像猫的胡须一样）以及有着猫那样优雅苗条身材的打孔卡。如

果要设计一只松鼠，则需要使用可做出毛茸茸的尾巴（举例）的打孔卡。学习其输出的基本表示法的深度网络能够利用其所做假设来进行分类。因此，如果没有毛茸茸的尾巴，它可能不是一只松鼠，而是一只猫。正如接下来会看到的那样，这里有着许多暗示，尤其是网络学到的信息量会更加完整且可靠。通过学习**生成**模型（从技术上讲通过学习联合概率 $p(x,y)$ 而非简单的 $p(y\,|\,x)$），网络对噪声的敏感度会低得多，甚至当场景中存在其他对象或者当该对象被遮挡了一部分时，它还能够学习识别图像。最令人激动的是：深度神经网络会学着自动进行这一切。

3.1.2 特征学习

Ising 模型由物理学家 Wilhelm Lenz 于 1920 年发明，当时，该物理学家将其作为问题交给了他的学生 Ernst Ising。该模型由离散变量组成，这些变量能够处于两种状态（正或负），并且代表着磁偶极子。

我们将在第 4 章介绍受限玻尔兹曼机和自编码器，并且开始更深入地研究如何构建多层神经网络。迄今已看到的神经网络类型都具有前馈架构，但是大家会发现，我们能够定义带有反馈回路的网络来帮助调优用于定义神经网络的权值。Ising 模型虽然不被直接应用于深度学习，却是一个很好的实际应用示例，可以帮助读者理解优化深度神经架构（包括受限玻尔兹曼机）基本的内部工作原理，尤其可以帮助读者理解表示法的概念。本节将要讨论的是深度学习 Ising 模型的简单改编（以及简化）。我们在第 2 章探讨了调整神经元之间连接权值的重要性，实际上正是神经网络中的权值促使网络进行学习。给定一个输入（固定），此输入会传入下一层并会基于神经元连接权值设置下一层中神经元的内部状态。然后，这些神经元将会放电并且通过由新权值所定义的新连接将信息传入下一层，以此类推。权值是网络的仅有变量，并且正是它们在促使网络进行学习。通常情况下，如果激活函数是一个简单的阈值函数，那么较大正权值将倾向于促使两个神经元同时放电，即如果一个神经元放电并且连接的权值很高，那么另一神经元也将放电（由于输入乘以较大连接权值可能会使其超过所选阈值）。实际上，1949 年，Donald Hebb 在其 *The Organization of Behavior* 一书中便提出了相反观点。Donald Hebb 是一位 20 世纪的加拿大心理学家，他提出了一条以他的名字命名的规则，即"赫布规则"。根据该规则，如果神经元一起放电，它们的连接就会增强；如果它们不一起放电，它们的连接就会减弱。

在下面的示例中，我们将 Ising 模型视为一个以二值表示的神经元网络，也就是说，它们只能被激活（放电）或被不激活，并且它们的相对连接越强，则越有可能一起放电。假设网络是随机的，那么，如果两个神经元紧密相连，那么它们很可能会一起放电。

随机意味着概率。在随机网络中，定义了神经元放电的概率：概率越高，神经元放电的可能性越大。当两个神经元牢固地连接在一起时（即当它们以很大的权值连接在一起时），一个神经元放电会诱使另一个也放电的概率非常高（反之，弱连接会导致较低的概率）。但是，神经元只会根据概率放电，因此无法确切地知道其是否一定会放电。

如果它们呈反比关系（较大负权值），那么很可能不会一起放电，如图 3-3 所示。

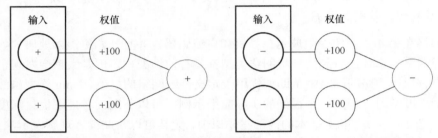

图 3-3　左图中前两个神经元是被激活的，并且它们与第三个神经元之间的
连接为较大正相关，因此第三个神经元也将是被激活的。右图中
前两个神经元处于关闭状态，并且它们与第三个神经元之间的
连接为正相关，因此第三个神经元也将处于关闭状态

有几种可能存在的组合，这里只展示其中的部分组合（见图 3-4）。主要观点是：第一层中神经元的状态将根据连接的符号和强度来概率性地决定下一层中神经元的状态。如果连接较弱，则下一层中所连接的神经元处于任何状态的概率可能会与该层相等或者几乎相等；如果连接非常强，那么权值的符号会使得所连接的神经元以相似或相反方式起作用。当然，如果第二层上的神经元有多个神经元作为其输入，则将一样对所有输入连接进行加权。此外，如果输入神经元并非全部打开或关闭，并且它们的连接同样强，则同样，其所连接的神经元打开或关闭的机会可能会与其相等，或者几乎相等。

显然，为了最可能地决定随后几层中神经元的状态，第一层上的神经元应该全部处于相似状态（打开状态或者关闭状态），并且都应与强（即较大权值）连接相关联。接下来再看一些示例（见图 3-5）。

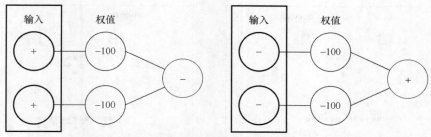

图 3-4　左图中前两个神经元是被激活的，并且它们与第三个神经元之间的
连接为较大负相关，因此第三个神经元将被关闭。右图中前两个神经元
处于关闭状态，它们与第三个神经元之间的连接为较大负相关，
因此第三个神经元很可能会处于打开状态（被激活）

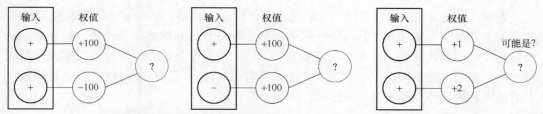

图 3-5　左图中前两个神经元都是被激活的，并且它们与第三个神经元之间的连接为
较大正相关，因此第三个神经元处于打开状态（被激活）或关闭状态的概率相等。
中间图中前两个神经元：一个处于打开状态，一个处于关闭状态。它们与
第三个神经元之间的连接为较大正相关，因此第三个神经元同样
处于打开状态（被激活）或关闭状态的概率相等。右图中前两个
神经元是被激活的，但它们与第三个神经元之间的
连接较小，因此，第三个神经元处于打开状态的
概率略高于处于关闭状态的概率

　　引入 Ising 模型改编版本是为了理解表示法学习是如何在深度神经网络中运行的。读者已经看到，正确设置权值会使得神经网络打开（激活）或关闭某些神经元，或者（通常情况下）会影响到它们的输出。然而，仅以两种状态来描绘神经元有助于对神经网络中所发生的事情做出直观了解以及视觉描述，也有助于以二维的视觉层次（而不是一维的层次）来直观表示神经网络的层次。让我们把神经网络想象成一个二维平面，然后可以设想每个神经元都代表着二维图像上的像素，并且"处于打开状态的"神经元表示为一个白色平面上的（可见）暗点，而"处于关闭状态的"神经元则表示融入白色背景（看不见）的神经元，处于打开/关闭状态的神经元输入层可被视为简单的二维黑白图像。例如，要表示一张微笑的脸，或者一张悲伤的脸——只需打开（激活）正确神经元，即可得到图 3-6 所示的数字。

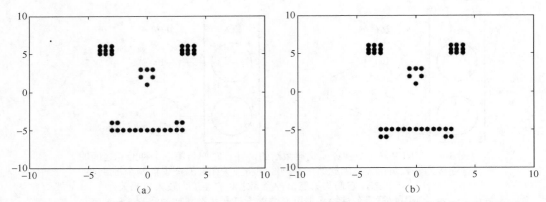

图 3-6   一张微笑的脸和一张悲伤的脸：区别在于位于嘴巴两侧可以打开或关闭的几个神经元

现在，假设这张脸对应于输入层，这样该层将连接到另一层，即一个隐藏层。然后，此图像中的每个像素（黑白）与下一层中的每个神经元之间都将存在连接。特别是，每个黑色（处于打开状态）像素都将连接到下一层中的每个神经元。现在假设构成左眼的每个神经元的连接都和隐藏层中的特定像素具有强（较大正权值）连接，但是与隐藏层中的任何其他神经元具有较大负连接，如图 3-7 所示。

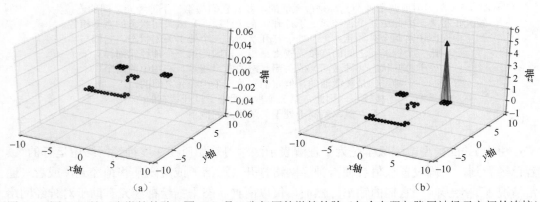

图 3-7   图（a）是一张微笑的脸，图（b）是一张相同的微笑的脸（包含左眼与隐层神经元之间的连接）

这就是说，如果在隐藏层和左眼之间设置了较大正权值，而在左眼与任何其他隐层神经元之间设置了较大负连接，那么，只要向网络显示含有一个左眼的一张脸（这意味着神经元被激活），则该特定隐藏层神经元将被激活，而所有其他神经元将趋于保持关闭状态。这意味着该特定神经元将能够检测出何时存在或者不存在左眼。可以类似地在右眼、鼻子和嘴巴的主要部分之间创建连接，这样就可以启动对所有这些面部特征的检测。

图 3-8 显示了如何选择连接的权值，以便使得隐藏层神经元启动对输入特征的识别。

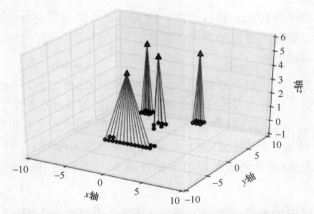

图 3-8　每一个面部特征（眼睛、鼻子和嘴巴）都与某些隐藏层神经元之间存在着
较大正连接，而与其他神经元之间存在着较大负连接

作为重要提示，需要向读者指出的是：实际上，我们不会针对连接选择权值以启动输入的特征识别。相反，那些权值是网络利用反向传播或其他调优方法来自动选择的结果。

此外，我们可以拥有更多隐藏层以识别面部特征的特征（如面部的嘴巴是在微笑，还是在难过？），从而得到更加精确的结果。

深度学习有着几大优势。一大优势是它可以识别特征，第二大（甚至更重要的）优势是它将自动识别特征。在本示例中，已自行设置对所选特征进行识别的权值。许多机器学习算法缺乏该能力，因此用户必须利用其自有经验来选择最佳特征，也就是说在特征选择方面，还需要花费大量人工。而深度学习算法会自动选择最佳特征。正如在第 2 章中所了解到的，它们可以利用反向传播来完成特征选择，还可以利用其他技术来选择那些权值，相关内容将在第 3 章中作为重点内容进行讲解，例如自编码器和受限玻尔兹曼机。

但还要提醒读者注意的是：自动特征选择的优势必须有一个前提，即为神经网络选择了正确的架构。

在某些深度学习系统中（例如，在第 3 章中将介绍的受限玻尔兹曼机），神经网络还可以学习"自我修复"。正如在前面的示例中所提到的，可以通过激活与左/右眼睛、鼻子以及嘴巴分别相关联的 4 个神经元，生成一张普通的脸。由于它们与上一层神经元之间的正权值较大，因此这些神经元将处于打开状态，并且将拥有与那些被激活特征相对应的神经元，生成一张面部图像。同时，如果对应于面部的神经元被打开，则对应于眼睛、鼻子和嘴巴的 4 个神经元也将被激活。这意味着，即使不是所有定义面部的神经元都处以打开状态，但如果连接足够强大，那么它们仍然能够打开对应的 4 个神经元从而激活面部所缺失的神经元。

深度学习还有另外一大优势是健壮性。即使视线被部分遮挡，人的视觉也能识别物体；即使人们戴着帽子或者围着围巾遮住嘴巴，我们也能认出他们；人类对图像中的噪声不敏感。类似地，当创建这种对应关系时，如果稍微改变一下面部，例如通过修改嘴部的一个或两个像素，信号仍然会足够强大到可以打开嘴巴对应的神经元，从而打开正确神经元并关闭构成经修改的眼睛的错误像素。该系统对噪声不敏感并且能够进行自动修正。

比方说，构成嘴巴的神经元关闭了两个（图 3-9 中那些标记为×的神经元）。

图 3-9　此图像中有两个构成嘴巴的神经元未打开

然而，嘴巴在其正确的位置仍然有足够的神经元能够打开代表它的相应神经元，如图 3-10 所示。

图 3-10　即使关闭了两个神经元，与其他神经元的连接也足够强大，
以至于下一层中代表嘴巴的神经元不管怎样都会打开

现在可以向后移动连接，并且无论何时，只要代表嘴巴的神经元处以打开状态，就会打开构成嘴巴的所有神经元，包括先前关闭的两个神经元，如图 3-11 所示。

图 3-11　先前关闭的两个神经元已被上方的神经元激活

　　总而言之，相对于其他机器学习算法（尤其是浅层神经网络），深度学习的优势如下。

　　（1）深度学习可以学习表示法。

　　（2）深度学习对噪声更不敏感。

　　（3）深度学习可以是一种生成算法（见第 4 章）。

　　为了进一步理解为何可能需要许多隐藏层，我们来看识别简单几何图形（立方体）。假设 3D 中的每条边都可能与一个神经元相关联（暂时忘记，因为这将需要无限数量的神经元），如图 3-12 所示。

　　如果只限于一只眼睛，则视觉中不同角度的线都将投影到二维平面上的同一条线。因此，所看到的每条线都可以由投影到视网膜上同一条线的相应 3D 线给出。假设任何可能的 3D 线都与神经元相关联，那么构成立方体的两条不同的线都会分别与每个神经元家族相关联。然而，这两条线相交的事实，使得我们能够在分别属于不同家族的两个神经元之间建立起连接。对于构成立方体的每条线，我们拥有很多构成立方体一条线的神经元，以及构成立方体另一条线的其他神经元，但由于那两条线相交，因此将有两个神经元相连接。同理，这些线中的每一条都连接到组成立方体的其他线，从而允许我们进一步重定义表示法。

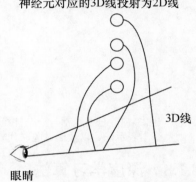

神经元对应的3D线投射为2D线

3D线

眼睛

图 3-12　同一视野上的每一条线都与一个不同神经元相关联

　　此外，在更高层次上，神经网络也能够启动并识别出这些线不是以任何角度而是以 90°角相连接。通过这种方式，可以创建出越来越抽象的表示法，通过该表示法，可以将绘制在纸张上的一组线识别为一个立方体。

　　分层组织的不同层中的神经元代表着图像中基本元素的不同抽象层次以及它们是如何构成的。这个示例说明，在抽象系统中，每一层都会将在低级层所看到的不同神经元连接在一起，使得它们之间建立起连接，类似于如何在抽象线之间建立起连接。使用这些连接，可以实现那些抽象线在一个点上相连接，并且在更深一层中，实际上是以 90°角相连接并构成一个立方体。这种方式就如同通过识别眼睛、鼻子和嘴巴以及它们的相对位置来识别一张脸一样，如图 3-13 所示。

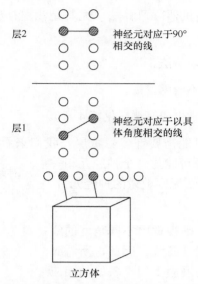

层2　　　　　　　　　　　　　　　　神经元对应于90°
　　　　　　　　　　　　　　　　　　相交的线

层1　　　　　　　　　　　　　　　　神经元对应于以具
　　　　　　　　　　　　　　　　　　体角度相交的线

立方体

图 3-13　每条线都与一个神经元相关联，可以通过关联代表相交的线的神经元来创建
基本表示法，以及通过关联代表着以具体角度相交的线的神经元来创建更复杂的表示法

3.1.3　深度学习算法

　　之前我们就深度学习给出了直观介绍，在本节中将对重点概念给出更精确的定义。有多个层的深度神经网络也有其存在的生物学原因。通过对人类如何理解语音的研究发现，我们实际上已经清楚的一点是：我们被赋予了一个多层分层结构，该结构可以将信息从可听见的声音输入转换到语言层面的消息。类似地，从大脑的 V1（或者纹状皮层）到 V2、V3 和 V4 视觉区，视觉系统和视觉皮质具有相似的分层结构。深度神经网络会模仿人类大脑的本质，尽管其仍是以一种非常原始的方式运行。但是，应该提醒读者注意的是，虽然了解人类大脑可以帮助我们创建更好的人工神经网络，但最终创建出的神经网络可能会是一个完全不同的架构，就像人类曾经尝试模仿鸟类发明飞机一样，最终得到的却是一个完全不同的模型。

　　我们在第 2 章介绍了一种流行的训练算法：反向传播算法。在实践中，当拥有很多层时，反向传播可能会是一种用起来缓慢且有点儿困难的算法。实际上，反向传播主要基于函数的梯度，并且局部极小值的存在通常会妨碍算法的收敛。然而，术语"深度学习"适用于可使用不同训练算法及权值调优的深度神经网络算法类别，并且不仅局限于反向传播和经典前馈神经网络。随后，我们应该将深度学习更广泛地定义为一种机器学习技术。在这种技术中，信息被分层处理，以便理解在不断增加的复杂程度中数据的表示法和特征。这类算法通常会包括以下内容。

（1）**多层感知器**（Multi-Layer Perceptron，MLP）。一种具有前馈传播的多隐藏层神经网络。正如前面所讨论的那样，这是深度学习网络的首次应用示例之一，但不是唯一可行示例。

（2）**玻尔兹曼机**（Boltzmann Machine，BM）。具有意义明确的能量函数的随机对称网络。

（3）**受限玻尔兹曼机**。类似于前文的伊辛模型示例，受限玻尔兹曼机由两层之间的对称连接组成，即一个可见层和一个隐藏层。但是它不同于普通的玻尔兹曼机，受限玻尔兹曼机的神经元没有层内连接。它们可以堆栈在一起以形成 DBN。

（4）**深度信念网络**。一种随机生成模型，其顶部各层彼此之间具有对称连接（无向连接，这一点与前馈网络不同），而底部各层则会从其上一层接收来自直接连接的已处理信息。

（5）**自编码器**。一种无监督学习算法，在该算法中，输出形状与输入形状相同，因而允许网络更好地学习基本表示法。

（6）**卷积神经网络**（Convolutional Neural Network，CNN）。卷积层将滤波器应用于输入图像（或者声音），即通过让滤波器滑过所有传入信号来生成二维激活图像。通过 CNN，可以增强隐藏在输入中的特征。

这些深度学习中的每一种实现都有其自身的优点和缺点，并且对它们训练的难度会由于层数和每一层神经元数量的不同而不同。虽然简单前馈深度神经网络通常可以使用第 2 章中所探讨的反向传播算法进行训练，但是对于将在下文探讨到的其他类型网络，则存在其他适用技术。

3.2　深度学习应用

本节将讨论深度神经网络是如何被应用于语音识别和计算机视觉领域的，以及它们在最近几年的应用是如何通过完全优于许多其他机器学习算法（并非基于深度神经网络）来大幅改善在上述两个领域中应用的准确率的。

3.2.1　语音识别

深度学习在语音识别领域的应用开始于最近十年（自 2010 年起的十年时间，以 Geoff Hinton 等人于 2012 年编著的题为 *Deep Neural Networks for Acoustic Modeling in Speech Recognition* 的文章为例），在此之前，语音识别方法还是被命名为 GMM-HMM（具有高斯混合辐射的隐马尔可夫模型）的算法所主导。理解语音是一项复杂的任务，因为语音并非人们所认为的那样——它是由有着清晰边界的一个个单词组成的。实际上，在语音中，并没有真正可区分的部分，而且在口语之间也没有明确的界限。在研究构成单词的声音时，通常会看到所谓的三元音素（triphone）。三元音素是由三部分组成的：第一部分取决于前一个声音，第二部分通常是稳定的，第三部分则取决于随后的声音。另外，通常最好的做法是只检测三元音素部分，而这些检测器被称为 senone。

Deep Neural Networks for Acoustic Modeling in Speech Recognition 一书对当时的先进艺术模型和作者自己使用的模型（包括 5 个隐藏层，每层 2048 个单元）间进行了多个比较。第一个比较：使用 Bing 语音搜索应用程序，准确率达到了 69.6%，而基于 24 小时训练数据的经典方法（称为 GMM-HMM）的准确率为 63.8%。此外，同一模型也被用于对 Switchboard 语音识别任务进行了测试，这是一个公共语音文本转录基准（类似用于数字识别的 MNIST 数据集），它包含来自美国各地的 500 个讲话者的约 2500 段对话。此外，所进行的测试和对比采用的是 Google 语音输入语音、YouTube 数据和英语广播新闻语音数据。表 3-1 是对文章结果所做的总结，列出了 DNN 与 GMM-HMM 的误差率。

表 3-1　　　　　　　　　　　　　DNN 与 GMM-HMM 的误差率

任务	训练数据小时数（合计）/h	DNN（误差率）/%	进行相同训练的 GMM-HMM（误差率）/%	进行更长训练的 GMM-HMM（误差率）/%
总机（测试 1）	309	18.5	27.4	18.6（2000h）
总机（测试 2）	309	16.1	23.6	17.1（2000h）
英语广播新闻	50	17.5	18.8	—
Bing 语音搜索	24	30.4	36.2	
Google 语音	5870	12.3	—	16.0（≫5870h）
YouTube	1400	47.6	52.3	

在另一篇文章中（由作者 Deng、Geoffrey Hinton 和 Kingsbury 合著的 *New Types of Deep Neural Network Learning for Speech Recognition and Related Applications: an Overview*）中，作者也注意到 DNN 是如何能够很好地适用于带噪语音识别的。

DNN 的另一大优点是省去了必须进行语音频谱图转换的麻烦。频谱图是信号中频率的视觉表示。通过使用 DNN，这些神经网络能够自主地自动选择原始特征。在这种情况下，这些原始特征由原始频谱特征来表示。诸如卷积和池化操作等技术的使用可被应用于此原始频谱特征以应对扬声器之间的具有代表性的语音变化。近年来，具有递归连接的更复杂神经网络取得了巨大成功（由 A Graves、A Mohamed 和 G Hinton 合著并发表于 ICASSP，（2013）的 *Speech Recognition with Deep Recurrent Neural Networks*），例如，名为长短期记忆的神经网络（LSTM），是一种特殊类型深度神经网络（第 4 章）。

我们在第 2 章介绍了不同的激活函数，尽管 sigmoid 函数和双曲正切函数通常是最有名的，但它们的训练通常也很慢。最近，ReLU 激活函数已被成功应用于语音识别，例如，在由 G Dahl、T Sainath 和 G Hinton 合著并发表于 ICASSP（2013）的 *Improving Deep Neural Networks for LVCSR Using Rectified Linear Units and Dropout*。我们在第 5 章将提及在本论文中所讨论（并且也在标题中提及）的"信号丢失"的含义。

3.2.2　对象识别与分类

对象识别与分类也许是深度神经网络得到最成功记录和理解的领域。和在语音识别领域中一样，DNN 能够自动地发现基本表示法以及特征。此外，精选特征通常只能捕获较低级别的边线信息，而 DNN 能够捕获更高级别的表示，例如边线相交。2012 年的 ImageNet 大规模视觉识别竞赛结果显示，获胜团队由 Alex Krizhevsky、Ilya Sutskever 以及 Geoffrey Hinton 组成，该团队利用一个大型网络（带有 5 个卷积层并附有最大池化层，涉及 6000 万个参数和 65 万个神经元）击败了位列第二的团队，两队误差率分别为 16.4%和 26.2%。卷积层和最大池化层的相关内容将在第 5 章中重点讲解。这是一个巨大且令人印象深刻的结果，并且这一突破性结果引发了当前神经网络的复兴。该团队通过结合使用卷积网络、GPU 以及诸如信号丢失等方法在内的诸多技巧以及用 ReLU 激活函数取代 sigmoid 激活函数的方式等新颖方法来辅助神经网络的学习过程。

利用 GPU 对网络进行了训练（GPU 的优势见 3.3 节），并且该网络展示了大量标记数据是如何极大改善深度学习神经网络性能从而使其远远胜过传统的图像识别和计算机视觉方法的。鉴于卷积层在深度学习中的成功，Zeiler 和 Fergus 在两篇文章[①]中阐释了为什么在深度学习中使用卷积网络如此有效，以及该网络正在学习哪些表示形式（图 3-14 和图 3-15）。Zeiler 和 Fergus 通过映射中间层所捕获信息的神经活动来对信息进行可视化处理。他们创建了连接到每一层的反卷积网络，提供了返回到输入图像像素的一个循环回路。

[①] 这两篇文章分别是 M Zeiler 和 R Fergus 合著的 *Stochastic Pooling for Regularization of Deep Convolutional Neural Networks* (ICLR, 2013)以及 *Visualizing and Understanding Convolutional Networks* (arXiv, 2013)。

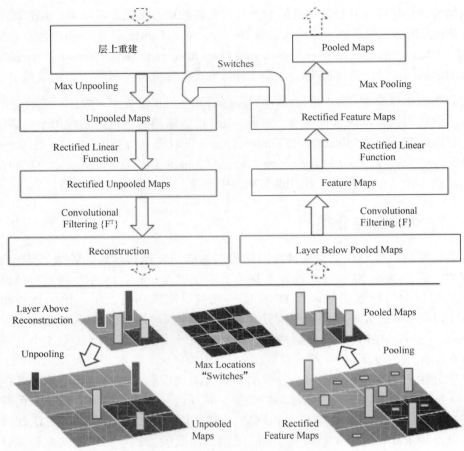

图 3-14　图像截取自 M Zeiler 和 R Fergus 的文章（1）

　　该文章说明了所要揭示的内容特征，其中第二层说明了角和边线，第三层说明了不同的网格图案，第四层说明了狗的脸部和鸟的腿，第五层说明了整体对象，如图 3-15 所示。

　　通过利用带有 RBM 和自编码器的网络，深度学习也可被应用于无监督学习。在由 Q Le、M Ranzato、M Devin、G Corrado、K Chen、J Dean 以及 A Ng 合著并发表于 ICML 的文章 *Building High-level Features Using Large Scale Unsupervised Learning* 中，他们用了带有自编码器的 9 层网络，其中该编码器带有在从互联网下载的 1000 万个图片上进行过训练的 10 亿个连接。通过无监督特征学习，可训练系统在不被告知图像中是否包含脸部的情况下识别出脸部。在这篇文章中，作者指出：

　　"通过在 YouTube 视频随机帧上进行训练，作为脸部、人体以及猫脸探测器的神经元函数……利用未标记数据来训练神经元，使其可以选择高级别概念是可行的……从这些表示法开始，在 ImageNet（带有 20000 个类别）上的对象识别准确率达到 15.8%，相比最新技术，实现了 70% 的重大飞跃。"

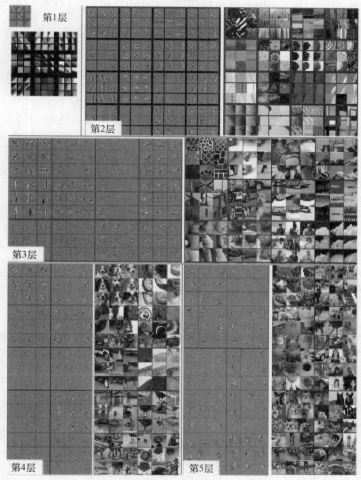

图 3-15　图像截取自 M Zeiler 和 R Fergus 的文章（2）

3.3　图形处理单元与中央处理单元

深度学习目前如此流行的原因之一是 GPU 处理能力的大幅提高。从结构上讲，CPU 由可同时处理几个线程的几个内核组成，而 GPU 则由可同时处理数千个线程的数百个内核组成。与主要是串行单元的 CPU 相比，GPU 是一个高度并行化的单元。

DNN 是由多个层组成的，并且每一层都有以相同方式行动的神经元。我们在前面讨论过每个神经元的激活值是怎样的，或者如果以矩阵形式表示，则会有 $\alpha = wx$，其中 α 和 x 是向量、w 是矩阵。所有激活值是通过网络以相同的方式进行计算的，即 $\alpha_j = \sum_i w_{ij} x_i$。

CPU 和 GPU 的架构不同，它们的优化方式尤其不同：CPU 属于延迟优化，GPU 属于带宽优化。在具有许多层和大量神经元的深度神经网络中，带宽成为瓶颈，而延迟则不会，这就是 GPU 的性能要好得多的原因。此外，GPU 的 L1 缓存要比 CPU 的 L1 缓存快得多，而且也更大。

L1 缓存代表着程序下一步可能会用到的信息内存，并且对该数据的存储也可以加快机器的处理速度。在深度神经网络中，很多内存都会得到重新利用，这就是 L1 缓存如此重要的原因。相比而言，使用 GPU 可令程序运行速度提高一个数量级，并且这种提速也是使得深度神经网络在语音和图像处理方面取得许多进展的原因所在，它使得计算能力提高到了十年前所无法达到的程度。

除了可以更快地进行 DNN 训练，GPU 还可以更高效地运行 **DNN** 推理。推理是一个训练后阶段。在这个阶段，我们需要部署训练有素的 DNN。在供应商 Nvidia 发布的题为 *GPU-Based Deep Learning Inference: A Performance and Power Analysis* 的白皮书中，对在 AlexNet 网络（带有多个卷积层的 DNN）上使用的 GPU 和 CPU 进行了有效比较，如表 3-2 所示。

表 3-2　在 AlexNet 网络（带有多个卷积层的 DNN）上使用的 GPU 和 CPU 的对比

网络：AlexNet	批次大小	图睿 Tegra X1（FP32）	图睿 Tegra X1（FP16）	内核 i7 6700K（FP32）
推理性能/（图像·s^{-1}）	1	47	67	62
功率/W		5.5	5.1	49.7
性能/（图像·s^{-1}·w^{-1}）		8.6	13.1	1.3
推理性能/图像·s^{-1}	128（Tegra X1）48（Core i7）	155	258	242
功率/W		6.0	5.7	62.5
性能/（图像·s^{-1}·w^{-1}）		25.8	45	3.9

结果表明，和基于 CPU 的推理相比，在 Tegra X1 上的推理能在保证达到类似性能水平的同时，节省多达一个数量级的能源效率。

书写直接访问 GPU（而非 CPU）的代码并非易事，但正因如此大多数流行开源库（如 Theano 或 TensorFlow）允许用户只打开代码中的一个简单**开关**便可使用 GPU（而非

CPU）。使用这些开源库不需要书写专门代码，而是让相同代码同时在 CPU 和 GPU 上运行（如果有）。开关要依赖于开源库，但通常情况下，可以通过设置确定的环境变量或者通过创建所选的具体开源库所使用的专用资源（.rc）文件来实现。

3.4 流行开源库——引言

要在 Python 中创建深层神经网络，有几个可供使用的开源库（无须从零开始明确地书写代码）。最常用的开源库有 Keras、Theano、TensorFlow、Caffe 和 Torch。本书将给出利用前 3 个开源库（可用于 Python）的示例。之所以这样做，是因为 Torch 不是基于 Python（而是基于另一种语言，Lua），而 Caffe 仅仅主要用于图像识别。对于这 3 个开源库，本书将快速说明如何打开前文所讨论的 GPU 开关。读者可以基于自己的硬件配备运行代码（本书中的许多代码可被用于在 CPU 或者 GPU 上运行）。

3.4.1 Theano

Theano 是用 Python 编写的一个开源库。它可以实现许多特征，因而能够轻松编写神经网络代码。此外，借助 Theano，Python 可以非常容易地利用 GPU 加速及提升性能。在无须深究 Theano 工作原理的情况下，Theano 便可以使用符号变量和函数。在许多真正吸引人的特征中，Theano 允许通过计算所有导数的形式，非常便利地使用反向传播。

如前所述，借助 Theano，计算机可以非常轻松地使用 GPU。要做到这一点，方法有很多种。但最简单的方法是创建资源文件（.theanorc），代码如下：

```
[global]
device = gpu
floatX = float32
```

只需输入以下代码，即可轻松地检查 Theano 是否被配置使用 GPU：

```
print(theano.config.device)
```

我们可以参考 Theano 文档来学习如何使用 Theano，并且在本书中，将使用用于深度学习的 Theano 来实现几个测试代码示例。

3.4.2 TensorFlow

TensorFlow 的工作原理与 Theano 的非常相似，并且在 TensorFlow 中，计算也是以图形表示的。因此，TensorFlow 图是一种计算描述。在 TensorFlow 中，读者无须明确要求使用 GPU。如果有 GPU，TensorFlow 会自动尝试使用 GPU；如果有多个 GPU，则读者必须明确分配每个 GPU 的操作，否则 TensorFlow 仅会使用第一个 GPU。为此，只需要输入以下代码即可：

```
with tensorflow.device("/gpu:1"):
```

在这里，我们可以定义如下设备。

（1）"/cpu:0"：计算机的主 CPU。

（2）"/gpu:0"：计算机的第一个 GPU（如果存在）。

（3）"/gpu:1"：计算机的第二个 GPU（如果存在）。

（4）"/gpu:2"：计算机的第三个 GPU（如果存在），以此类推。

3.4.3　Keras

Keras 是一个神经网络 Python 库。虽然默认在使用 TensorFlow 上运行，但是也能在 Theano 上运行。

Keras 能够在 CPU 或 GPU 上运行，如果读者是在 Theano 上运行 Keras，则需要创建一个 .theanorc 文件（如前所述）。Keras 允许利用不同的方法来创建深度神经网络，并且通过使用神经网络**模型**来简化这一过程。**模型**的主要类型是 Sequential 模型，该模型可创建线性层叠。读者只需调用 add 函数，便可添加新层。在接下来的章节中，我们使用 Keras 来创建一些示例。使用以下简单命令，便可轻松安装 Keras：

```
pip install Keras
```

此外，读者可以通过获取 Git 存储库的分支并在其上运行安装程序来完成 Keras 安装：

```
git clone https://github.com/fchollet/keras.git
cd keras
python setup.py install
```

读者还可以参阅在线文档来获取更多信息。

3.4.4　使用 Keras 的简单深度神经网络代码

在本节中，我们介绍一些使用 Keras 的简单代码，以便利用流行数据库 MNIST 对数字进行正确分类。MNIST 是一个由 70000 个书写数字（由很多人完成）组成的数据集。通常，前 60000 个示例被用于训练，后 10000 个则用于测试。图 3-16 显示了从 MNIST 数据集中截取的数字样本。

Keras 可以在无须明确要求从网络上下载的情况下，导入此数据集。通过几行简单代码，便可实现此目的：

```
from keras.datasets import mnist
```

图 3-16　从 MNIST 数据集中截取的数字样本

我们需要通过从 Keras 导入一些类来使用经典深度神经网络，如下所示：

```
from keras.models import Sequential
from keras.layers.core import Dense, Activation
from keras.utils import np_utils
```

现在，编写导入数据的代码，只需一行即可：

```
(X_train, Y_train), (X_test, Y_test) = mnist.load_data()
```

这行代码会导入训练数据和测试数据。此外，这两个数据集都被分为两个子集：一个包含实际图像，另一个包含标记。为了使用数据，需要稍微对其进行修改。实际上，X_train 和 X_test 数据是由 60000 个小的(28,28)像素图像组成的，但想要做的是将每个样本重塑为 784 像素的长向量，而不是(28,28)二维矩阵。这可以通过以下两行代码来轻松实现：

```
X_train = X_train.reshape(60000, 784)
X_test = X_test.reshape(10000, 784)
```

类似地，标记指明用图像描绘的数字的值，并且想要将其转换为 10 个输入向量，其中对应数字的输入中只有一个 1，其他都是 0。以 4 为例，其会被映射到 [0, 0, 0, 0, 1, 0, 0, 0, 0, 0]：

```
classes = 10
Y_train = np_utils.to_categorical(Y_train, classes)
```

```
Y_test = np_utils.to_categorical(Y_test, classes)
```

最后，在调用主函数之前，只需设置输入的大小（MNIST 图像的大小）、隐藏层有多少个隐藏层神经元、想要网络尝试进行多少个 epoch，以及训练的批次规模：

```
input_size = 784
batch_size = 100
hidden_neurons = 100
epochs = 15
main(X_train, X_test, Y_train, Y_test)
```

现在，为主函数编写代码。Keras 通过定义模型来运行，并且将使用 Sequential 模型，然后添加指定了输入和输出神经元数量的层（在这种情况下，将使用规则**密集**层而不是稀疏层）。对于每一层，指定其神经元的激活函数：

```
model = Sequential()
model.add(Dense(hidden_neurons, input_dim=input_size))
model.add(Activation('sigmoid'))
model.add(Dense(classes, input_dim=hidden_neurons))
model.add(Activation('softmax'))
```

Keras 提供了一种简单方法来规定成本函数（即 loss）及其优化（训练率、动量等）。在这里，我们不修改默认值，因此可以简单地传入：

```
model.compile(loss='categorical_crossentropy', metrics=['accuracy'],optimizer='sgd')
```

在此示例中，优化器是 sgd，其代表着随机梯度下降。这类似于 scikit-learn，是通过调用 fit 函数来完成的。这里将使用 verbose 参数，以便遵循以下过程：

```
model.fit(X_train, Y_train, batch_size=batch_size, nb_epoch=epochs,verbose=1)
```

剩下要做的是添加代码以评估测试数据上的网络，并输出准确率结果。这只需通过以下代码即可实现：

```
score = model.evaluate(X_test, Y_test, verbose=1)
print('Test accuracy:', score[1])
```

好了，现在可以运行了。测试精度将达到 94%左右，这不是一个很好的结果，不过该示例在中央处理器上的运行时间不足 30s，而且这是一个极其简单的实现。对此，我们可以做出简单改进，例如选择更多的隐藏层神经元或者选择更多的 epoch。这些简单更改将留给读者去完成，以便加深对代码的熟练程度。

此外，Keras 允许用户查看其所创建的权值矩阵。为此，只需输入以下代码即可：

```
weights = model.layers[0].get_weights()
```

在之前的代码中添加以下几行，我们就可以查看隐藏层神经元学会了什么：

```
import matplotlib.pyplot as plt
import matplotlib.cm as cm
w = weights[0].T
for neuron in range(hidden_neurons):
    plt.imshow(numpy.reshape(w[neuron], (28, 28)),
    cmap = cm.Greys_r)
    plt.show()
```

为了获得更清晰的图像，我们将 epoch 的数量增至 100，得到图 3-17 所示的图像。

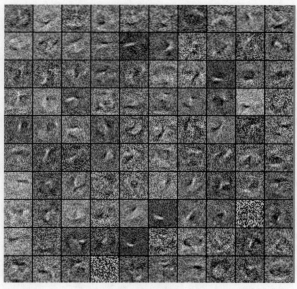

图 3-17   所有隐藏层神经元所学内容的合成图

为了简单起见，我们把每个神经元的所有聚合为一个图像，以表示所有神经元的组合。显然，由于初始图像很小并且细节不多（它们只是数字），隐藏层神经元所学到的特征并非都有趣，但显然每个神经元都在学习不同的"形状"。

绘制图 3-17 的代码应该是一目了然的。只需注意，以下代码将导入 cm：

```
import matplotlib.cm as cm
```

这行代码只考虑神经元的灰度表示，并且通过传入选项 cmap = cm.Greys_r 在 imshow 函数中被调用。这是因为 MNIST 图像不是彩色图像，而是灰度图像。

Keras 的优点在于：易于创建神经网络，并且也易于下载测试数据集。下面尝试使用 cifar10 数据集（取代 MNIST 数据集）。cifar10 数据集由 10 类物体（而不是数字）组成：飞机、汽车、鸟、猫、鹿、狗、青蛙、马、船和卡车。要使用 cifar10 数据集，只需编写以下代码：

```
from keras.datasets import cifar10
```

取代前面代码：

```
from keras.datasets import mnist
```

然后，需要对代码做出以下修改：

```
(X_train, Y_train), (X_test, Y_test) = cifar10.load_data()
X_train = X_train.reshape(50000, 3072)
X_test = X_test.reshape(10000, 3072)
input_size = 3072
```

这是因为 cifar10 数据集只有 50000 幅（而不是 60000 幅）训练图像，并且图像是彩色（RGB）32×32 像素图像，因此其尺寸为 $3 \times 32 \times 32$。现在，可以像之前一样保留所有其他内容，但是如果运行此示例，会看到现在的性能非常差，只有大约 20%。这是因为：数据要复杂得多，并且它需要更复杂的神经网络。实际上，实现分类图像的大多数神经网络都使用了一些基本卷积层，这些内容将在第 5 章讲解。不过现在，可以尝试将隐藏层神经元的数量增加至 3000 个，并添加带有 2000 个神经元的第二隐藏层。另外，要在第一隐藏层中使用 ReLU 激活函数。

为此，只需要编写定义模型的以下几行代码（而非之前的做法）：

```
model = Sequential()
model.add(Dense(3000, input_dim=input_size))
model.add(Activation('sigmoid'))
model.add(Dense(2000, input_dim=3000))
model.add(Activation('sigmoid'))
model.add(Dense(classes, input_dim=2000))
model.add(Activation('softmax'))
```

如果运行此代码，会发现它需要更长的时间来进行训练，训练集的准确率将达到 60% 左右，而测试数据的准确率将仅达到 50%。尽管需要更大的网络和更长的训练时间，但与简单得多的 MNIST 数据集相比，准确率却差得多，这是因为数据的复杂度更高。另外，用下面的代码取代匹配神经网络的代码：

```
model.fit(X_train, Y_train, batch_size=batch_size, nb_epoch=epochs,
validation_split=0.1, verbose=1)
```

我们还可以输出在这个过程中如何提高按 90：10 的比例分割的训练数据的准确率。这也说明，尽管在训练过程中训练的准确率会不断提高，但验证的准确率会在某个点上停滞不前，这表明网络开始过拟合并导致某些参数达到饱和。

虽然这似乎是深度网络在针对更丰富的数据集提供更好准确率方面的失败，但我们会发现，针对这个问题，实际上有解决办法，因为我们能够在更复杂和更大的数据集上获得更佳性能。

3.5 小结

在本章中，我们介绍了什么是深度学习以及深度学习与深度神经网络之间的关系。除了经典前馈实现，我们还讨论了深度神经网络有多少种不同的实现，并讨论了深度学习在许多标准分类任务上的最新成功。通过从提花机到 Ising 模型的示例和历史评论，我们给出了很多概念和想法。这仅是开始，接下来我们会为读者提供更多示例，并针对所介绍的想法做出更精确的解释和描述。

我们在第 4 章中会向读者介绍本章中提及的许多概念（如 RBM 和自编码器），还将介绍表示和特征的概念在这些特定神经网络中是如何自然产生的。从上一个使用 cifar10 的示例中可以明显看出，经典前馈 DNN 难以在更复杂的数据集上进行训练，因此需要一种更好的方法来设置权值参数。X Glorot 和 Y Bengio 在其合著发表于 AISTATS（2010 年）的 *Understanding the Difficulty of Training Deep Feed-forward Neural Networks* 文章中，对在随机权值初始化梯度下降中进行训练的深度神经网络的较差绩效进行了处理。我们将在第 4 章介绍和讨论可用于成功训练深度神经网络的新算法。

第 4 章　无监督特征学习

深度神经网络之所以能够取得其他传统机器学习技术难以企及的成功，原因之一是：它能够在不需要（很多）人力和领域知识的情况下学习实体在数据（特征）中的正确表示。

理论上，神经网络能够直接使用原始数据，并借助隐藏层的中间表示将输入层映射到期望的输出层。传统机器学习技术主要关注最终映射并且假设"特征工程"任务已经完成。

特征工程是一个利用现有领域知识创建数据的智能表示的过程，因此可以利用机器学习算法对特征工程进行处理。

吴恩达是美国斯坦福大学的一名教授，也是机器学习和人工智能领域的著名研究人员之一。在其著作及演讲中，他描述了传统机器学习在解决现实问题时的局限性。

让机器学习系统运行起来最困难的部分是找到正确的特征表示。

提出特征是一个困难而耗时的过程，并且需要专业知识。

在运行学习的应用程序时，调优特征往往要花费大量时间。

——引自吴恩达的"通过大脑模拟实现机器学习和人工智能"公开课，斯坦福大学

假设要把图像分类，如动物和车辆。原始数据是指图像中的像素矩阵。如果直接在逻辑回归或决策树中使用这些像素，则会为每个可能适用于给定训练样本的单一图像创建规则（或关联权值），但这将很难将其推广应用到相同图像上的小变化。换言之，假设我的决策树发现有 5 个重要像素——其亮度（假设仅显示黑白色调）可以确定大多数训练数据如何被区分为两类（动物和车辆）。相同图像在经过裁剪、移动、旋转或重新上色之后，将不再遵循同于之前的规则。因此，模型可能会对它们随机分类。出现这种情况的主要原因是：所考虑的特征太弱且不稳定。不过，可以先对数据进行预处理，以便提取如下特征。

（1）图像是否包含类似车轮的对称中心形状？

（2）图像是否包含车把或方向盘？

（3）图像是否包含腿或头？

（4）图像是否包含两只眼睛的脸？

在这种情况下，决策规则将非常简单且具有较好的健壮性，具体如下所示：

$$车轮 \vee 方向盘 \Rightarrow 车辆$$

$$眼睛 \vee 脚 \Rightarrow ?$$

为提取这些相关特征，我们需要做出多少努力？

由于我们没有车把检测器，因此可以尝试手工设计特征来捕捉图像的一些统计特征，例如，在不同图像象限中找到不同方向的边。这种情况下，我们需要找到一种比像素更好的方法来表示图像。此外，健壮性且重要的特征通常由先前提取的多层特征构成。我们可以首先提取边，然后提取已生成的"边向量"，并将它们组合起来以识别对象组成部分，如眼睛、鼻子、嘴（而不是灯光、镜子或扰流器）。识别出的对象组成部分能够再次组合成对象模型，如两只眼睛、一个鼻子和一张嘴巴会组成一张脸，或者两个轮子、一个座椅和一个车把会组成一辆摩托车。整个检测算法可被简化如下：

$$像素 \Rightarrow 边 \Rightarrow 两个轮子 + 一个座位 + 一个车把 \Rightarrow 一辆摩托车 \Rightarrow 车辆$$

$$像素 \Rightarrow 边 \Rightarrow 两只眼睛 + 一个鼻子 + 一张嘴巴 \Rightarrow 一张脸 \Rightarrow 动物$$

通过递归地应用稀疏特征，能够得到更高级的特征。这就是为什么需要更深的神经网络架构（而非浅层算法）。单个网络可以学习如何从一个表示移动到下一个表示，但是把它们叠加在一起将形成整个端到端的工作流。

可是，更深的神经网络架构的真实能力并非仅体现在层次结构中。值得注意的是，到目前为止，我们只用到了未标记数据。接下来，我们通过逆向工程数据本身（而非依靠人工标记样本）来学习隐藏结构。监督学习仅代表着最终的分类步骤，在这些步骤中，我们需要将数据分配到车辆类或动物类。在此之前的所有步骤是以无监督方式执行的。

我们将在第 5 章介绍如何针对图像执行具体的特征提取。在本章中，我们重点讨论学习任何类型数据（如时间信号、文本或一般属性向量）的一般特征表示方法。

为此，我们将介绍两个最强大且最常用的无监督特征学习架构，即自编码器和受限玻尔兹曼机。

4.1 自编码器

自编码器是用于无监督学习的一种对称网络，在该对称网络中，输出单元会被连接回输入单元，如图 4-1 所示。

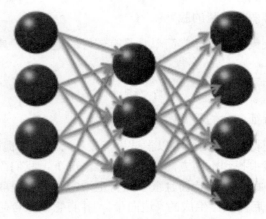

图 4-1 来自 H2O 培训手册的自编码器简单表示

输出层的目的是重建其输入层（而非预测从属目标值），因此输出层具有同输入层相同大小的输入。

该对称网络的目的是借助编码层 ϕ 来充当压缩滤波器以将输入向量 X 拟合成较小潜在表示（代码）c，然后借助解码层 φ 来充当压缩滤波器，以尝试将其重构回 X'：

$$\phi : X \to c, \varphi : c \to X'$$

损失函数是重构误差，它将迫使网络以最小信息损失的形式找到训练数据的最有效紧凑表示。对于数值型输入，损失函数可以是均方误差（Mean Squared Error，MSE）：

$$L_{\mathrm{MSE}} = \| X - X' \|^2$$

如果输入数据不是数值型而是表示成位向量或多项式分布，那么可以使用重构交叉熵：

$$L_H = -\sum_{k=1}^{d} x_k \log(x_k') + (1 - x_k) \log(1 - x_k')$$

其中，d 指的是输入向量的维度。

网络中心层（代码）是指数据的压缩表示。在 $m < n$ 的条件下，中心层有效地将一个 n 维数组转换成一个更小的 $m\text{-}d$ 维数组。这个过程和使用**主成分分析**（Principal Component Analysis，PCA）实现降维非常相似。通过将原始点投影到正交轴线（即"分量"）上的方式重建原始矩阵近似值，PCA 可以将输入矩阵分解到那些轴线上。通过按重要性进行分类，我们可以提取出作为原始数据高级别特征的前 m 个分量。

例如，在多元高斯分布中，我们可以将每个点表示为两个正交分量上的坐标——该坐标将描述数据中的最大可能方差，如图 4-2 所示。

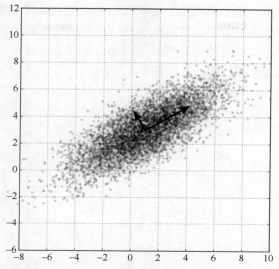

图 4-2　按照多元（二元）高斯分布——以(1,3)为中心、(0.866,0.5)方向上标准偏差为 3 并且
正交方向上标准偏差为 1——的样本散布点。方向代表着与样本相关的主分量
（Principal Component，PC）。（作者：Nicoguaro（自有作品）CC By 4.0——维基共享）

PCA 的局限性在于：它只允许数据的线性变换，而这并不总能满足需求。自编码器
的优点是：（甚至）能够使用非线性激活函数来表示非线性表示。

Tom Mitchell 在其著作 *Machine Learning*（WCB，1997 年）中，列举了一个著名的
自编码器示例。在那一示例中有一个数据集，其中有 8 个用二进制编码的分类对象（带有
8 个以比特表示的彼此独立标记）。网络将学习只有 3 个隐藏值的紧凑表示，如图 4-3
所示。

输入　　　　　　　　　　　输出

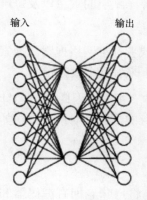

输入		隐藏值				输出
10000000	→	.89	.04	.08	→	10000000
01000000	→	.15	.99	.99	→	01000000
00100000	→	.01	.97	.27	→	00100000
00010000	→	.99	.97	.71	→	00010000
00001000	→	.03	.05	.02	→	00001000
00000100	→	.01	.11	.88	→	00000100
00000010	→	.80	.01	.98	→	00000010
00000001	→	.60	.94	.01	→	00000001

图 4-3　Tom Mitchell 的自编码器示例

应用正确的激活函数,学习紧凑表示与具有 3 个比特的二进制表示完全对应。

不过,在某些情况下,单个隐藏层不足以表示数据的全部复杂性以及方差。更深层的架构能学习输入层和隐藏层之间的更复杂关系,这样网络便能学习潜在特征并使用这些特征来最好地表示数据中重要的信息组件。深度自编码器是通过将两个(通常多达 5 个浅层)对称网络连接起来而获得的,如图 4-4 所示。

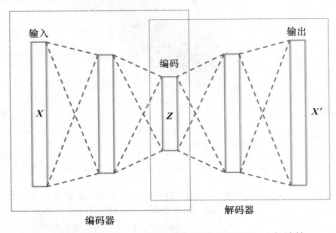

图 4-4　带有 3 个全连接隐藏层的自编码器示意结构

深度自编码器可以结合先前所学到的表示来学习新的潜在表示,从而使得每个隐藏层能被视为原始数据的一些压缩分层表示。这样,我们就能以编码网络的代码或任何其他隐藏层作为描述输入向量的有效特征。

4.1.1　网络设计

在构建深层神经网络时,最常见的问题可能是:如何选择隐藏层的数量以及每一层中神经元的数量?要使用哪些激活函数和损失函数?

这些问题没有固定答案。经验之法包括进行一系列试错或者标准网格搜索。搜索中每一层的深度和大小均被简单地定义为调优的超级参数。接下来看几个设计指南。

对于自编码器,这个问题会稍微简化一些。自编码器变体有很多,因此我们会针对一般用例来定义指南。记住,每个变体都需要采用适合自身的规则。对此,提供如下建议。

(1)输出层由完全相同大小的输入组成。

(2)网络在大部分时间内都是对称的。拥有不对称网络将意味着拥有编码器和解码器函数所具有的不同复杂度。除非有特殊理由这样做，否则拥有非对称网络通常没什么优势。但是，读者可以决定共享相同权值，或者决定在编码和解码网络中拥有不同权值。

（3）在编码阶段，隐藏层小于输入层。在这种情况下，所谈论的是"欠完整自编码器"。多层编码器会逐渐降低表示层大小。通常，隐藏层最多是前一层的一半大小。如果数据输入层有 100 个节点，那么合理架构可能是：100—40—20—40—100。拥有比输入更大的层根本不会导致压缩，这意味着深层神经网络没有学到有趣的模式。我们将看到，在正则化部分，在稀疏自编码器情况下该约束是如何的不必要。

（4）中间层（代码）包含一个重要角色。在特征减少的情况下，为了实现数据的高效可视化，我们可将其保持在很小数值，可使其等于 2、3 或 4。在堆叠自编码器情况下，应将中间层设置得更大，因为它将表示为下一个编码器的输入层。

（5）在二进制输入的情况下，应该将 sigmoid 函数用作输出激活函数和交叉熵，或者（更准确地讲）用作损失函数的伯努利交叉熵之和。

（6）针对实数，我们可以将线性激活函数（ReLU 或 softmax）用作输出，将均方误差（MSE）用作损失函数。

（7）针对不同类型的输入数据（x）和输出数据（u），读者可遵循一般方法，该方法包括如下步骤。

- 在给定 u 的情况下，找出观测值 x 的概率分布 $p(x/u)$。

- 找出 u 与隐藏层 $h(x)$ 之间的关系。

- 使用 $\phi : X \to c, \varphi : c \to X'$。

（8）在深度网络（具有一个以上的隐藏层）的情况下，针对所有隐藏层使用相同的激活函数，以便确保编码器和解码器的复杂度的平衡性。

（9）如果我们在整个网络中使用线性激活函数，则能够近似 PCA 的行为。

（10）除非数据是二值的，否则对数据进行高斯缩放（0 均值和单位标准差）非常方便，并且最好让输入值保留为 0 或 1。分类数据可用带有虚变量的独热编码表示。

（11）激活函数如图 4-5 所示。

- ReLU 函数通常是大多数神经网络的默认选择。鉴于其拓扑结构，自编码器可受益于对称激活函数。ReLU 函数倾向于过拟合，因此当与正则化技术（如信号丢失）结合使用时，它是首选。

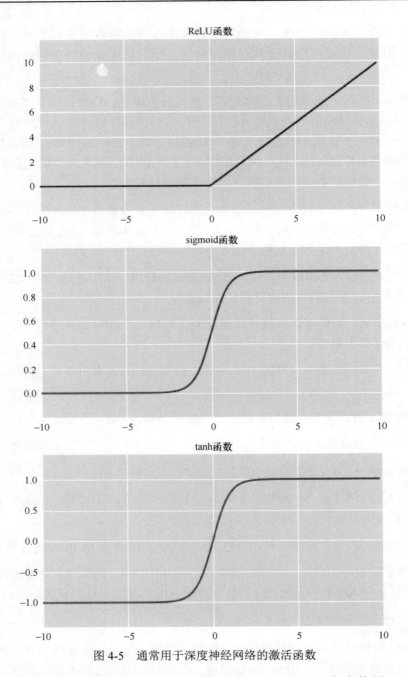

图 4-5　通常用于深度神经网络的激活函数

- 如果数据是二值的或者可以在[0,1]范围内缩放,那么很可能会使用 sigmoid 函数。如果对输入分类数据使用了独热编码,那么最好使用 ReLU 函数。

- 双曲正切（tanh）函数是在梯度下降的情况下用于计算优化的一个好选择。由于数据将围绕在 0 周围，其导数会更大。另一个实现效果是减少梯度的偏置，正如 *Efficient BackProp* 论文中所解释的那样。

4.1.2　用于自编码器的正则化技术

我们在前面介绍了不同形式的正则化，例如 L1、L2、提前停止，以及信号丢失。接下来，我们介绍几种专门为自编码器量身定制的流行技术。

截至目前，我们一直将自编码器描述为"欠完整"，这意味着隐藏层小于输入层。这是因为拥有一个更大层根本不会压缩。隐藏单元可能只是完全复制输入并返给输出而已。

拥有更多的隐藏单元会让大家在学习更智能的表示方面有更大的自由。

下面介绍如何通过以下方法（去噪自编码器、收缩自编码器和稀疏自编码器）解决这一问题。

1.　去噪自编码器

去噪自编码器的理念是要训练模型学习如何重建输入数据的带噪版本。这里用 x 来代表原始输入，即带噪输入 x 以及重建输出 $\hat{x}$。

带噪输入 x 的生成是通过随机将输入 x 的一个子集指定为 0（具有给定概率 p 的情况下），外加各向同性高斯噪声（具有数值输入方差 v）实现的。然后，会有两个新的超参数用于调优代表噪声水平的 p 和 v。

把噪声变量 x 用作网络输入，但是损失函数仍然是输出 $\hat{x}$ 和原始无噪输入 x 之间的误差。如果输入维度是 d、编码函数是 f，而解码函数是 g，那么损失函数 j 将编写如下：

$$x_i, g(f(x_i))$$

$$J_{去噪} = \sum_{i=1}^{d} L(x_i, \hat{x}_i)$$

其中，L 是指重建误差，通常情况下，该误差不是均方误差就是交叉熵。

有了这个变量，如果隐藏单元尝试完全复制输入值，那么输出层就不能 100% 信任，因为它知道这可能是噪声而不是原始输入。接下来要强制模型根据其他输入单元（即数据的有意义结构）之间的相互关系进行重建。

可以预期的是：增加的噪声越高，在每个隐藏单元中所应用的滤波器也就越大。所谓滤波器，是指针对要提取的具体特征而激活的原始输入的部分。在没有噪声的情况下，隐藏单元倾向于从输入数据提取一个微小子集，并以最未受影响的版本将其传递给下一层。通过向单元中添加噪声的方式，针对大规模重建 $\hat{x}_i$ 的错误惩罚将迫使网络保留更多信息，以便在不考虑噪声的可能存在情况下将特征置于上下文中。

注意，仅添加一个小的白噪声等同于使用权值衰减正则化。权值衰减是一种技术，该技术在每个训练 epoch 中用权值乘以一个小于 1 的因子，以便限制模型中的自由参数。虽然这是一种通过将输入设置为 0（以概率 p）来正则化神经网络的流行技术，但我们能有效地得到完全不同的结果。

我们不想得到这样的高频滤波器：当它们被放在一起时，得到的是更没有显著特点的模型。去噪方法会产生这样的滤波器：它们可以代表底层数据结构的独特特征，并具有独特的含义。

2. 收缩自编码器

收缩自编码器旨在通过显式添加一项来达到与去噪方法相似的目标，其中，该项会在模型尝试学习令人厌倦的变体时做出惩罚，并且只会推动那些在训练集中注意到的变体。

换言之，模型可以通过给出表示变体（无须在训练数据中出现）的滤波器的形式来尝试逼近恒等函数。

我们可以把这种敏感度表示为（与输入维度相关的提取特征的）所有偏导数的平方和。

对于通过编码函数 f 映射到规模 d_h' 的隐藏表示 h 的 d_x 维度输入 x，以下数量对应于编码器激活雅可比矩阵 $J_f(x)$ 的 L2 范数（Frobenius）：

$$\left\| J_f(x) \right\|_F^2 = \sum_{i=1}^{d_x} \sum_{j=1}^{d_h} \left(\frac{\partial h_j(x)}{\partial x_i} \right)^2$$

损失函数将修改为：

$$J_{contractive} = J + \lambda \left\| J_f(x) \right\|_F^2$$

其中，λ 是指正则化因子。很容易看出，在线性编码器中，雅可比矩阵的 Frobenius 范数与 L2 权值衰减相对应。主要区别在于：在线性情况下，实现收缩的唯一方法是保持权值非常小；在 sigmoid 函数非线性情况下，我们还可以将隐藏单元推送到饱和状态。

我们来分析一下误差和惩罚这两个术语。

误差 J（MSE 或交叉熵）是为了保持最可能的信息，以完美重建原始数据。

惩罚是为了去除所有那些信息，从而实现与 x 相关的隐藏单元导数的最小化。较大数值意味着对于输入变量而言所学到的表示会太不稳定。如果观察到在改变输入值时隐藏表示的变化很小，就会得到一个很小的数值。在这些变体被限定为 0 的情况下，我们只保留对输入 x 而言不变的信息。这样就能有效地去除所有不够稳定且对小扰动太过敏感的隐藏特征。

假设用相同数据的很多变体作为输入。对图像而言，这些变体可能是对相同对象进行轻微旋转或不同摆放所得到的。对网络流量而言，它们可能是相同类型流量的数据包头的增加/减少（可能由打包/解包协议所导致的）。

如果仅看这个维度，模型很可能是非常敏感的。雅可比项会惩罚这种高敏感度，不过它会通过降低重建误差得到补偿。

在这一情况下，有这样的一个单元项，它在变化方向上非常敏感，但对所有其他方向并不是很有帮助。例如，对图像而言，仍然会计算出相同的物体，因此所有剩余的输入项是不变的。如果没观察到训练数据在给定方向上的变化，则应该丢弃这个特征。注意：H2O 目前不支持收缩自编码器。

3. 稀疏自编码器

正如目前所看到的，自编码器的隐藏层总是小于输入层。

主要原因是：网络有足够的能力准确地记住输入，并完美地重构它。给网络增加额外容量的做法是多余的。

减少网络容量会迫使它基于输入的压缩版本学习。算法将不得不选择最相关特征来帮助更好地重建训练数据。

然而有些情况不适合采用压缩版本。我们来考虑一下每个输入节点都是由独立随机变量构成的情况。如果变量之间不相互关联，那么实现压缩的唯一方法就是彻底去掉其中一些变量。我们将有效模拟 PCA 的行为。

为了解决这个问题，我们可以在隐藏单元项上设置稀疏性约束。我们可尝试让每个神经元在大部分时间都处于非活动状态，这相当于让激活函数的输出接近于 0（sigmoid 函数和 ReLU 函数情况下）和 1（tanh 函数情况下）。

如果当输入为 $x^{(i)}$ 时调用 $a_j^{(l)}(x^{(i)})$，即在第 1 层隐藏单元 j 的激活，那么可将隐藏单元 j 的平均激活定义如下：

$$\hat{\rho}_j = \frac{1}{m} \sum_{i=1}^{m} a_j^{(l)}(x^{(i)})$$

其中，m 是指训练数据集（或一批训练数据）的大小。

稀疏性约束包括：令 $\hat{\rho}_j = \rho$，其中，ρ 是指区间 [1,0] 所界定的稀疏性参数，并且这些参数的理想值接近于 0。原论文推荐接近于 0.05 的值。

我们将每个隐藏单元的平均激活建模为带有均值 $\hat{\rho}$ 的伯努利随机变量，并且强制这些变量都收敛到带有均值 ρ 的伯努利分布。

为了做到这一点，我们需要增加一个额外惩罚来量化那两个分布的散度。我们可以根据想要实现的实际分布 $B(1, \hat{\rho})$ 和理论分布 $B(1, \rho)$ 间的 Kullback-Leibler（KL）散度来定义这个惩罚。

一般来说，对于离散概率分布 P 和 Q，当以比特度量信息时，KL 散度会被定义如下：

$$D_{KL}(P \vee Q) = \sum_x P(x) \log_2 \frac{P(x)}{Q(x)}$$

要求之一是，针对任何可测量值 x，P 对于 Q 是绝对连续的，即 $Q(x) = 0 \Rightarrow x = 0$。此外，也可写成 $P << Q$。

由于 $\lim_{x \to 0} x \log x = 0$，因此只要 $P(x) = 0$，那个惩罚项的贡献均为 0。

在示例中，单元 j 的 KL 散度如下：

$$KL(\rho \vee \hat{\rho}_j) = \rho \log_2 \frac{\rho}{\hat{\rho}_j} + 1(1 - \rho) \log_2 \frac{1 - \rho}{1 - \hat{\rho}_j}$$

当两个均值相等并单调递增时，该函数的属性为 0；否则，当 $\hat{\rho}_j$ 接近 0 或 1 时，该函数将接近无限大（∞）。

带有所添加的额外惩罚项的最终损失函数如下：

$$J_{sparse} = J + \beta \sum_{j=1}^{s} KL(\rho \vee \hat{\rho}_j)$$

这里，J 是指标准损失函数（RMSE），s 是指隐藏单元的数量，β 是指稀疏项的权值。

这种额外惩罚将会导致反向传播算法的效率稍低。特别是，在计算每个示例的反向传播之前，前一个公式需要在整个训练集上额外前进一步，以便预先计算平均激活 $\hat{\rho}_j$。

4.1.3 自编码器概述

自编码器是一种被广泛应用于异常检测或特征工程等领域的强大无监督学习算法，其运算原理是将中间层输出（而不是原始输入数据）用作特征来训练监督模型。

无监督意味着它们不需要在训练期间指定标记或使用真值。只要网络有足够能力来学习和表示内在现有关系，它们就可以对输入的数据进行处理。这意味着我们可以设置代码层的大小（被降低维度 m），只是基于隐藏层的数量和大小（如果有的话）会得到不同结果。

如果要构建一个自编码器网络，则应该获得健壮性以避免错误表示，但同时不要通过压缩更小序列层的信息的方式来限制网络容量。

去噪、收缩和自编码器都是解决那些问题的很好技术。

添加噪声通常会更简单一些，并且不会增加损失函数的复杂性，因为这种办法会减少计算量。此外，带噪输入会导致梯度被采样并且因要换取更好特征而放弃部分信息。

收缩自编码器非常善于使模型更稳定地保持对训练分布的较小偏差。因此，它是减少误差的一个很好的候选项。缺点是，它会因为要降低敏感度而导致重建误差增加。

稀疏自编码器可能是最完整的解决方案。在计算大型数据集时，该方案的计算代价最高，但由于梯度是确定的，因此它适用于二阶优化器。通常情况下，它能够在稳定性和低重建误差之间实现良好平衡。

无论做出什么选择，都强烈建议采用正则化技术，它们都是从调优超参数开始。

除了描述过的技术，变分自编码器也值得一提。该编码器似乎是正则化自编码器的最终解决方案。变分自编码属于生成模型的范畴。它们不仅学习能更好描述训练数据的结构，还学习能够产生最佳输入数据的潜在单位高斯分布的参数。最终的损失函数是重建误差与（重建潜变量与高斯分布之间的）KL 散度之和。编码阶段将生成一个代码，该代码由均值向量和标准偏差向量组成。从该代码中，可以描述潜在分布参数的特征，并从该分布中抽样来重建原始输入。

4.2 受限玻尔兹曼机

在 20 世纪 90 年代初，神经网络曾被认为已过时。机器学习的大多数研究是围绕其他技术展开，例如随机森林算法和支持向量机。和其他技术相比，神经网络（仅带有一个隐藏层）的绩效要差一些，并且一度被认为很难对深度神经网络进行训练。

对神经网络兴趣的复苏源自 Geoffrey Hinton 的引领。2004 年，他带领一个研究团队利用受限玻尔兹曼机（RBM）完成了一系列突破，并创建了多层神经网络——他们称之为深度学习。在 10 年间，深度学习从一个细分技术发展成为一个主导每一项人工智能竞赛的技术。RBM 是该重大突破的一部分，Hinton 和其他人借此在各种图像和语音识别问题上获得开创世界纪录的成绩。

我们将在本节探讨有关 RBM 运行的理论知识、如何实施 RBM，以及如何将它们结合并应用于深度信念网络。受限玻尔兹曼机看起来很像神经网络的单一层，但该层有着一组连接到另一组输出节点的输入节点，如图 4-6 所示。

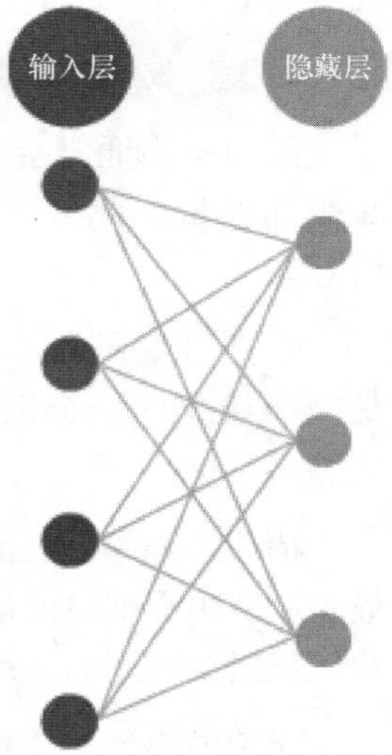

此外，这些输出节点的激活方式和自编码器的激活方式相同。每个输入节点和输出节点之间都有一个权值，即每个输入节点的激活乘以这个权值映射矩阵，并随后对其应用一个偏置向量，然后每个输出节点之和就被放入一个 sigmoid 函数。

使得受限玻尔兹曼机与众不同的是：激活所表示的内容、人们如何看待它们以及训练它们的方式。首先，在讨论 RBM 时，我们将层分为可见层和隐藏层（而不是输入和输出层）。这是因为，在训练时，可见层节点代表着所拥有的已知信息。隐藏层节点用于代表生成了可见数据的一些变量。这与自编码器不同，因为在自编码器中，输出层并不显式代表任何内容，只是代表供信息传入的一个约束空间。

学习受限玻尔兹曼机权值的基本原理来自统计物理学并且会用到**基于能量的模型**（Energy Based Model，EBM）。在这些情

图 4-6　受限玻尔兹曼机

况下，每一个状态都会被置入一个能量函数，该能量函数与正在发生的状态的概率相关联。如果能量函数返回一个较高数值，则认为该状态不太可能发生或很少发生。相反，能量函数返回较低结果则意味着一种更稳定且会频繁发生的状态。

一种直观思考能量函数很好的方法是：想象把很多弹力球被扔进一个盒子里。一开始，所有球具有高能量，所以会弹得很高。这时的状态将是所有球的位置及其相关联速度的一个时间快照。这些球弹跳的状态会非常短暂，这些状态只会存在于瞬间，并且因为球的移动范围，这些状态不太可能会再次发生。但当球开始停止弹跳时，伴随着能量离开系统，一些球逐渐静止下来。一旦发生、一旦永远不停止发生，这些状态就是稳定的。最终，球一旦停止跳动，就会全部静止，于是我们就有了一个完全稳定的状态——这

个概率很高。

举一个适用于 RBM 的例子：考虑学习一组蝴蝶图像的任务。在这些图像上训练 RBM，并且应该为蝴蝶任一图像分配一个较低能量值。但是当给定来自不同图像集的一张图像时（如汽车），它将会赋予其较高能量值。相关的物体（如飞蛾、蝙蝠或鸟类）可能具有更加中等的能量值。

如果定义了能量函数，那么一个给定状态的概率将会按照如下等式给出：

$$p(v) = \frac{e^{-E(v)}}{Z}$$

其中，v 是指状态，E 是指能量函数，Z 是指配分函数。v 的所有可能配置之和定义如下：

$$Z = \sum_v e^{-E(v)}$$

4.2.1 霍普菲尔德网络与玻尔兹曼机

在深入探讨 RBM 之前，我们先来简单谈一谈霍普菲尔德网络，以帮助读者进一步了解如何使用 RBM。霍普菲尔德网络也是基于能量的模型，但与 RBM 不同的是：它只有可见节点，而且这些节点之间都是相互连接的，如图 4-7 所示。每个节点的激活不是−1，就是+1。

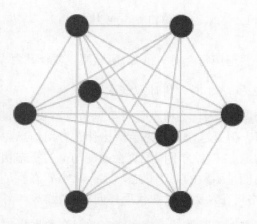

图 4-7　所有输入节点都互相连接的霍普菲尔德网络

在运行霍普菲尔德网络（或 RBM）时，有两个选项可供选择。一个选项是：可以将每个可见节点的值设置为触发它的数据项的相应值。然后，可以触发连续的激活，并且每个节点的值在每次激活时，都会根据其所连接到的其他可见节点的值进行更新。另一个选项是：随机初始化可见节点，然后触发连续激活，这样它就会生成训练该网络的数据的随机示例——这通常称为"网络白日梦"。

针对每一个可见节点，我们将其下一步激活定义为：

$$a_i^{(t+1)} = \sum_{i,j} W_{ij} v_j^{(t)}$$

其中，W 是一个矩阵，该矩阵定义了在时间步骤 t 时每个节点 v 之间的连接强度。然后对 a 应用阈值规则以获得 v 的新状态：

$$v_i = \begin{cases} 1 & a_i \geqslant 0 \\ -1 & a_i < 0 \end{cases}$$

节点之间的权值 W 可能为正也可能为负，于是当它活跃时，会促使节点吸引网络中其他节点或者排斥网络中的其他节点。霍普菲尔德网络还有一个连续变量，该变量只会引起 tanh 函数对阈值函数的替换。

该网络的能量函数如下：

$$E(v) = -\frac{1}{2} \sum_{i,j} v_i W_{ij} v_j$$

在矩阵符号中，能量函数表示如下：

$$E(v) = -\frac{1}{2} v^{\mathrm{T}} W v$$

等式中的 $\frac{1}{2}$ 是因为要遍历每一对 i 和 j，所以要重复计算每个连接（当 $i = 1$ 且 $j = 2$ 时，计算一次；当 $i = 2$ 和 $j = 1$ 时，再计算一次）。

此处可能出现的问题是：为什么模型仅有可见节点？我们用赋予它的数据来激活它，然后触发一些状态更新。但是这个新状态会给出什么有用信息呢？这就是基于能量模型的特征变得引人关注的地方。W 的不同配置会改变与 v 的状态相关的能量函数。如果将网络状态设置为带有高能量函数的某个状态，那么那个状态就是一个不稳定状态（想一下许多弹起的球）；网络将在经历连续迭代后移向稳定状态。

如果我们在数据集上训练霍普菲尔德网络来学习在数据集中每个项的较低能量 W，那么可以（例如）通过随机调换"−1"和"+1"状态间的几个输入，从数据中抽取已损坏样本。因此被损坏样本现在可能处于较高能量状态，这使其不可能成为原始数据集成员。如果在被损坏样本上激活网络的可见节点，就要运行多次网络迭代，直到其达到较低能量状态为止。在此过程中，它很有可能会重构原始的未被损坏的模式。

由此得出霍普菲尔德网络的一个用途：纠正拼写。读者可以以单词中用到的字母用作输入的方式，在单词库中训练该网络。只是给予它一个拼写错误的单词，它就可能找到正确的原始单词。霍普菲尔德网络的另一个用途是：用作内容寻址存储器。计算机内存和人类记忆之间存在的一大区别是：在计算机中，内存是按照地址存储的。如果计算机要检索内存，它必须确切知道将内存存储在什么位置。此外，人类记忆可被赋予那一记忆的部分片段，该片段内容可被用于恢复那一记忆的其他部分。例如，如果需要记住自己的 PIN 码，且知道自己要查找的内容以及那一内容的特性——一个 4 位数，大脑就会利用特性来返回数值。

霍普菲尔德网络允许存储内容寻址记忆，于是一些人（推测性地）提出：人类记忆系统可以像霍普菲尔德网络那样运行，将人类做梦行为视为学习权值的一种尝试。

霍普菲尔德网络的最后一个用途是：解决优化任务，例如旅行推销员任务。能量函数可被定义为表示要进行优化的任务的成本以及表示被优化选择的网络节点。同样，所有这一切需要去做的就是：最小化网络权值的能量函数。

4.2.2　玻尔兹曼机

玻尔兹曼机也被称为随机霍普菲尔德网络。在霍普菲尔德网络中，节点激活是基于阈值进行设置的；但是在玻尔兹曼机中，激活是随机的。在玻尔兹曼机中，节点的值总是被设置为 "+1" 或者 "−1"。节点处于状态 "+1" 的概率被定义如下：

$$p(x_i = 1) = \frac{1}{1 + e^{-2a_i}}$$

其中，a_i 是指针对霍普菲尔德网络所定义的那个节点的激活。

为了学习玻尔兹曼机或霍普菲尔德网络的权值，在给定 W（即每个数据项的可能性的乘积）的情况下，应该最大化数据集的可能性：

$$p(\boldsymbol{x} \mid \boldsymbol{W}) = \prod_{n=1}^{N} p(\boldsymbol{x}^{(n)} \vee \boldsymbol{W})$$

其中，W 是指权值矩阵，$\boldsymbol{x}^{(n)}$ 是指大小为 N 的数据集 x 的第 n 个样本。现在，用玻尔兹曼机的实际可能性来替换机器 $p(\boldsymbol{x}^{(n)} \vee \boldsymbol{W})$：

$$p(\boldsymbol{x} \mid \boldsymbol{W}) = \prod_{n=1}^{N} \frac{e^{\frac{1}{2}(\boldsymbol{x}^{(n)})^{\mathsf{T}} \boldsymbol{W} \boldsymbol{x}^{(n)}}}{Z}$$

其中，Z 正如下面等式所示：

$$Z = \sum_{x' \in p(x \vee W)} e^{\frac{1}{2} x'^{\mathrm{T}} W x'}$$

如果读者查看能量函数和 Z 的原始定义，会发现 x' 应该是 x 基于概率分布 $p(x)$ 的所有可能配置。

现在拥有模型组成部分 W，那么分布将变为 $p(x \mid W)$。可惜，即使不是完全难以处理，$x' \in p(x \vee W)$ 至少在计算上太过费事。在计算时，我们需要在所有可能的 W 上取得 x 的所有可能配置。

用于计算棘手概率分布的一种方法（像这样的）就是所谓的蒙特卡罗抽样。该方法从分布中提取大量样本并使用这些样本的平均值来近似真数。从分布中提取的样本越多，它的准确率就会越高。假定我们想要无限个样本，那么 1 个样本就是非常差的近似。

由于概率的乘积会变得非常小，我们改用对数概率，并给出 Z 的定义：

$$\ln p(x \mid W) = \sum_{n=1}^{N} \left\{ \frac{1}{2} x^{(n)\mathrm{T}} W x^{(n)} - \sum_{x' \in p(x \vee W)} \frac{1}{2} x'^{\mathrm{T}} W x' \right\}$$

其中，x' 是从网络所学到的概率分布 $p(x \mid W)$ 中截取的一个网络状态样本。如果针对节点 i 和 j 之间单一权值采用这一梯度，它看起来就是下面所示的样子：

$$\nabla_{w_{ij}} \ln p(x) = \sum_{n=1}^{N} \left\{ x_i^{(n)} x_j^{(n)} - \sum_{x' \in p(x \vee W)} x_i'^{(n)} x_j'^{(n)} \right\}$$

其中，对于所有 N 个样本的 $x_i^{(n)} x_j^{(n)}$ 仅指节点 i 和 j 之间的相关性。另一种方法是在所有 N 个样本，针对每个权值 i 和 j，有如下等式：

$$\nabla_{w_{ij}} \ln p(x) = corr(x_i, x_j) - \frac{1}{N} \sum_{x' \in p(x \vee W)} corr(x_i', x_j') p(x \vee W)$$

这个等式可被理解为学习的两个阶段，即正阶段和负阶段，或者（更具有诗意地表达）清醒阶段和睡眠阶段。在正阶段，$corr(x_i, x_j)$ 会基于所被赋予的数据增加权值。在 "−1" 负阶段，$-\frac{1}{N} \sum_{x' \in p(x \mid W)} corr(x_i', x_j') p(x \mid W)$，可以按照当前拥有的权值从模型中提取样本，然后将权值从那一分布中移开。这可被视为降低由模型所生成的数据项的概率。因为想要模型尽可能地反映数据，所以我们应该减少由模型所生成的选择。如果模型产生了与数据完全一样的图像，这两项就会相互抵消进而达到平衡。

　　玻尔兹曼机和霍普菲尔德网络可被用于诸如优化和推荐系统这样的任务。它们的计算成本非常高——必须测量每个单一节点间的相关性，然后必须生成来自每个训练步骤模型的一系列蒙特卡罗样本。它们能够学习的模式种类也是有限的。如果我们在图像上训练学习形状，这种神经网络就不能学习位置不变信息，例如图片左侧的蝴蝶与图片右侧的蝴蝶完全不同。我们将在第 5 章研究卷积神经网络，借此为该问题提供一个解决方案。

4.2.3　受限玻尔兹曼机

　　和玻尔兹曼机相比，RBM 存在两大变化：第一大变化体现在隐藏节点中，即每个隐藏节点都和每个可见节点相连接，但是隐藏节点彼此之间并不连接；第二大变化是删除了可见节点之间的所有连接。如果被赋予一个隐藏层，这会使得可见层中的每个节点彼此之间都保持有条件的相互独立。此外，在给定可见层的情况下，隐藏层中的节点也都是有条件的相互独立。此外，现在还要向可见节点和隐藏节点添加偏置项，还可以使用每个节点的偏差项来训练玻尔兹曼机，但是为了便于解释，没有将该项包含进等式中。

　　鉴于所拥有的数据只是关于可见单元的数据，我们通过训练想要实现的是：找到在和可见单元结合时可导致低能量状态的隐藏单元配置。在 RBM 中，状态 x 目前是可见节点和隐藏节点的全部配置。于是，我们将把能量函数参数化为 $E(v,h)$。现在，该函数看起来是这样的：

$$E(v,h) = -\boldsymbol{a}^{\mathrm{T}}\boldsymbol{v} - \boldsymbol{b}^{\mathrm{T}}h - \boldsymbol{v}^{\mathrm{T}}Wh$$

　　其中，$\boldsymbol{a}$ 是指可见节点的偏置向量，$\boldsymbol{b}$ 是指隐藏节点的偏置向量，而 W 是指可见节点和隐藏节点之间的权值矩阵。其中，$\boldsymbol{a}^{\mathrm{T}}\boldsymbol{v}$ 是两个向量的点积，相当于 $\sum_i a_i v_i$。现在我们需要对这个新的能量函数取偏置和权值梯度。

　　由于层之间存在有条件独立性，现在得到以下等式：

$$p(h \mid \boldsymbol{v},\boldsymbol{W},\boldsymbol{b}) = sigmoid\,(\boldsymbol{v}\boldsymbol{W} + \boldsymbol{b})$$

$$p(v \mid h,\boldsymbol{W},\boldsymbol{b}) = sigmoid\,(h\boldsymbol{W}^{\mathrm{T}} + \boldsymbol{a})$$

　　这两个定义将被用于合规化常量 Z。由于早已拥有了可见节点之间的连接，$\ln p(v)$ 发生了很大变化：

$$\ln p(\boldsymbol{v} \mid \boldsymbol{W},\boldsymbol{a},\boldsymbol{b}) = \sum_{n=1}^{N}\left\{\left(\boldsymbol{a}\boldsymbol{v} + \sum_i \log \sum_j \mathrm{e}^{h_j(\boldsymbol{b}+W_i\boldsymbol{v})}\right) - Z\right\}$$

　　其中，i 将遍历每个可见节点，而 j 将遍历每个隐藏节点。如果对不同参数求梯度，那么最终得到的结果是：

$$\nabla_{w_{ij}} \ln p(\boldsymbol{v}) = corr(v_i^{(0)}, p(h^{(0)} \mid v^{(0)})_j) - corr(p(v^{(1)} \mid h^{(0)}), p(h^{(1)} \vee v^{(1)}))$$

$$\nabla_{a_i} \ln p(\boldsymbol{v}) = v_i^{(0)} - p(v^{(1)} \mid h^{(0)})_i$$

$$\nabla_{b_i} \ln p(\boldsymbol{v}) = p(h^{(0)} \mid v^{(0)})_i - p(h^{(1)} \vee v^{(1)})_i$$

和之前一样，$p(v^{(0)} \mid h^{(0)})$ 是通过从分布中提取蒙特卡罗样本来逼近的。最后这 3 个等式给出了用于迭代训练给定数据集的所有参数的完整方法。训练就是通过这些梯度的学习率来更新参数的案例。

我们有必要对这里所发生的一切从概念上做出重申。v 代表可见变量，即来自从中进行学习的世界的数据。h 代表隐藏变量，即为产生可见变量而对其进行训练的变量。隐藏变量不会明确地代表任何事物，但是通过训练和最小化系统中的能量，隐藏变量最终应该会找到我们正在寻找的分布的重要组件。例如，如果可见变量是一个电影列表，在该列表中，以数值 1 表示一个人喜欢某电影，以数值 0 表示一个人不喜欢某电影，那么隐藏变量可用来表示电影的类型（例如恐怖片或喜剧片），因为人们可能会有类型偏好，所以这是一种人们的偏好进行编码有效方式。

如果生成隐藏变量的随机样本并随后基于该样本激活可见变量，那么它应该会提供给我们一组看似合理的人类观影偏好。同样，如果将可见变量设置成针对隐藏节点和可见节点连续激活的随机电影选择，那么它应该会驱使大家找到更合理的选择。

4.2.4　在 TensorFlow 中的实现

既然已经完成了数学运算，那么我们来看看它的实现是什么样子。这将用到 TensorFlow。TensorFlow 是一个深受深度学习欢迎的 Google 开源数学图形库。它没有诸如网络层和节点（诸如 Keras 的更高级库那样）的内置神经网络概念；它更接近于诸如 Theano 这样的函数库。之所以在这里选择它，是因为它能够直接处理网络背后的数学符号，进而使得用户能够更好地了解它们在做什么。

TensorFlow 能够直接通过 pip 命令来安装，即针对 CPU 版本使用命令 pip install TensorFlow 来安装，或者针对 NVidea GPU 启动机器，使用命令 pip install TensorFlow 来安装。

我们将要建立一个小型 RBM，并在 MNIST 手写数字集上训练它。该小型 RBM 将拥有比可见节点数量更少的隐藏节点，而这会迫使 RBM 去学习输入中的模式。训练的成功程度将通过测量网络在遍历隐藏层之后重建图像的能力来确定。为此，我们会用到原始图像和重建图像之间的均方误差。

MNIST 数据集被广泛使用，为此 TensorFlow 提供了一种很好的下载和缓存 MNIST 数据集的内置方法。该方法只需通过调用以下代码即可完成：

```
from tensorflow.examples.tutorials.mnist import input_data
mnist = input_data.read_data_sets("MNIST_data/")
```

上述代码能将所有 MNIST 数据下载到 MNIST_data 目录中（如果 MNIST 数据还没有出现在 "MNIST_data/" 目录中的话）。mnist 对象有的 train 和 test 属性可以让读者访问 NumPy 矩阵数据。MNIST 图像的大小均为 28 像素 × 28 像素，这意味着每张图像都有 784 个像素。在 RBM 中，需要针对每个像素都有一个可见节点：

```
input_placeholder = tf.placeholder("float", shape=(None, 784))
```

TensorFlow 中的占位符对象代表着在使用期间将被传入计算图的数值。在这种情况下，input_placeholder 对象将保持所赋予它的 MNIST 图像的值。"float" 可指定将要传入的数值的类型，而 shape 则可定义维度。在这种情况下，我们需要 784 个数值（针对每个像素分配一个），并用 None 进行成批分配。维度为 None 意味着它可以是任意大小，这将允许我们传递可变大小批次的长为 784 的数组：

```
weights = tf.Variable(tf.random_normal((784, 300), mean=0.0,
                                       stddev=1./784))
```

tf.variable 代表计算图上的一个变量。W 来自前面的等式。传递给它的参数是初始化变量值的方式。在这里，我们将从大小为 784 × 300（对应隐藏层的可见节点数量）的正态分布对其进行初始化：

```
hidden_bias = tf.Variable(tf.zeros([300]))
visible_bias = tf.Variable(tf.zeros([784]))
```

这些变量将是前述等式中的 a 和 b，它们都被初始化为 0。现在，我们可针对网络激活进行编程：

```
hidden_activation = tf.nn.sigmoid(tf.matmul(input_placeholder, weights) + hidden_bias)
```

上述代表着前述等式中隐藏节点的激活 $p(h^{(0)}|v^{(0)})$。在应用 sigmoid 函数之后，该激活可被放入一个二项分布，使隐藏层中的所有值在给定概率的情况下变成 0 或 1；但事实证明，RBM 会和原始概率一样训练得很好。

因此，无须通过这样做来使得模型复杂化：

```
visible_reconstruction = tf.nn.sigmoid(tf.matmul(hidden_activation, tf.transpose(weights))
+ visible_bias)
```

现在我们有了可见层的重建 $p(v^{(1)}|h^{(0)})$，根据上述等式，赋予 hidden_activation，然后会从可见层得到样本：

```
final_hidden_activation =
tf.nn.sigmoid(tf.matmul(visible_reconstruction, weights) +
hidden_bias)
```

现在计算所需要的最终样本，即来自 visible_reconstruction 的隐藏节点的激活，这相当于等式中的 $p(h^{(1)} | v^{(1)})$。通过继续对隐藏层和可见层激活进行连续迭代，可从模型中得到更无偏样本。但是，对于训练只做一次循环就会生成很好的效果：

```
Positive_phase = tf.matmul(tf.transpose(input_placeholder),
hidden_activation)
Negative_phase = tf.matmul(tf.transpose(visible_reconstruction),
final_hidden_activation)
```

现在计算学习的正阶段和负阶段。正阶段是来自小批量 input_placeholder 即"$v^{(0)}$"和第一个 hidden_activation 即"$p(h^{(0)} | v^{(0)})$"间的样本的相关性。负阶段得到 visible_reconstruction 即"$p(v^{(1)} | h^{(0)})$"和 final_hidden_activation 即"$p(h^{(1)} | v^{(1)})$"之间的相关性。

```
LEARING_RATE = 0.01
weight_update = weights.assign_add(LEARING_RATE *
(positive_phase - negative_phase))
```

在权值变量上调用 assign_add 可创建一个操作，当运行该操作时，会将给定数量添加到变量。其中，0.01 是指学习率，通过以下代码来缩放正阶段和负阶段：

```
visible_bias_update = visible_bias.assign_add(LEARING_RATE *
tf.reduce_mean(input_placeholder - visible_reconstruction, 0))
hidden_bias_update = hidden_bias.assign_add(LEARING_RATE *
tf.reduce_mean(hidden_activation - final_hidden_activation, 0))
```

现在，可以创建缩放隐藏偏置和可见偏置的操作。此外，这些操作也可以按照学习率（0.01）进行缩放：

```
train_op = tf.group(weight_update, visible_bias_update, hidden_bias_update)
```

通过调用 tf.group，可创建一个新的操作，而非同时执行所有操作参数。我们应始终同步更新所有权值，这样针对它们的单一操作才有意义：

```
loss_op = tf.reduce_sum(tf.square(input_placeholder - visible_reconstruction))
```

使用 MSE，该 loss_op 将给出"我们训练得怎么样了"的反馈。注意这仅仅用于信息；针对该信息不运行反向传播。如果想将该网络作为一个纯自编码器运行，这时就要创建一个优化器并激活它，以便最小化 loss_op：

```
session = tf.Session()
session.run(tf.initialize_all_variables())
```

　　然后，创建一个将被用于运行计算图的会话对象。当图上所有内容均完成初始化时，调用 tf.initialize_all_variables()。如果在 GPU 上运行 TensorFlow，那么该代码就会与硬件进行首次交互。既然创建了 RBM 的每一个步骤，那么就让它在 MNIST 数据集上运行几个 epoch 并看看它的学习效果如何：

```
current_epochs = 0

for i in range(10):
    total_loss = 0
    while mnist.train.epochs_completed == current_epochs:
        batch_inputs, batch_labels = mnist.train.next_batch(100)
        _, reconstruction_loss = session.run([train_op, loss_op],
        feed_dict={input_placeholder: batch_inputs})
        total_loss += reconstruction_loss

    print("epochs %s loss %s" % (current_epochs,
    reconstruction_loss))
    current_epochs = mnist.train.epochs_completed
```

　　每一次调用 mnist.train.next_batch(100)，都会从 mnist 数据集检索 100 个图像。每个 epoch 结束时，mnist.train.epochs_completed 都会增加 1，并且所有训练数据会被重新调整。如果读者运行此命令，可能会得到以下结果：

```
epochs 0 loss 1554.51
epochs 1 loss 792.673
epochs 2 loss 572.276
epochs 3 loss 479.739
epochs 4 loss 466.529
epochs 5 loss 415.357
epochs 6 loss 424.25
epochs 7 loss 406.821
epochs 8 loss 354.861
epochs 9 loss 410.387
epochs 10 loss 313.583
```

　　现在我们可以通过在 mnist 数据集上运行以下命令来了解重建的图像是什么样子：

```
reconstruction = session.run(visible_reconstruction, feed_dict={input_
placeholder:[mnist.train.images[0]]})
```

　　重建图像（带有 300 个隐藏节点）的示例如图 4-8 所示。

　　正如所见，凭借 300 个隐藏节点以及不到一半数量的像素，仍然可以完成几乎完美的图像重建，只是边缘会有一点点模糊。但是随着隐藏节点数量的减少，重建图像的质量会随之下降。当隐藏节点数量减少到 10 个时，通过重建，会生成人类肉眼看起来错误的数字（图 4-8 中的 2 和 3）。

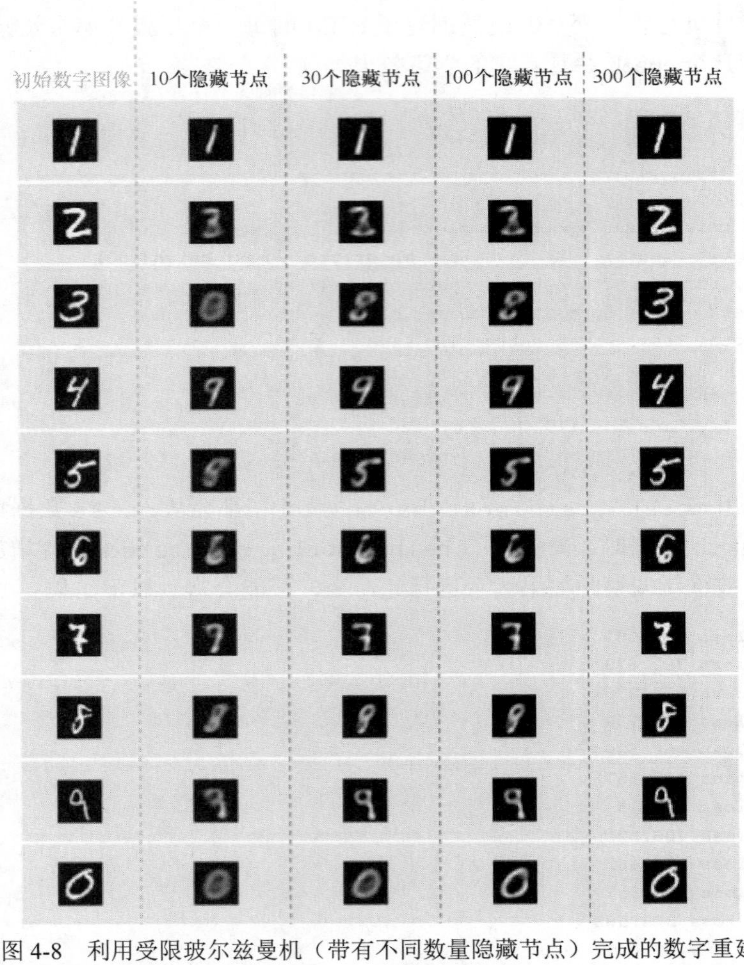

图 4-8　利用受限玻尔兹曼机（带有不同数量隐藏节点）完成的数字重建

4.2.5　深度信念网络

假设受限玻尔兹曼机正在学习一组潜在变量——这些变量生成了可见数据并且令人好奇，我们就可能会想：可以学习生成隐藏层潜在变量的第二层潜在变量吗？

答案是"可以"。我们可以在先前训练过的 RBM 顶部堆叠 RBM，以便能够学习第二层、第三层、第四层等的潜在变量（即可变数据的排序信息）。这些连续多层的 RBM 允许网络学习底层结构越来越多的不变量表示，如图 4-9 所示。

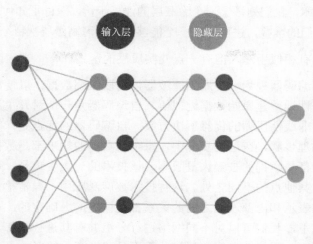

图 4-9　深度信念网络（包含多个链式 RBM）

　　这些堆叠的 RBM 称为深度信念网络，并且它们曾被 Geoffrey Hinton 引用在他于 2002 年发表的论文 *Training Products of Experts by Minimizing Contrastive Divergence* 中——那是第一次在 MNIST 数据集上产生创纪录成果。Geoffrey Hinton 所发现的有用的具体技术是：在仅稍微减少层数的数据上训练连续 RBM。一旦一个层被训练到无法再改善重建误差的程度，它的权值就会被冻结，在它上面会堆叠一个新的 RBM，然后再继续执行训练过程，直到误差率收敛。一旦完成整个网络的训练，最后会堆叠上一个最终监督层，以便将最终 RBM 隐藏层映射到数据标记上。然后，整个网络的权值会被用于构造一个标准深度前向神经网络，允许深度信念网络的那些预先计算的权值通过反向传播的方式完成更新。

　　起初，这些方法都取得了很好的结果，但随着时间的推移，训练标准前馈网络的技术得到了改善，RBM 不再被认为是图像或语音识别的最佳方法。此外，这些 RBM 还存在一个问题，即它们有两个阶段特性，因此训练速度会慢一些。但是，在推荐系统和纯无监督学习中，这些 RBM 还是很受欢迎的。另外，从理论角度来讲，使用基于能量的模型来学习深度表示是一种非常令人关注的方法，并且这也为基于该方法构建许多扩展方法打开了大门。

4.3　小结

　　在本章中，我们介绍了处于许多深度学习实践的核心技术：自编码器和受限玻尔兹曼机。

　　针对这两大技术，我们列举了一个隐藏层的浅显示例，探讨了如何能在无显式人类知识协助下实现对它们的堆叠，进而形成一个能够自动学习高级层次特征的深度神经网络。

　　这两大技术具有相似用途，但有一点儿实质性的区别。

　　我们可以将自编码器视为一个压缩滤波器，用以压缩数据，以便只保存数据最有用部分，并能够决定性地重建原始数据近似值。自编码器是一个避开主成分分析技术的局限性来实现降维和非线性压缩的优雅解决方案。自编码器的优点是：它们可被用作进一步分类任务的预处理步骤，在这些步骤中，每个隐藏层的输出都是数据有用信息表示的一种可能级别或者都是数据的去噪恢复版本。该技术的一大优势是：可利用重构误差来衡量一个点与组中其他点的不同之处。这种技术被广泛应用于异常检测问题，在这种应用中，所观察到的表示和内部表示之间的关系都是恒定的、确定的。在时变关系或者基于观测维度的情况下，我们可以对不同网络进行分组并对其进行训练，以使其具有适应性但是一旦完成训练，网络就会假定那些关系不受随机变体的影响。

　　RBM 可采用随机抽样以及调整权值的方法来最小化重建误差。直观情况可能是：可能会存在一些可见随机变量和一些隐藏潜在属性，而我们要找出两组数据是如何关联的。举个例子，在电影评级情况下，会有一些隐藏属性（如电影类型）和一些随机观察（如评级和/或评论）。在此类拓扑结构中，还有作为调整每部电影的不同的固有受欢迎程度的偏置项。如果要求用户根据自己喜好对一组电影（如《哈利波特》《阿凡达》《魔戒》《角斗士》和《泰坦尼克号》）进行评分，可能会得到一个结果网络，其中两个潜在单元可以代表科幻电影和奥斯卡获奖影片，如图 4-10 所示。

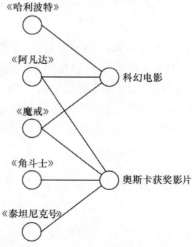

图 4-10　可能的 RBM 示例（示例中仅绘制了权值明显不同于 0 的链接）

虽然科幻电影和奥斯卡获奖影片的属性特征都是确定的（实际上它们都是电影属性），但其对用户评级的影响是概率性的。鉴于用户会喜欢特定类型影片（如科幻电影），所学的权值就是表征电影评级概率分布的参数（如《哈利波特》为五星）。

在这种场景中，如果关系不是确定性的，则应该倾向于使用 RBM（而非自编码器）。

综上所述，无监督特征学习是一种非常有效的方法，能用最少的知识和最少的人员交互来丰富特征工程。

通过一些测试不同特征学习技术的准确率的基准测试（[Lee，Pham and Ng，2009]和[Le，Zhou and Ng，2011]），我们证实了相对于目前的技术水平，无监督特征学习提高了学习的准确率。

不过，还存在一些开放的挑战。如果读者掌握了一些知识，最好不要放弃。在初始化步骤中，读者可以以先验的形式把那些知识嵌入进去，这样就可以相应地手工绘制网络拓扑和初始状态。

此外，由于神经网络已经很难解释，而且大多数情况下是作为黑盒来处理的，因此至少应了解输入特征。在无监督特征学习中，我们希望直接使用原始数据。因此，理解"模型是如何工作的"就更加困难了。

我们不会展开讨论上述问题。现在下结论还为时过早。鉴于深度学习的进一步发展，以及人们和企业使用这些应用程序的方式，神经网络会慢慢地趋于一种稳定的可信赖性。

第 5 章 图 像 识 别

视觉可能是人类最重要的感觉。人类依靠视觉来识别食物、逃离危险、识别朋友和家人，并在熟悉的环境中找到自己的路。事实上，读者要依靠视觉来阅读本书并识别书中的每一个文字和符号。然而，图像识别却一直是计算机科学中最困难的问题之一。教计算机如何通过编程来识别不同对象是一件非常困难的事情，因为很难向计算机解释什么特征会构成一个指定对象。然而，在深度学习中，神经网络会自己学习（正如在前面所看到的），也就是说，它会学习构成每个对象的特征，因此非常适合执行诸如图像识别这样的任务。

本章涵盖以下主题：人工模型和生物模型之间的相似性、CNN 的直观认识与合理性、卷积层、池化层、dropout 层以及深度学习中的卷积层。

5.1　人工模型与生物模型的相似性

人类的视觉是一个复杂且高度结构化的过程。视觉系统通过视网膜、丘脑、视觉皮层和下颞叶皮层来分层地理解现实。对视网膜的输入是一个二维矩阵的颜色强度，其通过视神经被发送到丘脑。丘脑接收来自所有感官（除嗅觉系统以外）的感觉信息，然后将从视网膜收集到的视觉信息转发到初级视觉皮层，即纹状体皮层（V1 区域），后者会提取线条和运动方向等基本信息。接着，信息会移动到负责不同照明条件下颜色解释和颜色恒定性的 V2 区域，然后会移动到改善颜色和形状感知的 V3 和 V4 区域。最后，信息会进入下颞叶（Inferior Temporal，IT）皮层，来实现目标和人脸识别（实际上，IT 区域还被进一步细分为 3 个子区域：后 IT、中央 IT 和前 IT）的目标。因此，很显然，大脑通过在不同层次上处理信息来处理视觉信息。然后，大脑似乎通过在不同层次上创建简单抽象现实表示来运行，随后把这些表示重新组合在一起（见由 J DiCarlo、D Zoccolan 和 N Rust 合著的 *How Does The Brain Solve Visual Object Recognition*。

到这里为止，读者所看到的深度学习神经网络都是通过创建抽象表示来运行的，例如，类似于在 RBM 中所看到的，但在理解感官信息方面还有一个重要难题：我们从感官输入中所提取的信息通常主要是由最密切相关的信息所决定的。在视觉上，可以假设相邻像素是最密切相关的，并且它们的集合信息也比我们从相距很远的像素那里得到的信息更具相关性。在理解语言的过程中（作为另一个例子），我们讨论了研究三元音素的重要性，即理解一个声音取决于它之前以及之后的声音。要识别文字或数字，我们需要理解附近像素的依赖关系，因为这决定了是否能找出数字（比例 0 或 1）之间不同的元素形状；远离组成 0 的那些像素通常与我们所理解的数字"0"关系很少或者没有关系（相关性）。建立卷积网络的目的正是解决该问题：如何使更靠近神经元的信息比远离神经元的信息更具相关性。在视觉问题中，这个问题转化为使得神经元处理来自较近像素的信息，并且忽略与较远神经元相关的信息。

5.2 直观认识与合理性

我们在第 3 章提到了由 Alex Krizhevsky、Ilya Sutskever 和 Geoffrey Hinton 于 2012 年发表的题为 *ImageNet Classification with Deep Convolutional Neural Networks* 的论文。虽然卷积的起源可以追溯到 20 世纪 80 年代，但这是第一篇强调卷积网络在图像图例和识别中的重要性的论文，并且目前用于图像识别的深度神经网络几乎没有能够脱离某个卷积层而运行起来的。

在运用经典前馈网络时，我们曾发现一个重要问题：它们可能会过拟合，特别是在使用中等大小或者大图像时。这通常是因为神经网络具有非常大量的参数。实际上在经典神经网络中，一个层中的所有神经元都会与下一层中的每一个神经元相连接。当参数数量较大时，过拟合就更可能发生。我们来看看图 5-1 所示的图像，可以通过画一条正好穿过所有点的线来拟合数据，或者更好的做法是，画一条并非完全匹配数据但更有可能预测未来示例的线。

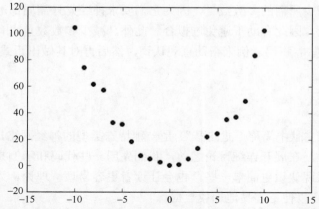

图 5-1 图像中的点表示输入数据点，虽然这些数据点明显符合抛物线的形状，
但是由于数据中的噪声，它们可能无法被精确地绘制到抛物线上

从图 5-2 可以看到：在第一个示例中，我们对数据进行了过拟合；在第二个示例中，我们将预测跟数据进行了匹配，这样它就可能会更好地预测未来的数据。在第一个示例中，只需要 3 个参数来描述曲线：$y = ax^2 + bx + c$，而在第二个示例中，则需要更多的参数来写出曲线方程。这给出了一个直观的解释，即为什么有时参数太多可能并不是一件好事，而且可能会导致过拟合的发生。对于像 cifar10 示例中那么小的图像的经典前馈网络（cifar10 是一个 60000 个 32 像素 × 32 像素组成的已投入使用的计算机视觉数据集，这些图像被分为 10 个类，在本章中，读者将看到该数据集中的几个示例）有着大小为 $3 \times 32 \times 32$ 的输入，这已经是简单 mnist 数字图像的约 4 倍大小。更大的图像（如 $3 \times 64 \times 64$）将有输入神经元数量乘以连接权值数量的 16 倍大小。

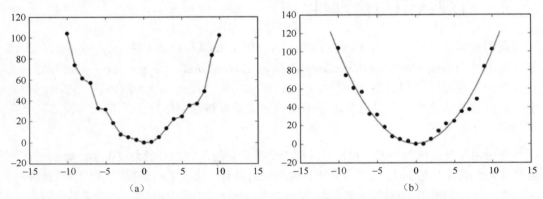

图 5-2　图（a）中绘制了一条与数据完全匹配的线。图（b）绘制的线近似连接数据点的线，但跟数据点并非完全匹配。虽然第二条曲线在当前输入上的准确率更低，但相对于图（a）的曲线，它更有可能预测到未来的数据点

卷积网络会减少所需的参数数量，因为它们要求神经元只需局部地连接到与相邻像素相对应的神经元，因此有助于避免过拟合。此外，减少参数数量也有助于计算。我们将在 5.3 节引入一些卷积层示例来帮助直观认识，然后再对其做出正式定义。

5.3　卷积层

卷积层（有的文献中简称"滤波器"）是一种特殊类型的神经网络，用于操控图像以突出显示某些特征。在展开详细讨论之前，我们先用一些代码和示例来介绍一下卷积滤波器。这将使得直观认识更简单一些，也会让读者更容易理解理论。为此，我们可以使用 Keras 数据集，以便更容易地加载数据。

我们通过导入 numpy 库、mnist 数据集和 matplotlib 库来显示数据：

```
import numpy
from keras.datasets import mnist
import matplotlib.pyplot as plt
import matplotlib.cm as cm
```

定义对应于 mnist 数据集中图像的整数值的主函数,以及一个滤波器(在本例中,将定义 blur 滤波器):

```
def main(image, im_filter):
    im = X_train[image]
```

现在,定义一个尺寸为(width-2,height-2)的新图像 imC:

```
width = im.shape[0]
height = im.shape[1]
imC = numpy.zeros((width-2, height-2))
```

执行卷积处理,我们将很快做出解释(正如所看到的,实际上基于不同参数会有几种类型的卷积,现在只解释基本概念,稍后再展开详细讨论):

```
for row in range(1,width-1):
    for col in range(1,height-1):
        for i in range(len(im_filter[0])):
            for j in range(len(im_filter)):
                imC[row-1][col-1] += im[row-1+i]
                [col-1+j]*im_filter[i][j]
        if imC[row-1][col-1] > 255:
            imC[row-1][col-1] = 255
        elif imC[row-1][col-1] < 0:
            imC[row-1][col-1] = 0
```

目前已准备好展示原始图像和新图像:

```
plt.imshow( im, cmap = cm.Greys_r )
plt.show()
plt.imshow( imC/255, cmap = cm.Greys_r )
plt.show()
```

现在准备好了使用 Keras 来加载 mnist 数据集,正如第 3 章中的做法那样。此外,我们再定义一个滤波器。滤波器是一个小区域(在本例中是 3×3),其中每个条目都定义了一个实值。在这种情况下,我们可以用相同数值来定义一个滤波器:

```
blur = [[1./9, 1./9, 1./9], [1./9, 1./9, 1./9],
[1./9, 1./9, 1./9]]
```

由于共有 9 个条目,我们将值设置为 1/9,以正规化这些数值。我们可以在这样的数据集中的任何图像上调用 main 函数(用表示位置的整数表示):

```
if __name__ == '__main__':
```

```
(X_train, Y_train), (X_test, Y_test) = mnist.load_data()
blur = [[1./9, 1./9, 1./9], [1./9, 1./9, 1./9], [1./9, 1./9, 1./9]]
main(3, blur)
```

让我们看看代码中都执行了哪些操作。将滤波器的每个条目与原始图像的一个条目相乘，然后将所有乘积相加得到一个值。由于滤波器尺寸比图像尺寸小，将滤波器移动 1 个像素，重复执行此过程，直到覆盖整个图像为止。滤波器是由全部等于 1/9 的数值组成的，实际上代码已经平均了接近其值的所有输入值，会产生模糊图像的效果。所得到的图像如图 5-3 所示。

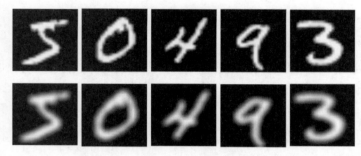

图 5-3　上面部分是原始 mnist 图像，下面部分是应用滤波器后得到的新图像

在选择滤波器时，我们可以使用任意想用的值；在本示中，使用的值完全相同；也可以使用不同的值，例如，只着眼于相邻输入值的数值，将它们相加并减去中心部分输入值。一起来定义一个新的滤波器，并将其称为 edges 即边缘，代码如下：

```
edges = [[1, 1, 1], [1, -8, 1], [1, 1, 1]]
```

如果现在应用这个滤波器，而不是应用前面所定义的 blur 滤波器，将得到图 5-4 所示的图像。

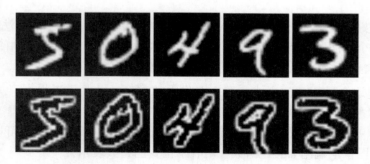

图 5-4　上面部分是原始 mnist 图像，下面部分是应用滤波器后得到的新图像

显然，滤波器可以改变图像并且显示有助于检测和分类图像的特征。例如，要对数字进行分类，内部的颜色并不重要，而诸如 edges 这样的滤波器有助于识别数字的大致形状，这对正确分类很重要。

我们可以按照思考神经网络的方式来思考滤波器，即认为所定义的滤波器是一组权值，并且最终值代表着下一层神经元的激活值（事实上，尽管我们选择特定的权值来讨论这些示例，但会看到权值是神经网络通过使用反向传播**学习**到的），如图 5-5 所示。

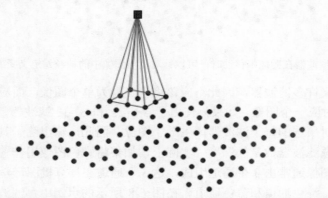

图 5-5　滤波器会覆盖一个固定区域，并且对于那一区域中的每个神经元，
它都会定义到下一层神经元的连接权值。下一层中的神经元会
有一个等于常规激活值的输入值，该激活值通过将相应
连接权值所调节的所有输入神经元的贡献值相加得到

保持相同权值并滑动滤波器，生成一组新的神经元，其对应于经滤波器处理后的图像，如图 5-6 所示。

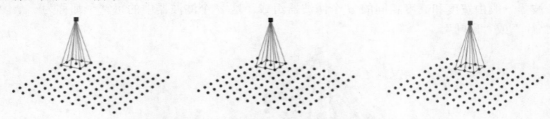

图 5-6　对应于经滤波器处理后的图像

可以重复这个过程直到完成在整个图像中的移动，并且可以根据喜好使用许多滤波器来重复这个过程：创建一组新图像，其中每个图像都会有突出显示的不同特征或特性。虽然没有在示例中使用偏置，但也可以向滤波器添加（即将其添加到神经网络中），还可以定义不同的激活函数（见图 5-7）。在示例代码中，读者注意到已经强制将数值设置在 (0,255) 范围内，这可能会被看作一个简单的阈值函数。

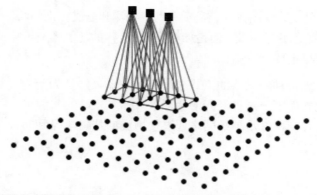

图 5-7　当滤波器在图像中移动时，可以针对输出图像中的神经元定义新的激活函数

　　由于可以定义许多滤波器，因此不应该将输出视为单个图像，而应将其视为一组图像，每个滤波器对应一个图像。如果只使用了 edges 和 blur 滤波器，那么输出层将会有两个图像，针对所选的每个滤波器产生一个图像。因此，输出除了具有宽度和高度，也能具有等于所选滤波器数量的深度。实际上，如果将彩色图像用作输入，输入层还会具有一个深度；图像通常由 3 个通道组成，这 3 个通道在计算机图形学中用 RGB 表示，分别是红色通道、绿色通道和蓝色通道。在图 5-8 所示的示例中，滤波器是用二维矩阵表示（例如，blur 滤波器是一个 3×3 的矩阵，其中所有条目均等于 1/9）。如果输入是彩色图像，则滤波器还会有一个深度（在这种情况下，该深度等于 3，即颜色通道的数量），并且因此它要用 3 个（颜色通道的数量）3×3 的矩阵来表示。一般来说，滤波器将由一个三维矩阵来表示（宽度、高度和深度），这些矩阵有时称为"体积"。在前面的示例中，由于 MNIST 图像仅为灰度图像，因此滤波器的深度为 1。于是，深度为 d 的滤波器一般由宽度和高度相同的 d 个滤波器组成。这 d 个滤波器中的每一个都称为一个"片"或"扇叶"。

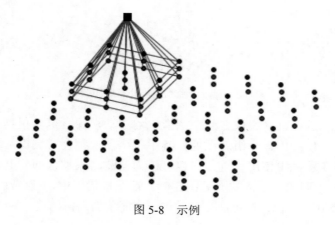

图 5-8　示例

　　类似地，和以前一样，对于每个"扇叶"或"片"，可以将较小区域中的每个神经元以及偏置连接到一个神经元，然后计算由其在滤波器中设置的连接权值所定义的激活值，再将滤波器滑过整个区域，如图 5-9 所示。这样的过程需要许多参数，这些参数等于滤波器所定义的权值数量（在上面的例子中，该数量为 $3 \times 3 = 9$），乘以"扇叶"的数量，即这一层的深度加上一个偏差。这可以定义一个特征映射，因为它可突出显示输入的特定特征。在上面的代码中，我们定义了两个特征映射：一个 blur 和一个 edges。

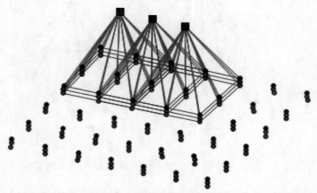

图 5-9　将滤波器滑过构成层的所有"扇叶"上的图像

　　因此，应该用参数数量乘以特征映射数量。注意，每个滤波器的权值都是固定的；当让滤波器在区域内滑动时，不会更改权值。如果从一个具有尺寸（宽度、高度、深度）的层和一个具有维度 (filter_w, filter_h) 的滤波器开始，在应用卷积之后的输出层是 (width-filter_w+1, height-filter_h+1)。新层的深度取决于想要创建多少个特征映射。在先前的 MNIST 示例中，如果同时应用了 blur 滤波器和 edges 滤波器，由于数字是灰度图像，只有一个通道，因此会有一个大小为 $28 \times 28 \times 1$ 的输入层。此外，由于滤波器有了维度（3×3）并且使用了两个滤波器，因此会有一个维度为 $26 \times 26 \times 2$ 的输出层。如果添加一个偏置，参数的数量只有 18 个（$3 \times 3 \times 2$）或者 20 个（$3 \times 3 \times 2+2$）。这是一种比经典前馈网络需要的参数更少的一种方法。然而，由于输入是 784 个像素，那么仅带有 50 个神经元的简单隐藏层将需要 39200（$784 \times 50=39200$）个参数，或者 39520 个（如果添加一个偏置）。

　　此外，每个神经元都仅仅从相邻神经元获得输入并且不关心从相距很远的神经元收集的输入，因此卷积层可以更好地工作。

卷积层的步长和填充

　　上文所展示的例子只是关于滤波器的一个具体应用（正如前面所提到的，基于所选参数，会有不同类型的卷积）。实际上，滤波器的大小、其在图像上的移动方式以及其在图像边缘的行为都可能会有所变化。在每次移动滤波器时跳过多少个像素（神经元）称为"步长"。在上面示例中，使用了步长 1，使用更大步长（2 甚至更大）的情况并不罕见。在这种情况下，输出层会有更小的宽度和高度，如图 5-10 所示。

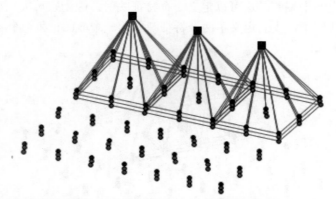

图 5-10　应用了步长为 2 的滤波器——滤波器每次移动时跳过两个像素

还可以在原始图像之外局部地应用滤波器。在这种情况下，假设丢失神经元值为"0"，这被称为"填充"，即在原始图像之外添加 0 值神经元。

如果输出图像的尺寸与输入图像的尺寸相同，这可能会有帮助。在填充值为 0 的情况下，针对新输出图像尺寸给出了公式，即针对尺寸输入（宽、高）和维度滤波器(filter_w, filter_h)的(width - filter_w + 1, height - filter_h + 1)。如果围绕图像全部使用填充 P，输出大小将为(width+2P-filter_w+1,height+2P-filter_h+1)。总之，在每个维度（宽度或高度）中，将输入片的大小设为 $I = (I_w, I_h)$、滤波器的大小设为 $F = (F_w, F_h)$、步长的大小设为 $S = (S_w, S_h)$，以及填充的大小设为 $P = (P_w, P_h)$，那么输出片的大小 $O = (O_w, O_h)$ 由以下等式给出：

$$O_w = \frac{(I_w + 2P_w - F_w)}{S_w} + 1$$

$$O_h = \frac{(I_h + 2P_h - F_h)}{S_h} + 1$$

当然，这可以确定 S 的一个约束条件，即它必须在宽度方向和高度方向上将 $(I+2P-F)$ 分开。最终体积的维度通过乘以所需特征映射的数量来获得。

所使用的参数数量 W 与步长和填充无关，它只是关于滤波器的（平方）大小、输入深度 D（片数）和所选特征映射数量 M 的函数：

$$W = (D * F_w F_h + 1) * M$$

如果尝试使得输出维度与输入维度相同，有时使用填充（也被称为补零，即使用零来填充图像）会很有帮助。如果使用维度滤波器（2×2），通过应用数值为 1 的填充和数值为 1 的步长，会使得输出片的维度大小等于输入片的维度大小。

5.4 池化层

我们在 5.3 节推导了关于卷积层中每个片的大小的公式。正如所讨论的，卷积层的优点之一是：它们可减少所需要的参数数量，改善性能并减少过拟合。在卷积操作之后，经常会执行另一操作——池化。最经典的例子就是最大池化，这意味着在每个片上创建 2×2 单元格并在每个单元格中选取带有最大激活数值的神经元，并放弃其余神经元。这样的操作会导致放弃 75%的神经元，只保留对每个单元格贡献最大的神经元。

每个池化层都有两个参数，类似于卷积层中的步长和填充参数，并且它们是单元格的大小和步长。一个代表性选择是选取值为 2 的单元格大小和值为 2 的步长，选择值为 3 的单元格大小和值为 2 的步长也不少见。但是，应该注意的是：如果单元格太大，池化层可能会因此放弃太多信息没有提供多少帮助。针对池化层的输出，可以推导出一个类似于针对卷积层所导出的公式。与之前一样，调用输入片的尺寸"I"，单元格大小"F"（也称为接收场），步长大小"S"，以及输出大小"O"。通常，池化层并不使用任何填充。那么，在每个维度中会得到：

$$O_w = \frac{(I_w - F_w)}{S_w} + 1$$

$$O_h = \frac{(I_h - F_h)}{S_h} + 1$$

池化操作在每个片中独立执行，因此池化层不会改变层的体积的深度，会保持相同的片数。

此外，还应该注意的是：类似于如何使用不同激活函数，也可以使用不同的池化操作。取最大值是最常见的操作之一，但是取所有值的平均值甚至是 L^2 度量值（这是所有平方和的平方根）也比较常见。实际上，最大池化通常表现得更好，因为它可保留图像中最相关的结构。

然而，应该注意的是：虽然池化层仍被大量使用，但人们有时可以通过简单使用具有更大步长的卷积层（替代池化层）来获得类似结果或者更好的结果。例如，由 J

Springerberg、A Dosovitskiy、T Brox 和 M Riedmiller 合著的（2015）*Striving for Simplicity: The All Convolutional Net*。

　　然而，如果使用池化层，它们通常会被应用于一系列的几个卷积层之间，通常每隔一个卷积操作。

　　另外，还需要注意的是：池化层不会添加新参数，因为它们只是提取数值（如最大值）而不需要额外权值或偏置，如图 5-11 所示。

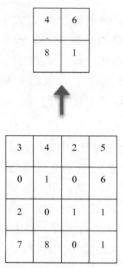

图 5-11　最大池化层的一个示例：计算每个 2 × 2 单元格的最大值以生成一个新的层

5.5　dropout 层

　　另一个在池化层之后可被应用（通常也被应用于完全连接层）的重要技术是随机、定期地"丢失"一些神经元以及它们的输入连接和输出连接。在 dropout 层中，可对随机"丢失"神经元指定一个概率 p。在每一个训练周期中，每个神经元都会有一个从网络中丢失的概率 p 以及要保持在网络中的概率（$1-p$）。这是为了确保没有神经元会过度依赖其他神经元，并且每个神经元都会学习对网络来说有用的东西。这有两大优点：可加快训练，因为每次都会训练一个更小的网络，而且也有助于防止过拟合，参见由 N Srivastava、Geoffrey Hinton、A Krizhevsky、I Sutskever 和 R Salakhutdinov 合著并载于 *Journal of Machine Learning Research* 的 *Dropout: A Simple Way to Prevent Neural Networks from Overfitting*。

然而，重要的是要注意：dropout 层并不严格限制在卷积层，事实上，它们会出现在不同的神经网络结构中。dropout 层应被视为降低过拟合的一种正则化技术，并且之所以提到它们，是因为它们将被应用于代码示例中。

5.6 深度学习中的卷积层

在介绍深度学习概念时，我们提到"深度"这个词不仅是指"如何在神经网络中使用许多层"这一事实，还是指一个"更深"的学习过程。这种更深的学习过程的一部分是指神经网络自主学习特征的能力。在上文中，我们定义了帮助神经网络学习具体特征的特定滤波器。这不一定是我们想要的。正如讨论到的一样，深度学习的重点是系统自行学习。如果人们不得不教授网络哪些特征或特性是重要的，或者如何学习利用突出显示数字一般形状的层（例如边缘层）来识别数字，那么人们就要做大部分工作并且可能限制网络学习那些可能和我们相关但与网络无关的特征，这样会降低神经网络的性能。深度学习的要点在于系统需要自行学习。

我们在第 2 章展示了神经网络中隐藏层是如何通过反向传播来学习权值的。权值不是通过操作者来设定的。同样，操作者设置在滤波器中的权值是没有意义的，我们希望的是神经网络通过反向传播来学习滤波器中的权值。操作者需要做的是：设置层的大小、步长以及填充，并决定想要网络学习多少个特征映射。通过使用监督学习和反向传播，神经网络将会自动地为每个滤波器设置权值（和偏置）。

还应该提到的是：虽然使用已提供的卷积层来描述可能会更简单一些，但是卷积层仍然可能会被视为在第 3 章中所介绍的常规完全连接层。事实上，卷积层的两大主要特性可以用这样两个事实来描述：第一，每个神经元只连接到输入层的一个小区域；第二，对应同一个小区域的不同片可共享相同的权值。

这两大特性可以通过利用常规层来分别创建一个稀疏权值矩阵的形式呈现：其中一个是带有很多 0（由于卷积网络的局部连通性）的稀疏矩阵，而另一个则是具有许多重复权值的矩阵（由于片间的参数共享特性）。理解这一点就可以明白：为什么卷积层的参数要比完全连接层少得多；在卷积层中，权值矩阵主要由 0 构成。然而，在实践中，这会有助于从直观上理解本章所描述的卷积层。这样读者可以更好地理解卷积层是如何突出显示原始图像的特征的，正如我们在示例中通过模糊图像或突出显示数字轮廓所形象显示的那样。

还有一点很重要，即卷积网络的数量通常应该是一个可被 2 除尽的数字（如 32、64、96、128 等）。这在使用池化层（如最大池化层）时很重要，因为池化层[如果其大小为（2,2）]将分割输入层的大小，类似于应该如何定义"步长"和"填充"以便输出的图像具有整数维度。此外，添加填充可以确保输出图像的大小与输入图像的大小相同。

5.7 Theano 中的卷积层

既然我们对卷积层的工作方式有了直观认识，接下来要做的是使用 Theano 来实现卷积层的一个简单示例。

从导入所需要的模块开始：

```
import numpy
import theano
import matplotlib.pyplot as plt
import theano.tensor as T
from theano.tensor.nnet import conv
import skimage.data
import matplotlib.cm as cm
```

首先，Theano 会通过创建所定义操作的符号表示来运行。随后将给出使用 Keras 的另一个示例：在该示例中，虽然提供了一个很好的接口来简化神经网络的创建，但它缺少直接使用 Theano（或 TensorFlow）所具有的一些灵活性。

通过定义特征映射数量（卷积层深度）以及滤波器大小，可以定义所需要的变量以及神经网络操作，然后使用 Theano 的张量类来象征性地定义输入。Theano 将图像通道视为一个单独维度，因此可将输入定义为张量 4。接下来，使用-0.2～0.2 的随机分布来初始化权值。现已准备好调用 Theano 卷积运算，然后在输出上应用 sigmoid 函数。最后，使用所执行的操作来定义可接受一个输入并可定义一个输出的函数 f：

```
depth = 4
filter_shape = (3, 3)

input = T.tensor4(name='input')

w_shape = (depth, 3, filter_shape[0], filter_shape[1])
dist = numpy.random.uniform(-0.2, 0.2, size=w_shape)
W = theano.shared(numpy.asarray(dist, dtype=input.dtype),
name = 'W')
conv_output = conv.conv2d(input, W)
output = T.nnet.sigmoid(conv_output)
f = theano.function([input], output)
```

所导入的 skimage 模块可被用于加载图像，代码中导入一个名为 lena 的图像，然

后在对图像完成重塑后将其传入所定义的 Theano 函数，可以在该模块上调用 Theano
函数：

```
astronaut = skimage.data.astronaut()
img = numpy.asarray(astronaut, dtype='float32') / 255
filtered_img = f(img.transpose(2, 0, 1).reshape(1, 3, 512, 512))
```

现在可以使用以下代码来输出原始图像和滤波后的图像：

```
plt.axis('off')
plt.imshow(img)
plt.show()
for img in range(depth):
    fig = plt.figure()
    plt.axis( 'off')
    plt.imshow(filtered_img[0, img, :, :, ], cmap = cm.gray)
    plt.show()
    filename = "astro" + str(img)
    fig.savefig(filename, bbox_inches='tight')
```

如果读者对可视化所使用的权值感兴趣，则可以在 Theano 中使用 `print W.get_value()` 来输出数值。

此代码的输出如图 5-12 所示。因为没有固定随机种子并且权值是随机初始化的，所以读者可能会得到稍稍有所不同的图像。

图 5-12　原始图像和滤波后的图像

5.8　用 Keras 来识别数字的卷积层示例

我们在第 3 章介绍了使用 Keras 分类数字的简单神经网络并且得到 94%左右的准确率。我们在本章将致力于通过使用卷积网络将该值提高到 99%以上。由于初始化过程中的变化，实际值可能会略有变化。

首先，可以使用 400 个隐藏神经元来改善所定义的神经网络并将其运行 30 个 epoch，这样应该会得到 96.5%左右的准确率：

```
hidden_neurons = 400
epochs = 30
```

接下来，可以尝试缩放输入。图像是由像素组成的，并且每个像素都有一个整数值（介于 0 和 255 之间）。在定义输入之后添加 4 行代码，可以使该整数成为浮点值并在 0 和 1 之间进行缩放：

```
X_train = X_train.astype('float32')
X_test = X_test.astype('float32')
X_train /= 255
X_test /= 255
```

如果现在运行网络，会得到一个不怎么样的准确率（仅高于 92%），但无须担心。实际上通过缩放已经改变了函数梯度的值，因此它会收敛得更慢，除此之外，还有一种简单的解决办法。在 model.compile 函数中定义了一个与 sgd 等效的优化器。这就是标准的随机梯度下降，它可以使用梯度来收敛到最小值。Keras 允许采纳其他选择，尤其是 "adadelta 算法"。该算法可自动使用动量并根据梯度来调整学习率，使其以与梯度成反比的方式变大或变小，这样网络的学习率就不会太慢也不会因为步子迈得太大而跳过最小值。使用 adadelta 算法，可以随时间动态地调整参数（参由 Matthew D Zeiler 发表于 arXiv 平台的 *Adadelta: An Adaptive Learning Rate Method*）。

在主函数中，现在要做的是更改 compile 函数并使用以下代码行：

```
model.compile(loss='categorical_crossentropy',
              metrics=['accuracy'], optimizer='adadelta')
```

如果再次运行算法，现在的准确率大约是 98.25%。最后，修改一下第一个稠密（全连接）层，并用 ReLU 激活函数来代替 sigmoid 函数：

```
model.add(Activation('relu'))
```

这将使准确率达到 98.4%。现在的问题是，由于过拟合，使得利用经典前馈架构来改进结果变得越来越困难，而增加 epoch 或者修改隐藏神经元数量也不会带来任何额外好处，因为网络只会学到过拟合数据而不是更好地推广。因此，现在我们要在示例中介绍卷积网络。

为此，我们将输入比例保持在 0 和 1 之间。然而，为了供卷积层使用，我们可将数据重塑为(28,28,1) = (图像宽度，图像高度，通道数)的体积大小，并且可将隐藏神经元数量减少到 200 个，不过现在要做的是先添加一个简单卷积层（带有 3 × 3 滤波器、无填充且步长为 1），随后是一个最大池化层（步长为 2、大小为 2）。为了能够将输出传入稠密层，需要使用以下代码将体积（卷积层是体积卷积层）展平以将其传入带有 100 个隐藏神经元的常规稠密层：

```
from keras.layers import Convolution2D, MaxPooling2D, Flatten
hidden_neurons = 200
X_train = X_train.reshape(60000, 28, 28, 1)
X_test = X_test.reshape(10000, 28, 28, 1)
model.add(Convolution2D(32, (3, 3), input_shape=(28, 28, 1)))
model.add(Activation('relu'))
model.add(MaxPooling2D(pool_size=(2, 2)))
model.add(Flatten())
```

我们还可以将 epoch 减少至 8 个，将得到大约 98.55% 的准确率。通常使用成对卷积层是很常见的，因此要添加一个类似于第一层的第二层卷积层（在池化层之前）：

```
model.add(Convolution2D(32, (3, 3)))
model.add(Activation('relu'))
```

现在的准确率会达到 98.9% 左右。

为了达到 99%，我们可添加一个 dropout 层。这样做不会增加任何新参数，但有助于防止过拟合，并且添加操作需要在展开层之前完成：

```
from keras.layers import Dropout
model.add(Dropout(0.25))
```

在这个示例中，可使用大约 25% 的信号丢失率，那么每个神经元会在每 4 次操作中随机完成一次信号丢失。

这会让我们得到 99% 以上的准确率。如果想要让准确率更高（准确率可能会由于初始化的不同而有所不同），还可以在隐藏层之后添加更多的信号丢失层以及增加 epoch 数量。这将迫使最后稠密层上的神经元趋于过拟合、随机信号丢失。最后的代码如下：

```
import numpy as np
np.random.seed(0)  #for reproducibility
from keras.datasets import mnist
from keras.models import Sequential
from keras.layers import Dense, Activation, Convolution2D,
MaxPooling2D, Flatten, Dropout
from keras.utils import np_utils

input_size = 784
batch_size = 100
hidden_neurons = 200
classes = 10
epochs = 8

(X_train, Y_train), (X_test, Y_test) = mnist.load_data()
X_train = X_train.reshape(60000, 28, 28, 1)
```

```
X_test = X_test.reshape(10000, 28, 28, 1)
X_train = X_train.astype('float32')
X_test = X_test.astype('float32')
X_train /= 255
X_test /= 255
Y_train = np_utils.to_categorical(Y_train, classes)
Y_test = np_utils.to_categorical(Y_test, classes)
model = Sequential()
model.add(Convolution2D(32, (3, 3), input_shape=(28, 28, 1)))
model.add(Activation('relu'))
model.add(Convolution2D(32, (3, 3)))
model.add(Activation('relu'))
model.add(MaxPooling2D(pool_size=(2, 2)))
model.add(Dropout(0.25))
model.add(Flatten())
model.add(Dense(hidden_neurons))
model.add(Activation('relu'))
model.add(Dense(classes))
model.add(Activation('softmax'))
model.compile(loss='categorical_crossentropy',
              metrics=['accuracy'], optimizer='adadelta')
model.fit(X_train, Y_train, batch_size=batch_size,
          epochs=epochs, validation_split = 0.1, verbose=1)
score = model.evaluate(X_train, Y_train, verbose=1)
print('Train accuracy:', score[1])
score = model.evaluate(X_test, Y_test, verbose=1)
print('Test accuracy:', score[1])
```

我们可以进一步优化这个网络，但本部分的重点不是要得到一个最优结果，而是要了解这个过程以及所采取的每一步是如何改善性能的。此外，同样需要了解的是：通过使用卷积层，实际上已经利用更少的参数避免了网络的过拟合。

5.9　将 Keras 用于 cifar10 的卷积层示例

现在我们可以尝试在 cifar10 数据集上使用相同网络。在第 3 章中，我们在测试数据上得到了一个较低的准确率（50%左右）。为了测试刚刚被用于 mnist 数据集的新网络，我们只需对代码做一些小小的更改，即需要加载 cifar10 数据集——无须进行任何重塑，使用如下代码便可被删除）：

```
(X_train, Y_train), (X_test, Y_test) = cifar10.load_data()
```

然后更改第一卷积层的输入值：

```
model.add(Convolution2D(32, (3, 3), input_shape=(32, 32, 3)))
```

把该神经网络运行 5 个 epoch 之后，会得到大约 60%的准确率（从 50%左右上升），并且在运行 10 个 epoch 之后，将会得到大约 66%的准确率，不过，随后网络会开始过拟合并停止改善性能。

当然，cifar10 图像拥有 3072 像素（即 32 像素 × 32 像素 × 3 像素），而不是 784 像素（即 28 像素 × 28 像素），因此，可能需要在前两个层之后增加更多的卷积层：

```
model.add(Convolution2D(64, (3, 3)))
model.add(Activation('relu'))
model.add(Convolution2D(64, (3, 3)))
model.add(Activation('relu'))
model.add(MaxPooling2D(pool_size=(2, 2)))
model.add(Dropout(0.25))
```

一般来说，最好是将大卷积层分割成较小卷积层。例如，如果拥有两个连续 3×3 卷积层，对于每个像素，第一层会有输入图像的 3×3 视图，第二层会有输入图像的 5×5 视图。然而，每一层都会有叠加起来的非线性特性，这些特性会创建比通过简单创建单一的 5×5 滤波器所能得到的输入特征更加复杂和有趣。

如果将这个网络运行 3 个 epoch，也会得到大约 60%的准确率，但在运行 20 个 epoch 后，使用简单网络会得到高达 75%的准确率。先进的卷积网络能够达到大约 90%的精度，但它们需要更长时间的训练并且也会更加复杂。在下文，我们将以图形形式来展示一个重要卷积神经网络（名为 VGG-16）的结构，这样用户就可以尝试使用 Keras 或其喜欢的其他语言来实现它，例如 Theano 或 TensorFlow（该网络最初是使用 Caffe 创建的，其中 Caffe 是在伯克利系统上开发出来的一个重要深度学习框架）。

当使用神经网络时，重要的是要能够"看到"网络所学到的权值。这样，用户就能够了解网络正在学习的特征并进行更好的调优。如下的简单代码将针对每一层输出所有的权值：

```
index = 0
numpy.set_printoptions(threshold='nan')
for layer in model.layers:
    filename = "conv_layer_" + str(index)
    f1 = open(filename, 'w+')
    f1.write(repr(layer.get_weights()))
    f1.close()
    print (filename + " has been opened and closed")
    index = index+1
```

例如，如果对第 0 层（第一卷积层）的权值感兴趣，可以将它们应用于图像上以查看网络突出显示了哪些特征。如果将这些滤波器应用于图像 lena，会得到图 5-13 中右侧的图像。

图 5-13　将这些滤波器应用于图像 lena，可得到图中右侧的图像

可以看到每个滤波器是如何突出显示不同特征的。

5.10　预训练

正如所见，神经网络（特别是卷积网络）可通过调优网络的权值来运行，仿佛它们是一个大方程的系数，用于在给定特定输入时得到正确的输出。在给定所选神经网络结构的情况下，调优发生在朝最佳解决方案移动权值的反向传播过程中。因此，问题之一是找到神经网络中权值的最佳初始值，诸如 Keras 这样的开源库能够自动处理该问题。这个话题非常重要，值得讨论。

通过将输入用作所期望的输出，RBM 可被用于预训练网络以便让网络自主学习输入表示法并相应调优其权值，我们已经在第 4 章中讨论过这个问题。

还有许多会给出不错结果的预训练网络。正如所提到的，许多人都在研究卷积神经网络并取得了非常不错的成果，通常可以通过这些网络来重新利用权值并将其应用于其他项目来节省时间。

由 K Simonyan 和 A Zisserman 合著并载于 arXiv 平台的 *Very Deep Convolutional Networks for Large-Scale Image Recognition* 中所用到的 VGG-16 模型是关于图像识别的一个重要模型。在这个模型中，输入是一个数值为 224×224 RGB 的固定图像，其中唯一的预处理是减去在训练集上所计算的平均 RGB 值。图 5-14 对这个网络的架构进行了概括。读者可以尝试自行实现这样一个网络，但同时要记住运行这样一个网络需要密集的计算。这个网络的架构如图 5-14 所示。

此外，推荐感兴趣的读者参考另一个值得注意的示例：AlexNet 网络，该示例包含在由 Alex Krizhevsky、Ilya Sutskeve、Geoffrey Hinton 合著并载于 Advances in Neural

Information Processing Systems 中的 *ImageNet Classification with Deep Convolutional Networks*。为了简洁起见，这里不再讨论这个问题，建议感兴趣的读者自己阅读，也可以自行查找 VGG-16 和其他网络的代码示例。

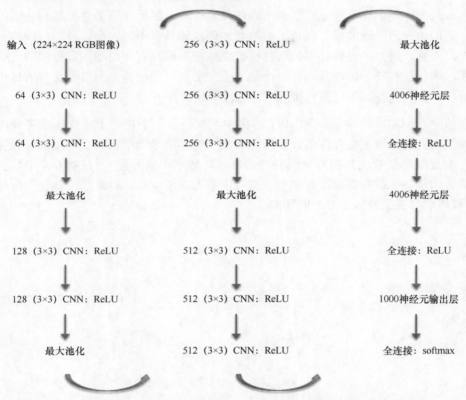

图 5-14　Simonyan 和 Zisserman 的 VGG-16 卷积神经网络架构

5.11　小结

应该注意的是（可能已经很清楚了）：卷积神经网络没有通用的总体架构，不过有一般性指南。通常情况下，池化层会跟随在卷积层之后，并且通常堆叠两个或更多个连续卷积层来检测更复杂的特征，如前文 VGG-16 神经网络示例中所做的那样。卷积网络是非常强大的，然而，它们却可能会占用很多资源（例如 VGG-16 示例就相对复杂一些），并且通常需要很长的训练时间，这就是为什么使用 GPU 会有助于加快执行。卷积网络的优势来自这样一个事实：为了能够找到不同输入之间的差别元素，卷积网络不关注整个图像，而是关注找到构成图像的有趣特征的较小子区域。卷积层会耗费大量资源，于是引入了池化层，这样有助于在不增加复杂性的情况下减少参数数量，与此同时，使用dropout 层有助于确保神经元不会过于依赖其他神经元，从而使神经网络中的每个元素都为神经网络的学习贡献一点儿力量。

在本章中，我们先从视觉皮层如何运作开始讲解，然后介绍了卷积层和它们的应用示例。我们也介绍了滤波器，探讨了滤波器如何能够具有不同大小以及如何能够具有不同填充，而且。研究了设置补零如何能够确保结果图像具有与原始图像相同的大小。如上所述，池化层有助于降低复杂性，而信号丢失层则可促使神经网络更加有效地识别模式与特征，特别是在减少过拟合风险方面表现更佳。

在给定示例中（特别是在 MNIST 示例中）我们展示了相对于常规深度神经网络，神经网络中的卷积层在处理图像时如何能够达到更好的准确率，即在不过拟合模型的情况下，通过限制参数达到超过 99%的准确率（在数字识别方面）。在第 6 章中，我们将介绍语音识别，然后在棋盘游戏和电子游戏中引入深度学习，以展示一些使用强化学习（而非监督学习或无监督学习）的示例。

第 6 章　递归神经网络和语言模型

　　我们在前几章所讨论的神经网络架构接收固定大小的输入，并提供固定的大小输出，甚至图像识别中所用到的卷积网络（见第 5 章）也被展平为固定的输出向量。本章将通过引入**递归神经网络**（Recurrent Neural Network，RNN）来摆脱这种限制。RNN 通过针对这些序列定义递归关系（因此而得名）来帮助处理可变长度序列。

　　RNN 具有处理任意输入序列的能力，因此它适用于各种任务，例如语言建模（见 6.2 节）或语音识别（见 6.3 节）。实际上，从理论上讲，RNN 已被证明是图灵机，因此它们可被应用于任何问题[1]。这意味着，从理论上讲，RNN 可以模拟任何常规计算机无法计算的程序。例如，Google 的 DeepMind 曾提出一个名为"神经图灵机"的模型，该模型可以学习如何执行简单算法，例如排序[2]。

　　本章涵盖以下主题：如何基于游戏问题来构建和训练简单的 RNN、RNN 训练中梯度消失和梯度爆炸问题及其解决办法、用于长短期记忆学习的 LSTM 模型、语言建模和如何将 RNN 应用于语言建模问题，以及将深度学习应用于语音识别的简短介绍。

6.1　递归神经网络

　　RNN 因其针对序列循环地应用相同函数而得名。RNN 可被编写成该函数所定义的递归关系：

$$S_t = f(S_{t-1}, X_t)$$

　　在这里，S_t（步长 t 的状态）是由函数 f 根据上一步长（即 $t-1$）的状态和当前步长的输入 X_t 计算得出。该递归关系定义了状态是如何通过先前状态的反馈循环来实现在序列上的逐步演变的，如图 6-1 所示。

　　其中，f 可以是任何可微函数。举例来说，基本 RNN 被定义为以下递归关系：

$$S_t = \tanh(S_{t-1} * W + X_t * U)$$

　　其中，W 定义了从状态到状态的线性变换，而 U 则是指从输入到状态的线性变换。

tanh 函数可用其他函数（如 logit、tanh 或 ReLU 函数）来代替。在图 6-1 中说明了这种关系，其中 O_t 是指由网络生成的输出。

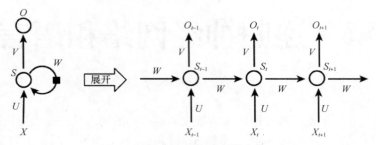

图 6-1　递归关系[3]

左图表示 RNN 中递归关系的直观图示：$S_t = S_{t-1} * W + X_t * U$。最终输出将为：$O_t = V * S_t$
右图表示 RNN 说明了在序列 $t-1$、t、$t+1$ 上的循环展开。注意，参数 U、V 和 W 可在所有步长之间共享

例如，在单词语言建模中，输入 X 将是在输入向量$(X_1,\cdots, X_t,\cdots)$中所编码的单词序列。状态 S 将是一个状态向量序列$(S_1,\cdots, S_t,\cdots)$。并且输出 O 将是序列中接下来单词的概率向量序列$(O_1,\cdots, O_t,\cdots)$。

注意，在 RNN 中，每个状态都通过这种递归关系依赖于所有先前计算。这给出了一个重要暗示，即由于状态 S 包含基于先前步长的信息，因此 RNN 具有随时间变化的内存。从理论上讲，RNN 可以记住任意时间长度的信息，但实际上，它们只能回溯几个步长（见 6.1.1 节）。

因为 RNN 并不局限于处理固定大小输入，所以它们实际上会扩展我们能够使用神经网络计算的内容的可能性，例如不同长度的序列或者不同大小的图像。图 6-2 直观地说明了可以进行的序列组合。这里列出了关于这些组合的简要说明。

（1）**一对一**。这是指非序列运算，例如前馈神经网络和卷积神经网络。注意，前馈网络与将 RNN 应用于单个时间步长之间并没有太大区别。第 5 章的图像识别就是一个"一对一"运算示例。

（2）**一对多**。这会基于单个输入生成一个序列，例如来自图像的字幕生成[4]。

（3）**多对一**。这会基于序列输出单个结果，例如来自文本的情感分类。

（4）**间接多对多**。将序列编码为状态向量，然后，将该向量解码为新序列，例如语言翻译[5,6]。

（5）**直接多对多**。这会针对每个输入步长输出一个结果，例如语音识别中的帧音素标记（见 6.3 节）。

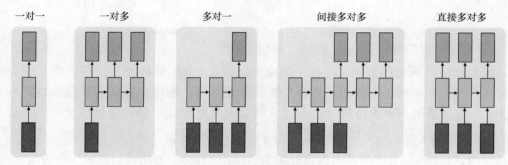

图 6-2 图片来自参考资料[7]

RNN 会扩展我们能够使用神经网络计算的内容的可能性——红色（图中显示为黑色）：
输入 X，绿色（图中显示为浅灰色）：状态 S，蓝色（图中最上面的色块）：输出 O

6.1.1 RNN——如何实施和训练

我们简要讨论了什么是 RNN，以及它们可以解决什么问题。让我们通过一个非常简单的游戏示例（统计序列中的个数）来深入探讨 RNN，并了解如何对其进行训练。

在这个问题中，读者将学习到最基本 RNN 是如何计算输入中的输入个数以及如何在序列末尾输出结果的。接下来，我们将使用 Python 和 NumPy 来展示该网络的实现。输入和输出示例如下所示：

```
In: (0, 0, 0, 0, 1, 0, 1, 0, 1, 0)
Out: 3
```

接下来要训练的网络是一个非常基本的 RNN，如图 6-3 所示。

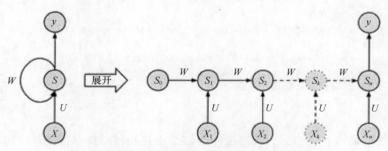

图 6-3 用于计算输入中的输入个数的基本 RNN

网络只有两个参数：一个输入权值 U 和一个递归权值 W。将输出权值 V 设置为 1，那么，将最后状态读作输出 y。该网络所定义的递归关系为 $S_t = S_{t-1} * W + X_t * U$。注意，不在该公式中应用非线性函数，因此这是一个线性模型。该函数可用以下代码定义：

```
def step(s, x, U, W):
    return x * U + s * W
```

因为 3 是要输出的数字，即有 3 个输出，对此，好的解决办法是获得整个序列中的输入总和。如果将 U 设为 1，则每当接收到输入时，都将获得其完整值。如果将 W 设为 1，那么累积下来的值将永远不会衰减。因此对于此示例，将获得所期望的输出为 3。

然而，正如将通过本节其余内容展示的那样，这种神经网络的训练和实现将很有趣。因此，让我们看看如何通过反向传播来获得该结果。

1.　基于时间的反向传播

基于时间的反向传播（Back-Propagation Through Time，BPTT）算法是用于训练递归网络的典型算法[8]。其名称已经暗示了它基于反向传播算法（见第 2 章）。

如果能理解常规反向传播，那么基于时间的反向传播也就不难理解。二者的主要区别在于：反馈神经网络需要在一定数量的时间步长内随时间逐渐展开。图 6-3 对这种展开（用于计算输入中的输入个数的基本 RNN）做了说明。一旦完成展开步骤，将得到一个近似于常规多层前馈网络的模型。唯一的区别在于：每一层都有多个输入（先前状态，即 S_{t-1}），并且当前输入（X_t）和参数（此处为 U 和 W）可在每一层间共享。

正推法沿序列展开 RNN，并针对每个时间步长建立一系列活动。带有一批输入序列 X 的前向步长可以通过以下代码来实现：

```
def forward(X, U, W):
    # Initialize the state activation for each sample along the
    sequence
    S = np.zeros((number_of_samples, sequence_length+1))
    # Update the states over the sequence
    for t in range(0, sequence_length):
        S[:,t+1] = step(S[:,t], X[:,t], U, W) # step function
    return S
```

在执行该前向步长之后，会获得批次中每个步长和每个样品的激活（用 S 表示）。因为想要输出或多或少的连续输出（所有输出之和），所以可使用均方误差成本函数来定义与目标和输出 y 相关的输出成本，具体如下所示：

```
cost = np.sum((targets - y)**2)
```

　　既然有了前向步长和成本函数，则可定义梯度是如何反向传播的。首先，需要得到关于成本函数（$\partial\xi/\partial y$）的输出 y 的梯度。

　　一旦有了这个梯度，我们就可以通过在前向步长中所构建的活动堆栈将其向后传播。这种逆推法会将活动从堆栈中弹出，从而积累每个时间步长上的误差导数。通过网络传播该梯度的递归关系可以写成以下形式：

$$\frac{\partial\xi}{\partial S_{t-1}} = \frac{\partial\xi}{\partial S_t}\frac{\partial S_t}{\partial S_{t-1}} = \frac{\partial\xi}{\partial S_t}W$$

参数的梯度累积可以应用下面的等式：

$$\frac{\partial\xi}{\partial U} = \sum_{t=0}^{n}\frac{\partial\xi}{\partial S_t}x_t$$

$$\frac{\partial\xi}{\partial W} = \sum_{t=1}^{n}\frac{\partial\xi}{\partial S_t}S_{t-1}$$

在以下实现中，U 和 W 的梯度分别在反向步长的 gU 和 gW 期间积累：

```
def backward(X, S, targets, W):
    # Compute gradient of output
    y = S[:,-1] # Output `y` is last activation of sequence
    # Gradient w.r.t. cost function at final state
    gS = 2.0 * (y - targets)
    # Accumulate gradients backwards
    gU, gW = 0, 0 # Set the gradient accumulations to 0
    for k in range(sequence_len, 0, -1):
        # Compute the parameter gradients and accumulate the
        results.
        gU += np.sum(gS * X[:,k-1])
        gW += np.sum(gS * S[:,k-1])
        # Compute the gradient at the output of the previous layer
        gS = gS * W
    return gU, gW
```

现在，可以尝试使用梯度下降来优化网络：

```
learning_rate = 0.0005
# Set initial parameters
parameters = (-2, 0) # (U, W)
# Perform iterative gradient descent
for i in range(number_iterations):
    # Perform forward and backward pass to get the gradients
    S = forward(X, parameters(0), parameters(1))
    gradients = backward(X, S, targets, parameters(1))
    # Update each parameter `p` by p = p - (gradient *
```

```
learning_rate).
# `gp` is the gradient of parameter `p`
parameters = ((p - gp * learning_rate)
              for p, gp in zip(parameters, gradients))
```

不过，还存在一个问题。注意，如果要尝试运行此代码，那么最终参数 U 和 W 往往以**非数字**（Not a Number，NaN）形式结束。让我们尝试通过在误差曲面绘制参数更新来调查会发生什么，如图 6-4 所示。注意，参数会缓慢地移向最佳位置（$U = W = 1$），直到它超越目标并达到近似值（$U = W = 1.5$）。在这个地方，梯度值刚刚爆炸并使得参数值跳到绘制图之外。这个问题称为梯度爆炸。接下来我们将详细解释为什么会发生这种情况，以及如何防止这种情况的发生。

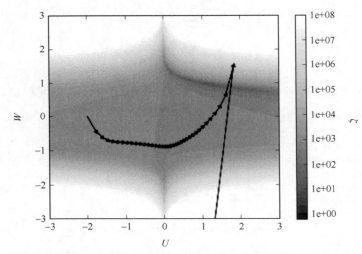

图 6-4　借助梯度下降在误差曲面绘制的参数更新。误差曲面绘制在对数色标上

2. 梯度爆炸和梯度消失

与前馈或卷积网络相比，RNN 可能更加难以训练。由于 RNN 的循环特性，即相同权值矩阵被用于计算所有状态更新，会遇到一些困难[9,10]。

图 6-4 显示了梯度爆炸的参数更新。由于长期分量的爆炸，该梯度会将 RNN 训练带到一个不稳定状态。除了梯度爆炸问题，还存在梯度消失问题。长期分量以指数性质快速达到零，并且模型无法向暂时遥远的事件学习。这里我们将详细说明这两个问题，并说明如何解决这两个问题。

梯度爆炸和梯度消失都产生自以下事实，即基于事件向后传播梯度的递归关系会形成一个几何序列：

$$\frac{\partial S_t}{\partial S_{t-m}} = \frac{\frac{\partial S_t}{\partial S_{t-1}} * \cdots * \partial S_{t-m+1}}{\partial S_{t-m}} = W^m$$

在简单线性 RNN 中，如果 $|W| > 1$，则梯度会呈指数级增长，这就是所谓的梯度爆炸（例如，"$W = 1.5$" 的 50 个时间步长是 $W_{50} = 1.5^{50} \approx 6 \times 10^8$）。如果 $|W| < 1$，则梯度呈指数级减小，这就是所谓的梯度消失（例如，在 $W = 0.6$ 上 20 个时间步长等于 $W = 0.6^{20} \approx 3 \times 10^{-5}$）。如果权值参数 W 是矩阵（而非标量），则此梯度爆炸或梯度消失与 W 的最大特征值（ρ）（也称为光谱半径）相关。当 $\rho < 1$ 时，梯度将消失；当 $\rho > 1$ 时，梯度将爆炸。

图 6-5 直观地说明了梯度爆炸的概念。所发生的是：正在其上进行训练的成本表面是高度不稳定的。使用小的步长，可以移动到成本函数的稳定部分（在梯度较低位置），然后会突然遇到成本跃升以及相应的巨大梯度。由于该梯度非常大，因此它会对参数产生很大影响。它们最终将在远离原来位置的成本表面上的某个位置结束。这导致梯度下降学习变得不稳定，并且在某些情况下甚至是不可能实现的。

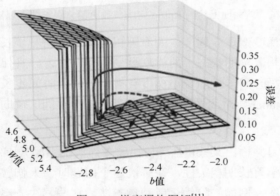

图 6-5　梯度爆炸图解[11]

通过控制梯度可能长成的大小，我们可以抵消梯度爆炸的影响。一些解决方案示例如下所示。

（1）梯度裁剪，借此可设置一个梯度能够获得的最大值[11]。

（2）二阶优化（牛顿法），借此可模拟成本函数的曲率。通过模拟曲率，可以在低曲率场景中采取较大步长，并在高曲率场景中采取较小步长。出于计算原因，通常仅仅使用二阶梯度的近似值[12]。

（3）优化方法，例如对局部梯度[14]依赖性较小的动量[13]或 RmsProp。

例如，借助 Rprop[15]，可以再训练无法收敛的网络（见图 6-5）。Rprop 是一种类似动量的方法，它仅使用梯度符号来更新动量参数，因此不会受到梯度爆炸的影响。如果运行 Rprop 优化[15]，则可以看到训练图 6-6 中的收敛情况。注意，虽然训练是从高梯度区域（$U = -1.5$，$W = 2$）开始的，但在找到最佳值（$U = W = 1$）之前，它的收敛速度会很快。

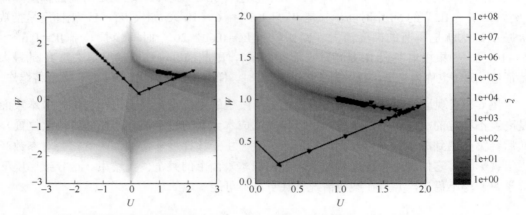

图 6-6　通过在误差曲面上绘制 Rprop 完成参数更新。误差曲面以对数刻度绘制

梯度消失问题与梯度爆炸问题产生的原因正好相反。随着步长的增加，梯度消失会呈指数级衰减。这意味着早期状态中的梯度会变得非常小，并且保留这些状态历史的能力也会消失。来自较早时间步长的较小梯度会被来自较近时间步长的较大梯度所超越。Hochreiter 和 Schmidhuber[16]对此做出了如下描述：基于时间的反向传播对近期干扰过于敏感。

由于网络仍将学习并输出某些内容（与梯度爆炸情况不同），梯度消失这个问题更难以检测。它只是无法学习长期相关性。在解决这个问题时，人们曾试图用针对梯度爆炸所采用的相似解决方案，例如二阶优化或动量方法。这些解决方案都远远不够，并且使用简单 RNN 学习长期相关性仍然非常困难。幸运的是，对于梯度消失问题，有一个巧妙的解决方案，即使用由存储单元组成的特殊架构。有关该架构的详细内容参见 6.2 节。

6.1.2　长短期记忆

从理论上讲，简单 RNN 能够学习长期相关性，但在实践中，由于梯度消失问题，它们似乎仅局限于学习短期相关性。Hochreiter 和 Schmidhuber 对该问题展开了广泛研究，并提出了一种被称为**长短期记忆**（Long Short Term Memory，LSTM）的解决方案[16]。由于特制记忆单元的存在，LSTM 能够处理长期相关性。它们之所以运行得很好，归功于在各种问题上训练 RNN 所取得的大多数成就都使用了 LSTM。在本节中，我们将探讨该记忆单元如何运行以及它是如何解决梯度消失问题的。

LSTM 的主要思想是单元状态，其信息只能显式写入或删除，因此在没有外界干扰的情况下，单元状态会保持恒定。图 6-7 中以 "c_t" 来表示在时间 t 时该单元的状态。

LSTM 单元状态只能通过特定的门函数来更改，其中，门函数是指让信息通过的通道。这些门函数由 sigmoid 函数和数组元素依次相乘组成。由于 sigmoid 函数的输出值仅介于 0 和 1 之间，因此乘法运算只能减少穿过门函数的值。代表性 LSTM 由 3 个门函数组成：遗忘门、输入门和输出门。在图 6-7 中，这些门函数分别以 f、i 和 o 来表示。注意，单元状态、输入和输出都是向量，因此 LSTM 在每个时间步长都可以容纳不同信息块的组合。接下来将更详细地讲解每个门函数的运行。

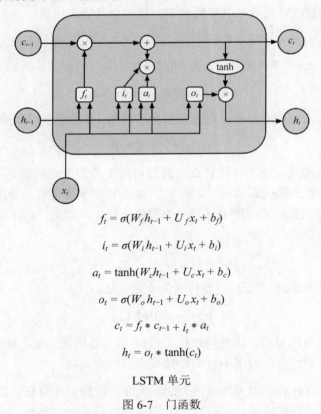

$$f_t = \sigma(W_f h_{t-1} + U_f x_t + b_f)$$

$$i_t = \sigma(W_i h_{t-1} + U_i x_t + b_i)$$

$$a_t = \tanh(W_c h_{t-1} + U_c x_t + b_c)$$

$$o_t = \sigma(W_o h_{t-1} + U_o x_t + b_o)$$

$$c_t = f_t * c_{t-1} + i_t * a_t$$

$$h_t = o_t * \tanh(c_t)$$

LSTM 单元

图 6-7　门函数

x_t、c_t、h_t 分别是指在时间 t 时的输入、单元状态以及 LSTM 输出。

LSTM 中的第一个门函数是 "忘记" 门。之所以这样称呼它，是因为它决定了是否应该擦除单元状态。在 Hochreiter 提出的原 LSTM 中并不包含忘记门，该忘记门是由 Gers

等人提出的[17]。忘记门基于先前输出 h_{t-1} 和当前输入 x_t 做出决定。忘记门会结合这些信息并通过 sigmoid 函数对它们进行压缩，所以忘记门可为单元向量的每个块输出一个数字（介于 0 和 1 之间）。由于与单元间的数组元素依次相乘，因此输出 0 会完全擦除特定单元块，而输出 1 则会将该单元中的所有信息留在被封锁单元内。这意味着 LSTM 可以摆脱其单元状态向量中的无关信息：

$$f_t = \sigma \left(W_f h_{t-1} + U_f x_t + b_f \right)$$

下一个门函数会决定将哪些新信息添加到记忆单元。该操作分为两个部分。第一部分可决定是否要添加信息。例如在输入门中，它基于 h_{t-1} 和 x_t 做出决定，并通过可用于单元向量的每个单元块的逻辑函数输出 0 或 1。输出 0 表示没有信息被添加到该单元块的内存中。因此，LSTM 可以在其单元状态向量中存储特定信息：

$$i_t = \sigma \left(W_i h_{t-1} + U_i x_t + b_i \right)$$

待添加的输入"a_t"来自先前输出 h_{t-1} 和当前输入 x_t，并通过 tanh 函数进行转换：

$$a_t = \tanh \left(W_c h_{t-1} + U_c x_t + b_c \right)$$

忘记门和输入门通过向旧单元状态添加新信息来决定要添加的新单元：

$$c_t = f_t * c_{t-1} + i_t * a_t$$

最后一个门函数决定输出将是什么。通过可用于每个单元块记忆的 sigmoid 函数，输出门以 h_{t-1} 和 x_t 作为输入和输出（0 或 1）。输出 0 意味着该单元块不输出任何信息，而输出 1 则表示该完整单元块的记忆已传输到单元输出。因此，LSTM 可以从其单元状态向量输出特定信息块：

$$o_t = \sigma \left(W_o h_{t-1} + U_o x_t + b_o \right)$$

所输出的最终值是通过 tanh 函数传输的单元记忆：

$$h_t = o_t * \tanh \left(c_t \right)$$

这些公式都是可推导的，因此可以将 LSTM 单元链接在一起，就像将简单 RNN 状态链接在一起并且通过基于时间的反向传播来训练网络一样。

LSTM 是如何保护我们免受梯度消失的影响呢？注意，如果忘记门为 1 并且输入门为 1，则将按照相同方式将单元状态从一个步长复制到另一个步长。只有忘记门能完全擦除单元记忆。因此，记忆可以长时间地保持不变。另外，注意，输入被添加到当前单元记忆的 tanh 函数激活；这意味着单元记忆不会爆炸并且非常稳定。

图 6-8 展示了在实践中如何展开 LSTM。首先，将值 4.2 作为输入赋予网络；"输入

门"被设置为 1，因此将保存完整值。然后，在接下来的两个时间步长中，"忘记门"被设置为 2，在这些步长中的所有信息都将被保存，并且由于"输入门"被设置为 0，因此不会添加新信息。最后，"输出门"被设置为 1，输出仍为 4.2。

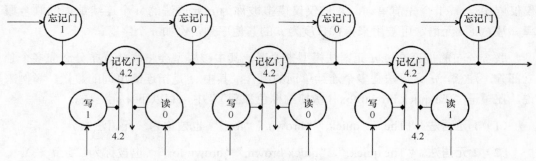

图 6-8　基于时间展现的 LSTM[18]

虽然图 6-8 中所描述的 LSTM 网络是在大多数应用中都用到的代表性 LSTM 版本，但是存在着许多 LSTM 网络变体，它们以不同顺序结合不同的门函数[19]。本书中不包含这些不同架构的所有内容。

6.2　语言建模

语言模型的目标是计算单词序列的概率。语言模型对许多不同应用都至关重要，这里提到的应用包括：语音识别、光学字符识别、机器翻译和拼写校正。举例来说，在美式英语中，两个短语"wreak a nice beach（形成一个漂亮的海滩）"和"recognize speech（识别语言）"在发音上几乎完全相同，但是它们的含义却完全不同。好的语言模型可以根据会话的上下文来区分哪个短语最有可能是正确的。本节将概述基于单词和字符的语言模型，以及 RNN 如何能被用来构建这些模型。

6.2.1　基于单词的语言模型

基于单词的语言模型定义了在单词序列上的概率分布。给定一个长度为 m 的单词序列，它会向单词的整个序列分配一个概率 $P(w_1,\cdots,w_m)$。这些概率的应用包含两个方面：它们可被用来估计自然语言处理应用中不同短语的可能性，或者被用于生成新文本。

1. n 元语法模型

推理一个长序列概率（如 $w_1,\cdots,w_m$）通常都是不可行的。通过应用以下链式法则，我们可以算出 $P(w_1,\cdots,w_m)$ 的联合概率：

$$P(w_1,\cdots,w_m) = P(w_1)\,P(w_2\mid w_1)\,P(w_3\mid w_2,w_1)\bullet\cdots\bullet P(w_m\mid w_1,\cdots,w_{m-1})$$

特别是在给定较早时期单词的情况下，较晚时期单词的概率将很难从数据中判断出来。这就是为什么该联合概率通常通过独立性假设来逼近，其中假设如下：第 i 个单词仅仅依赖于 $n-1$ 个先前单词。我们仅仅模拟被称为 n 元语法的 n 个连续单词的联合概率。注意，n 元语法可被用来指代长度为 n 的其他序列，例如 n 个字符。

联合分布的推论通过 n 元语法模型来逼近，其中该模型会将联合分布分离成多个独立部分。注意，n 元语法是多个连续单词的组合，其中 n 是指连续单词的数量。举例来说，在短语"the quick brown fox（敏捷的棕色狐狸）"中，有以下 n 元语法。

（1）**1 元语法**。"The," "quick," "brown," "fox"（也被称为一元语法）。

（2）**2 元语法**。"The quick,"，"quick brown," "brown fox"（也被称为二元语法）。

（3）**3 元语法**。"The quick brown," "quick brown fox"（也被称为三元语法）。

（4）**4 元语法**。"The quick brown fox"（也被称为四元语法）。

现在，如果有一个庞大的文本库，可以找到所有 n 元语法，直到特定的 n（通常为 2～4），并且可以计算那一文本库中每个 n 元语法的出现次数。依据这些次数，在给定先前 $n-1$ 个单词的情况下，可以估算每个 n 元语法的最后一个单词的概率。

（1）**1 元语法**。 $P(word) = \dfrac{count(word)}{total\ number\ of\ words\ in\ corpus}$ 。

（2）**2 元语法**。 $P(w_i\mid w_{i-1}) = \dfrac{count(w_{i-1},w_i)}{count(w_{i-1})}$ 。

（3）**n 元语法**。 $P(w_{n+i}\mid w_n,\cdots,w_{n+i-1}) = \dfrac{count(w_n,\cdots,w_{n+i-1},w_{n+i})}{count(w_n,\cdots,w_{n+i-1})}$ 。

第 i 个单词仅取决于先前 $n-1$ 个单词的独立性假设，现在可被用来近似联合分布。

举例来说，对于一个 1 元语法，可以通过以下等式来近似联合分布：

$$P(w_1,\cdots,w_m) = P(w_1)\,P(w_2)\,P(w_3)\bullet\cdots\bullet P(w_m)$$

对于一个 3 元语法，可以通过以下等式来近似联合分布：

$$P(w_1,\cdots,w_m) = P(w_1)\,P(w_2\mid w_1)\,P(w_3\mid w_2,w_1)\bullet\cdots\bullet P(w_m\mid w_{m-2},w_{m-1})$$

可以看到，基于词汇量，n 元语法的数量随着 n 的增加会呈指数级增加。例如，如果一个小词汇表包含 100 个单词，则可能的 5 元语法的数量将会是：$100^5 = 10000000000$ 个不同的 5 元语法。相比之下，莎士比亚的整个作品包含大约 30000 个不同单词，这说

明了使用具有较大 n 的 n 元语法的不可行性。我们不仅面临保存所有概率的问题，还需要一个非常大的文本库来为较大的 n 值创建像样的 n 元语法概率估计。这个问题就是所谓的维数灾难。当可能的输入变量（单词）的数量增加时，这些输入值的不同组合的数量会呈指数级增长。当学习算法针对数值相关结合至少需要一个示例时（出现在 n 元语法建模的情况），就会出现这种维数灾难。n 值越大，我们就能更好地近似原始分布，并且会需要更多的数据来对 n 元语法概率做出好的估计。

2. 神经语言模型

在前文中，我们说明了在使用 n 元语法模拟文本时的维数灾难。需要统计的 n 元语法数量会随着 n 以及词汇表中单词数量的增加而呈指数级增长。克服这种灾难的一种方法是通过学习单词的低维分布表示[20]来实现。通过学习一个嵌入函数可以创建该分布表示，其中，函数将把单词空间转换为单词嵌入的低维空间，具体如图 6-9 所示。

图 6-9　来自词汇表的 V 单词被转换为大小为 V 的独热码向量（每个单词都被唯一编码）。然后，嵌入函数将这个 V 维空间转换为大小为 D（此处 D 为四维矩阵）的分布表示

其思想是，所学的嵌入函数会学习有关单词的语义信息。它会将词汇表中的每个单词和一个连续值向量表示（单词嵌入）相关联。每个单词对应该嵌入空间中的一个点，其中不同维度对应于这些单词的语法或语义特征。目标是确保在该嵌入空间中彼此靠近的单词具有相似含义。这样，一些在语义上相似的单词的信息可以利用语言模型进行开发。例如，它可能会学习到 "fox" 和 "cat" 在语义上是相关的，并且 "the quick brown fox（敏捷的棕色狐狸）" 和 "the quick brown cat（敏捷的棕色猫）" 都是有效短语。然后，可以将单词序列转换为可捕捉这些单词特征的嵌入向量序列。

通过神经网络对语言模型进行建模并隐式地学习此嵌入函数是可行的。可以学习一个这样的神经网络，即在给定 $n-1$ 个单词（$w_{t-n+1}, \cdots, w_{t-1}$）时，其会尝试输出下一个单词（即 w_t）的概率分布。神经网络是由不同的部分组成的。

嵌入层采用单词 w_i 的独热表示，并通过使其乘以嵌入矩阵 C 将其转换为嵌入。该计算可以通过表格查找来有效地实现。嵌入矩阵 C 会在所有单词间共享，因此所有单词都使用相同的嵌入函数。C 用 $V * D$ 矩阵表示，其中 V 是指词汇量，D 是指嵌入量。所产生的嵌入被串联到一个隐藏层中。此后，我们可以应用一个偏置 b 和一个非线性函数（如

tanh 函数）。因此，隐藏层的输出由函数 $z = \tanh[\text{concat}(w_{t-n+1},\cdots,w_{t-1}) + b]$ 来表示。现在，从隐藏层开始，可以通过用隐藏层乘以 U 来输出下一个单词 w_t 的概率分布。这会将隐藏层映射到单词空间，即添加一个偏置 b 并应用 softmax 函数来获得概率分布。最后一层可计算 $softmax$（$z*U + b$）。图 6-10 给出了该网络的图解形式。

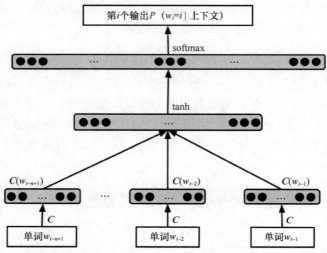

图 6-10　在给定单词 w_{t-n+1},w_{t-1} 的情况下，可输出单词 w_t 的概率分布的神经网络模型。C 是嵌入矩阵

　　该模型可同时学习所有单词在词汇表中的嵌入，以及单词序列概率函数的模型。鉴于这些分布式表示，我们可将这种概率函数推广至训练期间未看到的单词序列。读者在训练集中可能看不到测试集中的特定单词组合，但在训练过程中更有可能看到具有类似嵌入特征的序列。

　　图 6-11 给出了一些单词嵌入的二维投影。可以看到，语义相近的单词在嵌入空间中也是彼此接近的。

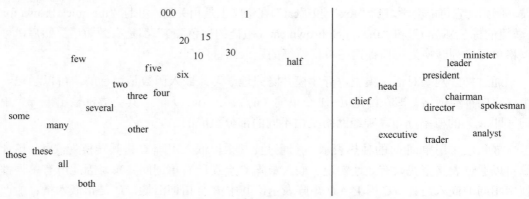

图 6-11　在语义相近的单词在嵌入空间中是彼此接近的[21]

单词嵌入可以在大型文本数据集上进行无监督训练。这样，它们就可以捕捉单词之间的一般语义信息。现在，所产生的嵌入可被用于改善可能没有大量标记数据可用的其他任务的性能。例如，尝试分类文章情绪的分类器可通过使用先前学习的单词嵌入（而非独热编码向量）来进行训练。这样，单词的情绪分类器就可以很容易地获得单词的语义信息。因为如此，许多研究都集中在创建更好的单词嵌入，而不是学习单词序列的概率函数。例如，一个流行的单词嵌入模型是 word2vec [22,23]。

令人惊讶的是，这些单词嵌入可以将单词之间的类比捕捉为差异。例如，它可能会捕捉到"女人"和"男人"嵌入之间的差异，以及该差异同样体现在其他单词间，例如"后"和"王"，如图 6-12 所示。

图 6-12　单词嵌入可以捕捉到单词之间的语义差异[24]

嵌入的（女人）-嵌入的（男人）≈嵌入的（阿姨）-嵌入的（叔叔）

嵌入的（女人）-嵌入的（男人）≈嵌入的（后）-嵌入的（王）

尽管先前的前馈网络语言模型可以克服模拟大型词汇输入的维数灾难，但仍只局限于模拟固定长度单词序列。为了解决这个问题，我们可以使用 RNN 来构建不受固定长度单词序列限制的 RNN 语言模型[25]。这些基于 RNN 的模型不仅可以聚类输入嵌入中的相似单词，还可以聚类递归状态向量中的相似历史。

这些基于单词的模型存在的一个问题是：要计算词汇表中每个单词的输出概率：$P(w_i|context)$。通过对所有单词使用 softmax 激活函数，可获得这些输出概率。对于 50000 个单词的小词汇表 V，这将需要 $|S|*|V|$ 输出矩阵，其中，$|V|$ 是指词汇量，而 $|S|$ 是指状态向量大小。这个矩阵很大，并且当词汇量增加时，矩阵会变得更大。此外，softmax 函数通过结合所有其他激活来规范单个单词的激活，因此应该计算每个激活以获得单一单词的概率。两者都说明了针对大词汇表计算 softmax 函数的难度；在 softmax 函数之前，需要很多参数来模拟线性变换，并且 softmax 函数本身也需要进行大量计算。

解决该问题的方法有很多种，例如，将 softmax 函数模拟成二叉树，基本上只需要 $\log(|V|)$ 估计单一单词的最终输出概率[26]。

除了详细研究这些变通方法，让我们看看不受这些大量词汇表问题影响的另一语言模型。

6.2.2　基于字符的语言模型

在大多数情况下，语言模型都是在单词级别上执行的，其中，分布是关于 $|V|$ 个单词的固定词汇表。现实任务中的词汇表（例如语音识别中所用到的语言模型）通常都超过100000 个单词。这种巨大维度使得针对输出分布的建模变得非常困难。此外，在对包含非单词字符串的文本数据进行建模时，这些单词级别模型会受到很大限制，例如从未包含在训练数据中的多位数数字或单词（即词汇表外单词）。

能够克服这些问题的模型类被称为字符语言模型[27]。这些模型建立字符（而非单词）序列上的分布模型，这样可以计算小得多的词汇表的概率。在这里，词汇表由文本库中的所有可能字符组成。然而，这些模型存在一个缺点。通过对字符（而非单词）序列进行建模，需要建模更长序列以捕捉随时间出现的相同信息。为捕捉这些长期相关性，建议使用 LSTM RNN 语言模型。

后文将详细介绍如何以 TensorFlow 实现字符级 LSTM，以及如何在列夫·托尔斯泰（Leo Tolstoy）的 *War and Peace* 中训练 LSTM。在给定先前所看到的字符集 $P(c_t \mid c_{t-1}, \cdots, c_{t-n})$ 的情况下，该 LSTM 将对下一个字符的概率进行建模。

由于全文太长，无法通过**基于时间的反向传播**来训练网络，因此将使用名为截断 BPTT 的批处理变体来训练网络。用这种方法，会将训练数据分为固定序列长度批次，并逐批训练网络。由于这些批次相互跟进，因此可以将前一个批次的最终状态用作下一个批次的初始状态。这样，可以在不必通过对输入全文进行完整反向传播的情况下，开发状态中所存储的信息。接下来，将讲解如何读取这些批次以及如何将其输入网络中。

1.　预处理和读取数据

要训练一个好的语言模型，需要大量的数据。在示例中，大家将会学习到基于 Leo Tolstoy 的 *War and Peace* 英文译本的一个模型。本书包含 500000 多个单词，非常适合用作小示例。由于它处于公共可获取领域，因此可以从相关网站中免费下载 *War and Peace* 的纯文本格式。作为预处理的一部分，首先删除古登堡许可证、书籍信息和目录。接下来，删除句子中间的换行符，并将连续换行符的最大数量减少至两个。

为了将数据输入网络，我们必须将数据转换为数词网格式。每个字符都将与一个整数相关联。在示例中，我们将从文本库中提取共 98 个不同字符。接下来，我们将提取输入和目标。针对每个输入字符，将预测下一个字符。因为正在使用截断 BPTT 进行训练，所以将使所有批次前后衔接以便利用序列的连续性。图 6-13 说明了将文本转换为索引列表并将其拆分成多个输入和目标的过程。

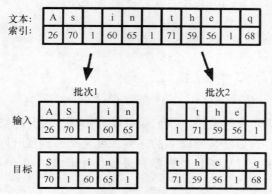

图 6-13　将文本转换为具有长度为 5 的输入和目标批次的整数标签（注意，批次彼此前后衔接）

接下来将要训练的网络是一个两层 LSTM 网络，每一层都具有 512 个单元。训练网络将会用到截断 BPTT，因此应该保存批次之间的状态。

首先，应该针对输入和目标定义占位符。输入和目标的第一维度是批次大小，即并行处理的示例数量。第二维度是沿着文本序列的维度。这两个占位符都采用了序列批次，其中字符通过其索引来表示：

```
inputs = tf.placeholder(tf.int32, (batch_size, sequence_length))
targets = tf.placeholder(tf.int32, (batch_size, sequence_length))
```

为了将字符输入网络，我们需要将它们转换成向量。我们将把它们转换为独热编码，这意味着每个字符都将被转换为向量，该向量的长度等于数据集中不同字符数量的大小。该向量将全为零，与其索引相对应的单元（其将被设置为 1）除外。通过以下代码，我们可在 TensorFlow 中轻松完成转换：

```
one_hot_inputs = tf.one_hot(inputs, depth=number_of_characters)
```

接下来，定义多层 LSTM 架构。首先，需要为每一层定义 LSTM 单元，lstm_size 是每一层的大小列表，在示例中为(512,512)：

```
cell_list = (tf.nn.rnn_cell.LSTMCell(lstm_size) for lstm_size in lstm_sizes)
```

然后，使用以下方法将这些单元封装到单一的多层 RNN 单元中：

```
multi_cell_lstm = tf.nn.rnn_cell.MultiRNNCell(cell_list)
```

为了存储批次之间的状态，我们需要得到网络的初始状态并将其封装到要存储的变量中。注意，出于计算原因，TensorFlow 会将 LSTM 状态存储在两个单独的张量元组中（6.1.2 节的 c 和 h）。可以使用 `flatten` 方法来展平嵌套数据结构，将每个张量封装到变量中，然后使用 `pack_sequence_as` 方法将其重新封装成原始结构：

```
initial_state = self.multi_cell_lstm.zero_state(batch_size, tf.float32)
# Convert to variables so that the state can be stored between batches
state_variables = tf.python.util.nest.pack_sequence_as(
    self.initial_state,
    (tf.Variable(var, trainable=False)
     for var in tf.python.util.nest.flatten(initial_state)))
```

既然已将初始状态定义为变量，我们就可以开始逐步展开网络。TensorFlow 提供了 `dynamic_rnn` 方法，该方法按照输入的序列长度来动态地展开网络。该方法将返回一个元组，该元组由表示 LSTM 输出的张量和最终状态组成：

```
lstm_output, final_state = tf.nn.dynamic_rnn(
    cell=multi_cell_lstm, inputs=one_hot_inputs,
    initial_state=state_variable)
```

接下来，应该将最终状态存储为下一批次的初始状态。可以使用变量分配方法将每个最终状态存储在正确的初始状态变量中。`control_dependencies` 方法被用于在返回 LSTM 输出之前强制更新运行状态：

```
store_states = (
    state_variable.assign(new_state)
    for (state_variable, new_state) in zip(
        tf.python.util.nest.flatten(self.state_variables),
        tf.python.util.nest.flatten(final_state)))
with tf.control_dependencies(store_states):
    lstm_output = tf.identity(lstm_output)
```

为从最终 LSTM 输出中获得 logit 输出，需要对输出应用线性变换，以使其具有"批量大小 × 序列长度 × 符号数量"的维度。在应用该线性变换之前，我们需要将输出展平为一个矩阵，该矩阵维度为"输出大小数量*输出特征数量"：

```
output_flat = tf.reshape(lstm_output, (-1, lstm_sizes(-1)))
```

然后，可以使用权值矩阵 W 和偏置 b 来定义并应用线性变换，以获得对数。应用 softmax 函数，并将其改造成一个张量，该张量维度为"尺寸批量大小 × 序列长度 × 字符数"：

```
# Define output layer
logit_weights = tf.Variable(
    tf.truncated_normal((lstm_sizes(-1), number_of_characters),
```

```
stddev=0.01))
logit_bias = tf.Variable(tf.zeros((number_of_characters)))
# Apply last layer transformation
logits_flat = tf.matmul(output_flat, self.logit_weights) + self.logit_bias
probabilities_flat = tf.nn.softmax(logits_flat)
# Reshape to original batch and sequence length
probabilities = tf.reshape(
    probabilities_flat, (batch_size, -1, number_of_characters))
```

展开的 LSTM 字符语言模型如图 6-14 所示。

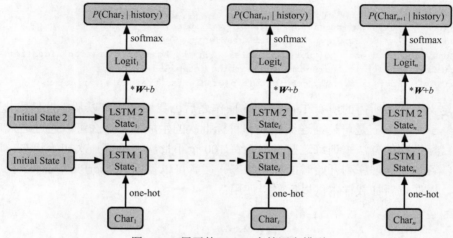

图 6-14　展开的 LSTM 字符语言模型

2. 训练

既然已定义网络的输入、网络的目标和网络架构，接下来定义一下如何来训练它。训练的第一步是定义想要最小化的损失函数。损失函数描述了在给定输入和目标情况下，输出错误字符序列的成本。因为正在鉴于先前字符来预测下一个字符，所以这是一个分类问题，并且会用到交叉熵损失。通过使用 `sparse_softmax_cross_entropy_with_logits` 函数可以实现这一点。该函数取网络的 logit 输出为输入（在 softmax 函数之前），取目标为类标签，并计算每个输出相对于其目标的交叉熵损失。为了减少整个序列和所有批次的损失，取所有样本的平均值。

注意，首先要将目标展平为一维向量，以使其与网络中展平的 logit 输出相兼容：

```
# Flatten the targets to be compatible with the flattened logits
targets_flat = tf.reshape(targets, (-1, ))
# Get the loss over all outputs
loss = tf.nn.sparse_softmax_cross_entropy_with_logits(
    logits_flat, targets_flat)
```

```
# Reduce the loss to single value over all outputs
loss = tf.reduce_mean(loss)
```

既然已定义该损失函数，现在便可定义在 TensorFlow 中的训练操作了，通过训练优化输入网络和目标批次。为了执行优化，将使用 Adam 优化器，这有助于稳定梯度更新。Adam 优化器是一种以更可控方式执行梯度下降的具体方法[28]。此外，还将裁剪梯度以防止梯度爆炸：

```
# Get all variables that need to be optimised
trainable_variables = tf.trainable_variables()
# Compute and clip the gradients
gradients = tf.gradients(loss, trainable_variables)
gradients, _ = tf.clip_by_global_norm(gradients, 5)
# Apply the gradients to those variables with the Adam optimization algorithm.
optimizer = tf.train.AdamOptimizer(learning_rate=2e-3)
train_op = optimizer.apply_gradients(zip(gradients, trainable_variables))
```

在定义了训练所需的所有 TensorFlow 操作之后，我们现在可以从小批量优化开始。如果 data_feeder 是可返回连续输入和目标批次的生成器，那么可以通过迭代地输送输入和目标批次的方法来训练这些批次。每 100 个小批次，重置一次初始状态，以便网络可以学习如何处理序列开始时的初始状态。读者可以使用 TensorFlow saver 程序来保存样本，以便重新加载样本供以后采样使用：

```
with tf.Session() as session:
    session.run(tf.initialize_all_variables())
    for i in range(minibatch_iterations):
        input_batch, target_batch = next(data_feeder)
        loss, _ = sess.run(
            (loss, train_op),
            feed_dict={ inputs: input_batch,targets:
            target_batch})
    # Reset initial state every 100 minibatches
        if i % 100 == 0 and i != 0:
            for state in tf.python.util.nest.flatten(
                    state_variables):
                session.run(state.initializer)
```

3. 采样

完成模型训练后，我们要对该模型中的序列进行采样，以生成文本。通过使用训练模型的代码，可以对采样架构进行初始化，但是需要将 batch_size 设置为 1，并将 sequence_length 设置为 None，这样可以生成单个字符串和不同长度的样本序列。可以使用训练后所保存的参数来初始化模型的参数。首先从采样开始，输入 prime_string 来初始化网络状态。在输入此字符串之后，可以根据 softmax 函数的输出分布来采样下一个字符。然后输入该采样字符，并获得针对下一个字符的输出分布。此过程可以继续执行多个步长，直到生成指定大小的字符串为止：

```
# Initialize state with priming string
for character in prime_string:
    character_idx = label_map(character)
    # Get output distribution of next character
    output_distribution = session.run(
        probabilities,
        feed_dict={inputs: np.asarray(((character_idx)))})
# Start sampling for sample_length steps
for _ in range(sample_length):
    # Sample next character according to output distribution
    sample_label = np.random.choice(
        labels, size=(1), p=output_distribution(0, 0))
    output_sample += sample_label
    # Get output distribution of next character
    output_distribution = session.run(
        probabilities,
        feed_dict={inputs: np.asarray((label_map(character)))})
```

4. 训练示例

既然有了用于训练和采样的代码，便可以在 Leo Tolstoy 的 *War and Peace* 中训练网络，并从网络的每两个批次迭代中所学到的知识中采样。用短语 "She was born in the year"（她于……年出生）初始化网络，并看一下它是如何在训练期间完成采样的。

在经过 500 个批次的迭代之后，得到以下结果："She was born in the year sive but us eret tuke Toffhin e feale shoud pille saky doctonas laft the comssing hinder to gam the droved at ay vime"（她于……年出生……除了我们……）。网络已经收集了一些字符分布并挑选出了一些看起来像单词的组合。

在经过 5000 个批次的迭代之后，网络学会了许多不同的单词和名称："She was born in the year he had meaningly many of Seffer Zsites. Now in his crownchy- destruction, eccention, was formed a wolf of Veakov one also because he was congrary, that he suddenly had first did not reply."（她于……年出生，他有许多 Seffer Zsites。现在，在他的……毁灭中，是……之狼，也因为他是……，他突然第一次……没有回信。）网络还发明了看起来很合理的单词，例如 "congrary" 和 "eccention"。

在经过 50000 个批次的迭代之后，网络输出以下文本："She was born in the year 1813. At last the sky may behave the Moscow house there was a splendid chance that had to be passed the Rostóvs', all the times: sat retiring, showed them to confure the sovereigns."（她于 1813 年出

生。最后，天空可能像莫斯科房子，有着不得不通过……的绝佳机会，一直都是：不合群地坐在那里，在他们看来高高在上。）网络似乎已经发现年份数字是跟随在主要字符串后面的非常合理的词。单词的短字符串看起来似乎有道理，但它们组成的句子却没有意义。

在经过 500000 个批次的迭代之后，停止了训练，网络输出了以下信息："She was born in the year 1806, when he entered his thought on the words of his name. The commune would not sacrifice him: "What is this?" asked Natásha. "Do you remember?""（她于 1806 年出生，当他以自己名字的字眼来表达自己想法的时候。公社不会牺牲他："这是什么？"Natasha 问道："你还记得吗？"。）可以看到，网络现在正在尝试创建句子，但是这些句子彼此之间不具有连贯性。值得注意的是，在结尾处，它以完整句子（包括引号和标点符号）建立了小对话模型。

尽管不是十全十美，但 RNN 语言模型如何得以生成连贯文本短语这一事实却令人瞩目。希望读者针对此尝试不同的架构，增加 LSTM 层的大小，在网络中放入第三个 LSTM 层，从互联网中下载更多文本数据，并看看自己可以将当前模型改进到何种程度。

到目前为止，所讨论的语言模型已被应用于许多不同应用，从语音识别到创建能够与用户建立对话的智能聊天机器人。6.3 节将简要讨论在语言模型中有着重要地位的深度学习语音识别模型。

6.3　语音识别

我们在前面介绍了如何将 RNN 用于学习许多不同时间序列的模型。本节将研究如何将这些模型用于识别和理解语音，简要介绍语音识别管线，并提供关于如何在传播途径的每个部分使用神经网络的高级别视角。如要更多地了解本节中所讨论的方法，读者可以参考拓展阅读部分的相关内容。

6.3.1　语音识别管线

鉴于所提供的声学观察，语音识别试图找到最可能的单词序列的转录，这由以下代码来表示：

$$transcription = argmax(P(words \mid audio\ features))$$

此概率函数通常在不同部分进行建模［注意，通常会忽略正则化项 P(音频特征)］：

$$P\ (words \mid audio\ features) = P\ (audio\ features \mid words) * P\ (words)$$

$$= P\ (audio\ features \mid phonemes) * P\ (phonemes \mid words) * P\ (words)$$

什么是音素？

音素是定义单词发音的基本声音单元。例如，单词 bat 由 3 个音素（即 /b/、/ae/和/t/）组成。每个音素都与特定的声音相关联。英语发音大约由 44 个音素组成。

这些概率函数中的每一个都将通过识别系统的不同部分进行建模。代表性语音识别管线会接收音频信号，并执行预处理和特征提取。然后，会将这些特征用于声学模型中，以尝试学习如何区分不同的声音和音素：$P\ (audio\ features\ |\ phonemes)$。接着，借助发音词典：$P(phonemes\ |\ words)$，完成这些因素与字符或单词的匹配。随后，将从音频信号中提取单词的概率与语言模型的概率 $P(words)$ 相结合。最后，通过解码搜索找到最可能的序列（6.3.5 节）。图 6-15 描述了代表性的语音识别管线。

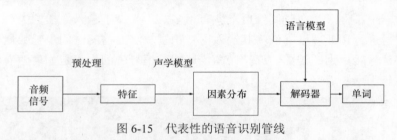

图 6-15　代表性的语音识别管线

大型的真实世界词汇表语音识别管线是基于这一相同管线的，但是它们会在每个步长中使用许多技巧和试探法，使问题更加易于解决。这些细节超出了本节的讨论范围，读者可以通过开源软件（Kaldi[29]）学习使用先进管线来训练语音识别系统。

6.3.2 节将简要描述该标准管线中的每个步骤，以及深度学习是如何帮助改善这些步骤的。

6.3.2　作为输入数据的语音

语音是一种典型的传达信息的声音，是一种通过介质（如空气）来传播的振动。如果这些振动介于 20Hz 和 20kHz 之间，人类便可以听到声音。这些振动能够被捕捉到并被转换成数字信号，因此可将其作为计算机声音信号处理。可以使用麦克风来捕捉它们，然后以离散样本对连续信号进行采样。代表性采样频率为 44.1kHz，这意味着输入音频信号的度的处理频率是 44100 次/s。注意，该频率大约是人类最大听觉频率的两倍。图 6-16 显示了一个人说出"hello world"（你好，世界）的音频信号的示例。

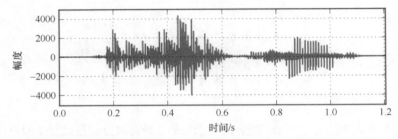

图 6-16　某人在时间域内说出"hello world"(你好，世界)的音频信号

6.3.3　预处理

图 6-16 中音频信号的记录时间超过 1.2s。为了将音频数字化，每秒要进行 44100 次（44.1 kHz）采样。这意味着针对该 1.2s 音频信号，执行了大约 50000 个幅度采样。

仅针对一个小例子，在时间维度上就有很多点。为减小输入数据的大小，通常会对这些音频信号进行预处理以降低将其输入语音识别算法之前的时间步长数量。有代表性的转换是将信号转换为频谱图，该频谱图描述的是信号中的频率是如何随着时间而变化的，如图 6-17 所示。

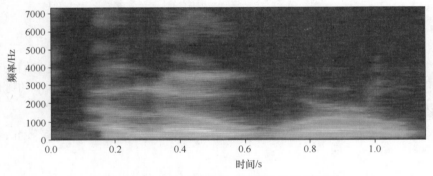

图 6-17　来自先前图像的音频信号的梅尔频谱

该频谱转换是通过将时间信号划分在重叠窗口中，并对每个窗口进行傅里叶变换来完成的。傅里叶变换可随时间将信号分解为频率，这些频率会构成信号[30]。所产生的频率响应被压缩到固定频率窗口中。这种频率窗口数组也称为滤波器库。滤波器库是一个将多个频带中的信号分离出来的滤波器集合。

假设前面的"hello world"(你好，世界)记录被分为步长为 10ms 的 25ms 重叠窗口。借助窗口傅里叶变换，所引起的窗口将被变换成频率空间。这意味着每个时间步长的幅度信息都会被转换为每个频率的幅度信息，最终频率将根据对数刻度（也称为"梅尔刻度"）映射到 40 个频率窗口。图 6-17 显示了所生成的滤波器库频谱图。这种变换导致时间维度从 50000 个样本减少到 118 个样本，其中，每个样本都是大小为 40 的向量。

尤其是在旧版本的语音识别系统中，这些梅尔刻度滤波器库甚至可以通过去相关来消除线性相关。通常，这是通过对滤波器库的对数进行**离散余弦变换**（Discrete Cosine Transform，DCT）来完成的，DCT 是傅里叶变换的一种变体。这种信号变换也被称为**梅尔频率倒谱系数**（Mel Frequency Cepstral Coefficient，MFCC）。

最近，诸如卷积神经网络之类的深度学习算法已经学习了其中一些预处理步骤[31,32]。

6.3.4　声学模型

在语音识别中，应该输出被作为文本说出的单词。如前所述，这可以通过学习可采用音频特征序列的时间相依模型来完成，并且输出可能被说出的单词的序列分布。该模型称为声学模型。

声学模型试图对可能性进行建模，其中，可能性是指通过单词或因素序列产生音频特征序列的可能性：P (*audio features* | *words*) = P (*audio features* | *phonemes*) * P (*phonemes* | *words*)。

在深度学习流行起来之前，语音识别中代表性的声学模型是使用**隐马尔可夫模型**（Hidden Markov Model，HMM）来对音频信号的时间变异性[33,34]建模。每个 HMM 状态都会发射出高斯混合信号来对音频信号的频谱特征进行建模。所发射出的**高斯形成一个高斯混合模型**（Gaussian Mixture Model，GMM），并且它们可确定每种 HMM 状态在声学特征的短窗口中的拟合程度。HMM 被用于对数据的序列结构进行建模，而 GMM 则被用于对信号的局部结构进行建模。

在给定 HMM 隐藏状态的情况下，HMM 假定连续的帧都是独立的。由于这种强烈的有条件独立性假设的存在，因此声学特征通常都是去相关的。

1.　深度信念网络

在语音识别中使用深度学习的第一步是用 DNN 来代替 GMM[35]。DNN 会将特征向量的窗口视为输入，并输出 HMM 状态的后验概率：P (*HMM state* | *audio features*)。

在该阶段中所使用的网络通常只作为一般模型在光谱特征窗口上进行预训练。通常，DBN 会被用于预训练这些网络。生成式预训练会创建复杂度增加的多层特征检测器。一旦完成生成式预训练，网络将根据频谱特征，通过有区别地微调来分类正确的 HMM 状态。这些混合模型中的 HMM 被用于将 DNN 提供的片段进行分类，与完整标记序列的时间分类进行匹配。这些 DNN-HMM 已显示出比 GMM-HMM 更好的音素识别能力[36]。

2. 递归神经网络

本部分描述如何将 RNN 用于建模序列数据。将 RNN 直接应用于语音识别所存在的问题是，训练数据的标记需要与输入完全匹配。如果数据不能很好地匹配，则网络进行学习时，输入到输出的映射会包含太多噪声。一些早期尝试会使用混合 RNN-HMM 来建模声学特征的序列上下文，其中 RNN 会对 HMM 的发射概率进行建模，其方法与使用 DBN 时非常相似[37]。

后来的实验试图训练 LSTM（见 6.1.2 节）在给定帧的情况下输出音素的后验概率[38]。

语音识别的下一阶段是摆脱匹配标记数据以及消除对混合 HMM 的需求的必要性。

3. CTC 算法

为每个序列阶段分别定义标准 RNN 目标函数，每个阶段都会输出自己的独立标记分类，这意味着训练数据必须与目标标记完全匹配。但是，可以设计一个能最大化完全正确标记可能性的全局目标函数。其思想是在给定完整输入序列的情况下，将网络输出解释为所有可能标记序列上的有条件概率分布。然后，通过在给定输入序列情况下搜索最可能标记的方式，将网络用作分类器。

连接时序分类（Connectionist Temporal Classification，CTC）是一个目标函数，它定义了所有输出序列在所有匹配中的分布[39]。它试图优化输出序列和目标序列之间的总体编辑间隔。此编辑间隔将输出标记更改为目标标记所需的最小数目的插入、替换和删除。

CTC 网络针对每个步长有一个 softmax 输出层。该 softmax 函数针对每个可能标记都会输出标记分布，外加一个额外的空白符号（ø）。该空白符号表示在那一时间步长上没有相关的标记。因此，CTC 网络将会在输入序列的任一点上输出标记预测。然后，通过从路径中删除所有空白和重复标记，将输出转换为序列标记。这对应于网络从预测无标记到预测一个标记，或者从预测一个标记到预测下一个标记转换时输出新标记，例如，"øaaøabøø" 被翻译成 "aab"。它的作用是，保证标记的整个序列必须是正确的，因此消除了对匹配数据的需求。

进行这种缩减需求意味着可以将多个输出序列缩减为相同的输出标记。为了找到最可能的输出标记，必须添加与那一标记相对应的所有路径。搜索最可能输出标记的任务被称为解码（见 6.3.5 节）。

在给定声学特征序列的情况下，语音识别中此类标记的示例可以是输出音素序列。建立在 LSTM 之上的 CTC 目标函数曾给出了声学建模方面的最新结果，并取消了使用 HMM 来建模时间变异性的需求[40,41]。

4. 基于注意力的模型

使用 CTC 序列对模型排序的另一种方法是基于注意力的模型[42]。基于注意力的模型能够动态地关注输入序列的各个部分。这使它们能够在无须对各部分进行显式分割的情况下，自动搜索输入信号的相关部分来预测正确的音素。

这些基于注意力的序列模型是由 RNN 构成的，该 RNN 会将输入表示解码为标签序列，而在示例中，这些标签序列是指音素。实际上，输入表示将由模型生成，其中该模型会将输入序列编码为适当表示。第一个网络称为解码器网络，而第二个网络称为编码器网络[43]。

解码器由基于注意力的模型提供指导，该模型会将解码器的每个步长聚焦在编码输入的注意力窗口上。基于注意力的模型可通过结合上下文（它关注什么内容）或基于位置的信息（它的关注重点在哪里）来进行驱动。然后，解码器可使用先前信息和来自注意力窗口的信息来输出下一个标记（音素）。

6.3.5 解码

一旦使用声学模型完成对音素分布的建模以及语言模型的训练（见 6.2 节），我们就可以将它们与发音词典结合起来，获得单词音频特征的概率函数：

$$P\ (words\ |\ audio\ features) = P\ (audio\ features\ |\ phonemes)\ *\ P\ (phonemes\ |\ words)\ *\ P\ (words)$$

这个概率函数尚未给出最终转录。然而，仍然需要对单词序列的分布执行搜索以找到最可能的转录，该搜索过程被称为解码。解码的所有可能路径可用点阵数据结构来进行图示说明修剪过的词网格，如图 6-18 所示。

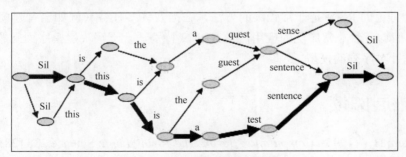

图 6-18　修剪过的词网格[44]

通过搜索所有可能单词序列，我们可以找到给定音频特征序列情况下最可能的单词序列[33]。Viterbi 算法是基于可确保发现最可能序列的动态程序设计的一种流行搜索算法[45]。该算法是一种广度优先搜索算法，通常与在 HMM 中找到最可能的状态序列有关。

对于大词汇表语音识别，Viterbi 算法难以用于实践。因此在实践中，启发式搜索算法（例如波束搜索）可被用于尝试并找到最可能序列。波束搜索启发式仅在搜索过程中保留 n 个最佳解，并假定所有其余解都不会导致最可能序列。

解码算法存在许多不同类型[46]，并且从概率函数中寻找最佳转录的问题通常被视为尚未解决的问题。

6.3.6　端到端模型

最后，以端到端模型来结束本章内容的讲解。深度学习算法（例如 CTC[47,48]以及基于注意力的模型[49]）允许我们以端到端的方式学习完整的语音识别管线，它们完成这一切无须对音素进行显式建模。这意味着这些端到端模型将在一个单一模型中学习声学模型和语言模型，并直接输出单词分布。这些模型通过将所有内容结合进一个模型中来说明深度学习的威力，这样模型从概念上将变得更加易于理解。据推测，这将会使语音识别在未来几年内被视为一个已解决问题。

6.4　小结

本章先介绍了什么是 RNN、如何训练 RNN、训练期间可能会出现什么问题，以及如何解决这些问题。6.2 节介绍了语言建模问题以及 RNN 如何帮助读者解决语言建模方面的一些难题；以实际示例的形式进行了总结，讲解了如何训练基于字符的语言模型将 Leo Tolstoy 的 *War and Peace* 生成文本。6.3 节简要概述了如何将深度学习（尤其是 RNN）应用于语音识别。

本章所讨论的 RNN 是非常强大的方法，在涉及许多任务（例如语言建模和语音识别）时，它们均有着非常广泛的应用前景。RNN 特别适合于解决建模序列问题，这样它们可以发现针对序列的模型。

6.5　拓展阅读

[1] Siegelmann H T (1995). *Computation Beyond the Turing Limit*. Science.238 (28): 632-637.

[2] Alex Graves, Greg Wayne, Ivo Danihelka (2014). *Neural Turing Machines*.

[3] Yann LeCun, Yoshua Bengio, Geoffrey Hinton (2015). *Deep Learning*.Nature 521.

[4] Oriol Vinyals, Alexander Toshev, Samy Bengio, Dumitru Erhan (2014). *Show and Tell: {A} Neural Image Caption Generator*.

[5] Kyunghyun Cho et al. (2014). *Learning Phrase Representations using RNN Encoder-Decoder for Statistical Machine Translation.*

[6] Ilya Sutskever et al. (2014). *Sequence to Sequence Learning with Neural Networks.* NIPS'14.

[7] Andrej Karpathy (2015). *The Unreasonable Effectiveness of Recurrent Neural Networks.*

[8] Paul J Werbos (1990). *Backpropagation Through Time: What It Does and How to Do It* Proceedings of the IEEE.

[9] Razvan Pascanu, Tomas Mikolov, Yoshua Bengio. (2012). *Understanding the exploding gradient problem.*

[10] Yoshua Bengio et al. (1994). *Learning long-term dependencies with gradient descent is difficult.*

[11] Razvan Pascanu, Tomas Mikolov, Yoshua Bengio. (2012). *Understanding the exploding gradient problem.*

[12] James Martens, Ilya Sutskever. (2011). *Learning Recurrent Neural Networks with Hessian-Free Optimization.*

[13] Ilya Sutskever, et al. (2013). *On the importance of initialization and momentum in deep learning.*

[14] Geoffrey Hinton, Tijmen Tieleman. (2014) *Neural Networks for Machine Learning-Lecture 6a-Overview of mini-batch gradient descent.*

[15] Martin Riedmiller, Heinrich Braun (1992). *Rprop-A Fast Adaptive Learning Algorithm .*

[16] Sepp Hochreiter, Jurgen Schmidhuber (1997). *Long Short-Term Memory.*

[17] Gers, et al. (2000) *Learning to Forget: Continual Prediction with LSTM .*

[18] Nikhil Buduma (2015) *A Deep Dive into Recurrent Neural Nets.*

[19] Klaus Greff, et al. (2015). *LSTM: A Search Space Odyssey.*

[20] Yoshua Bengio, et al. (2003). *A Neural Probabilistic Language Model.*

[21] Christopher Olah (2014) *Deep Learning, NLP, and Representations.*

[22] Tomas Mikolov, et al. (2013). *Distributed Representations of Words and Phrases and their Compositionality.*

[23] Tomas Mikolov, et al. (2013). *Efficient Estimation of Word Representations in Vector Space.*

[24] Tomas Mikolov, et al. (2013). *Linguistic Regularities in Continuous Space Word Representations.*

[25] Thomas Mikolov, et al. (2010). *Recurrent neural network based language model.*

[26] Frederic Morin, Yoshua Bengio (2005). *Hierarchical probabilistic neural network language model.*

[27] Alex Graves (2013). *Generating Sequences With Recurrent Neural Networks.*

[28] Diederik P Kingma, Jimmy Ba (2014). *Adam: A Method for Stochastic Optimization.*

[29] Daniel Povey, et al. (2011). *The Kaldi Speech Recognition Toolkit.*

[30] Hagit Shatkay (1995). *The Fourier Transform - A Primer.*

[31] Dimitri Palaz, et al. (2015). *Analysis of CNN-based Speech Recognition System using Raw Speech as Input.*

[32] Yedid Hoshen, et al. (2015) *Speech Acoustic Modeling from Raw Multichannel Waveforms.*

[33] Mark Gales, Steve Young (2007). *The Application of Hidden Markov Models in Speech Recognition.*

[34] L R Rabiner (1989). *A tutorial on hidden Markov models and selected applications in speech recognition.*

[35] Abdel-rahman Mohamed, et al. (2011). *Acoustic Modeling Using Deep Belief Networks.*

[36] Geoffrey Hinton, et al. (2012). *Deep Neural Networks for Acoustic Modeling in Speech Recognition.*

[37] Tony Robinson, et al. (1996). *The Use of Recurrent Neural Networks in Continuous Speech Recognition.*

[38] Graves A, Schmidhuber J (2005). *Framewise phoneme classification with bidirectional LSTM and other neural network architectures.*

[39] Alex Graves, et al. (2006). *Connectionist Temporal Classification: Labelling Unsegmented Sequence Data with Recurrent Neural Networks.*

[40] Alex Graves, et al. (2013). *Speech Recognition with Deep Recurrent Neural Networks.*

[41] Dario Amodei, et al. (2015). *Deep Speech 2: End-to-End Speech Recognition in English*

and Mandarin.

[42] Jan Chorowski, et al. (2015). *Attention-Based Models for Speech Recognition.*

[43] Dzmitry Bahdanau, et al. (2015). *Neural Machine Translation by Jointly Learning to Align and Translate.*

[44] The Institute for Signal and Information Processing. *Lattice tools.*

[45] G D Forney. (1973). *The viterbi algorithm.*

[46] Xavier L Aubert (2002). *An overview of decoding techniques for large vocabulary continuous speech recognition*

[47] Alex Graves, Navdeep Jaitly (2014). *Towards End-To-End Speech Recognition with Recurrent Neural Networks.*

[48] Awni Hannun (2014). *Deep Speech: Scaling up end-to-end speech recognition.*

[49] William Chan (2015). *Listen, Attend and Spell.*

第 7 章　深度学习在棋盘游戏中的应用

　　读者可能阅读过 20 世纪 50～60 年代的科幻小说，里面满是对 21 世纪生活的憧憬：一个人人带有喷气背囊的世界、水下城市、星际旅行、空中飞车，以及能够独立思考的真正智能机器人。21 世纪已经到来，我们并没有空中飞车，但幸亏有深度学习，让我们可以拥有机器人。

　　这与深度学习在棋牌游戏中的应用有什么关系呢？接下来的两章中（包括本章）将研究如何构建能够学习游戏的**人工智能**（AI）。现实拥有无限大的可能空间。即使简单的人类任务（如让机器人捡起物品），也需要分析大量的感官数据，并控制关于手臂运动的许多连续的反应变量。

　　游戏可被用来测试通用学习算法。游戏会提供给我们一个可能可控的大环境。此外，当谈及计算机游戏时，大家都知道人类能够通过屏幕上可见像素和最细微指令来学习如何玩游戏。如果将相同像素（外加一个目标）输入一个计算机主体（agent）中，我们知道在给定正确算法的情况下会解决一个问题。事实上，对于计算机，这个问题会更加容易，因为人类发现在其视野中所看到的事物实际上就是游戏像素，对应着屏幕内的区域。这就是为什么许多研究人员都将游戏看作一个开始开发真正 AI（不需要人类帮助就能自行运行的自学习机器）的好场所。此外，如果读者喜欢游戏，会发现这很有趣。

　　本章将介绍用于解决棋盘游戏问题（如跳棋和国际象棋）的不同工具，以帮助读者积累足够知识，进而能够理解和执行可用于构建 AlphaGo（打败人类围棋大师的 AI）的深度学习解决方案——本章将用各种深度学习算法来实现这一点。第 8 章将基于本章的知识介绍如何利用深度学习去学习玩计算机游戏，例如 *Pong* 和 *Breakout*。

　　本章主要介绍以下概念：最小-最大（min-max）算法、蒙特卡罗树搜索（Monte Carlo Tree Search，MCTS）、强化学习、策略梯度。第 8 章主要介绍以下概念：Q-learning、actor-critic 算法以及基于模型的算法。

接下来，我们将用一些不同的术语来描述任务及其解决方案。下面先给出一些定义，这些定义都会用到一个基本的迷宫游戏示例（见图 7-1），因为该游戏是一个很好且简单的强化学习环境示例。在迷宫游戏中，有一组地点，在地点之间有路径。在这个迷宫中有一个 agent，它可以通过路径在不同地点之间移动。有些地点会有相关奖励。agent 的目标是在迷宫中穿行以获得最好的奖励。

图 7-1 迷宫示例

（1）**agent** 是指我们正尝试让其进行学习的实体。在游戏中，这是指将尝试找到穿越迷宫的道路的玩家。

（2）**环境**是指 agent 运行的世界或级别或游戏，即迷宫本身。

（3）**奖励**是指 agent 在环境中所得到的反馈。在本迷宫游戏示例中，它可能是出口处，或者是 agent 试图收集的胡萝卜。一些迷宫游戏也可能会给出负奖励的陷阱，这种情况下，agent 应尽量避开。

（4）**状态**是指 agent 在当前环境中可获得的所有信息。在迷宫中，状态仅仅是指 agent 的位置。

（5）**行动**是指 agent 可以做出的一个或一组可能响应。在迷宫中，这是指 agent 可以从一个状态到另一状态的潜在路径。

（6）**控制策略**可决定 agent 将要采取的动作。在深度学习的背景下，这是指将要进行训练的神经网络。其他策略可能是随机选择动作或者基于已编写代码选择动作。

本章内容涉及很多代码，除了可从本书中复制所有示例代码之外，读者还可以通过 GitHub 存储库找到完整代码。本章中的所有示例都是在使用 TensorFlow 的深度学习环境下给出的，这些概念也可被转换为其他深度学习框架。

7.1 早期游戏 AI

将 AI 应用于游戏开始于 20 世纪 50 年代，当时的研究人员开发了玩跳棋和国际象棋的程序。这两款游戏有几个共同点。

（1）它们都是零和游戏。一个玩家得到的任何奖励对另一个玩家来说都是相应损失，反之亦然。一个玩家赢了，意味着另一个玩家输了。二者之间不可能有合作。考虑另一种游戏（如 *Prisoner's Dilemma*）。在该游戏中，两个玩家可以达成合作，并且均能得到小的奖励。

（2）这两种游戏都属于完全信息博弈。对两个玩家而言，游戏的整个状态都是已知的，而不像玩扑克牌，不知道对手拿的是什么牌。这种已知降低了 AI 必须处理的复杂性。此外，这也意味着最好的移动是由当前状态来决定的。在扑克牌中，关于如何玩牌的假定最优决策不仅仅需要了解自己当前手头的信息以及每个玩家有多少钱是可用的，还需要了解对手的玩法以及他们在先前步骤上叫牌的信息。

（3）两种游戏都是确定性博弈。如果任何一个玩家做出了给定移动，那么将会生成确切的下一个状态。在一些游戏中，游戏可能通过掷骰子或随机从中抽取一张牌的形式来进行，在这些情况下，将需要考虑很多可能的下一个状态。

完全信息博弈和确定性博弈在国际象棋和跳棋中的结合使用，意味着在给定当前状态的情况下，如果当前玩家采取一个动作，那么就知道确切的状态将会是什么。如果有一个状态，其属性也具有关联性，那么就采取一个动作以产生新的状态。在该新状态下，可以再次采取动作以保持游戏继续进行下去。

为了试验掌握棋盘游戏的一些方法，以使用游戏（名为"井字游戏"）的 Python 实现示例为例。井字游戏也称为"画圈打叉游戏"，是一款简单游戏。在玩游戏时，玩家轮流在 3×3 的格子上做标记。第一个在一行或一列中连续做出 3 个标记的玩家将在游戏中获胜。井字游戏也是一种确定性的零和完全信息博弈，之所以选择它，是因为它的 Python 实现要比国际象棋简单得多。事实上，整个游戏可以通过不到一页的代码来完成，这些代码将在本章后面内容中提供。

7.2 用最小-最大算法评估游戏状态

假设想在一个零和、确定性完全信息博弈中找出最佳移动，那该怎么做呢？如果拥有完全信息，就会确切地知道可以采取的移动有哪些。如果游戏属于确定性游戏，就会确切地知道，游戏由于每一步移动将会变成什么样的状态。同样的变化也适用于对手的移动；我们会确切地知道对手会有哪些可能的移动，以及对手的这些移动会导致什么样的状态出现。

找出最佳移动的一种方法是：构建每个玩家在每个状态下的每个可能移动的完整树结构，直到到达游戏结束时的状态。此外，游戏的这种结束状态也被称为终结状态。针对这个终结状态，可以分配一个值：1 代表获胜，0 代表平局，−1 代表输棋。这些值反映了我们可预期的状态。比起平局，玩家更希望获胜；比起输棋，玩家更希望达成平局。

图 7-2 显示了这样一个示例。

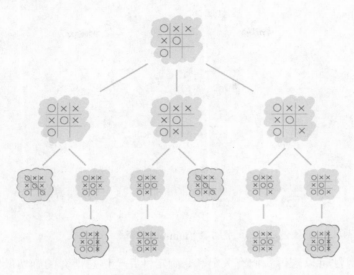

图 7-2　井字游戏所有状态的树结构

在终结状态下，能够返回到这样一个状态，即从该状态中，玩家可选择进入终结状态的移动。目标是找出可能的最佳移动的那个玩家，可以准确地确定他们将会从其所要采取的动作中获得什么值，即他们最终引导游戏走向的终结状态。很明显，他们会想选择一个能给自己带来最佳可能值的移动。如果他们可选择引导他们赢得游戏或者输掉游戏的方向的移动，那么他们将会选择引导他们到达获胜状态的移动。

选择终结状态的状态值于是被标记为玩家能够执行的最佳可能动作的值。这给出了处于这种状态的玩家的值。目前在玩的是两人游戏，因此如果回到一个状态，我们将处于这样一个状态，即在该状态下，另一玩家应该做出一个移动。现在，在我们的图上有对手将会通过其在该状态下的动作得到的值。

这是一个零和游戏，我们会希望对手发挥得尽可能的糟糕，因此我们会选择能导致对手得到最低值状态的移动。如果回顾状态图，会发现该图中标记了任何动作可能导致的具有最佳状态值的所有状态，于是能够准确地确定当前状态中的最佳动作是什么，如图 7-3 所示。

用这种方法，可以构建一个完整的树结构，该树结构会向我们展示在当前状态下可以做出的最佳移动。这种方法称为最小-最大算法，被早期研究人员用于国际象棋和跳棋游戏。

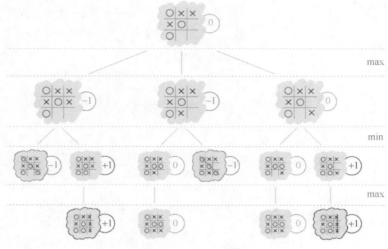

图 7-3　min-max 算法

　　尽管这种算法可以告诉我们有关零和、确定性完全信息博弈的确切最佳移动，但是它存在一个重大问题。国际象棋每个回合平均有 30 个可能移动，平均情况下，游戏会持续 40 个回合。因此，建立从国际象棋第一个状态到所有终结状态的图将需要大约 30^{40} 个状态。比这个更大量级的指令可能需要在世界上最好的硬件上运行。在谈到游戏时，玩家在每个回合可以进行的移动次数被称为**广度**，游戏在每个回合可进行的移动次数称为**深度**。

　　为了容易地将 min-max 算法用于国际象棋，需要大幅度降低搜索深度。可以将树结构向下构造到一个固定深度，例如从当前状态向下移动 6 步，而不是计算截至游戏结束的整个树结构。在不是实际终结状态的叶节点上，可以使用评估函数来估计玩家能在那一状态下获胜的可能性。

　　对于国际象棋，一个好的评估函数是对每个玩家的可用棋子数进行加权计数。这样，1 个“兵”得 1 分，1 个“象”或 1 个“马”得 3 分，1 个“车”得 5 分，1 个“后”得 8 分。如果我方有 3 个“兵”和 1 个“马”，我方就会得到 6 分；同样，如果你方有两个“兵”和 1 个“车”，你方就会得到 7 分，因此，你方领先 1 分。剩下的棋子多的棋手往往会在较量中获胜。然而，由于任何一个热衷于国际象棋的玩家都会做出好的换子策略，因此这种评估函数有其局限性。

7.3　实现 Python 井字游戏

　　现在我们来构建一个井字游戏的基本实现，这样就可以了解 min-max 算法是如何实现的了。如果读者不想复制所有这些内容，可以在 GitHub 存储库找到完整代码。

在棋盘游戏中，我们将使用一个 3×3 整数元组来表示。采用列表代替元组，这样之后便可以得到匹配棋盘状态间的等式。在本例中，0 表示尚未走过的格子。两名玩家将被标记为 **1** 和**–1**。如果一个玩家在一个格子里移动，那个格子上将被标上该玩家的号码。这时，我们可以执行：

```python
def new_board():
    return ((0,0,0),
            (0,0,0),
            (0,0,0))
```

在新棋盘上玩游戏之前，`new_board` 方法将被调用，之后，玩家便可以开始游戏了：

```python
def apply_move(board_state, move, side):
    move_x, move_y = move
    state_list = list(list(s) for s in board_state)
    state_list[move_x][move_y] = side
    return tuple(tuple(s) for s in state_list)
```

apply-move 方法采用 board_state 的 3×3 元组中的一个，并通过给定一方所采用的移动，返回一个新的 board_state。移动是长度为 2 的元组，其包含要作为两个整数移动到的空间的坐标。side 是一个整数，该整数代表正在进行移动的玩家，其值或者为 1，或者为–1：

```python
import itertools

def available_moves(board_state):
    for x, y in itertools.product(range(3), range(3)):
        if board_state[x][y] == 0:
            yield (x, y)
```

该方法给出了针对给定 3×3 board_state 的合规移动列表，即所有非零方阵。现在，只需一个方法来确定玩家是否拥有接连 3 次获胜标记即可：

```python
def has_3_in_a_line(line):
    return all(x==-1 for x in line) | all(x==1 for x in line)
```

has_3_in_a_ line 方法从棋盘上取 3 个方格序列。如果所有值都是 1 或者–1，那就意味着其中一个玩家已经得到连续 3 个标记并赢得比赛。然后，需要对井字游戏棋盘上每一条可能的线运行该方法，以确定该玩家是否赢了比赛：

```python
def has_winner(board_state):
    # check rows
    for x in range(3):
        if has_3_in_a_line (board_state[x]):
```

```
            return board_state[x][0]
    # check columns
    for y in range(3):
        if has_3_in_a_line([i[y] for i in board_state]):
            return board_state[0][y]
    # check diagonals
    if has_3_in_a_line([board_state[i][i] for i in range(3)]):
        return board_state[0][0]
    if has_3_in_a_line([board_state[2 - i][i] for i in range(3)]):
        return board_state[0][2]
    return 0 # no one has won
```

利用这些函数，就可以玩井字游戏了。从建立一个新棋盘开始，然后玩家依次选择移动并将这些移动应用到 board_state。如果发现没有可用的移动，则意味着游戏平局；否则，如果 has_winner 返回值 1 或者-1，意味着其中一个玩家获胜。现在来编写一个运行井字游戏的简单函数，其中采用我们所传入的方法来确定移动，这是我们将要尝试的不同 AI 玩家的控制策略：

```
def play_game(plus_player_func, minus_player_func):
    board_state = new_board()
    player_turn = 1
```

我们会声明方法，并将其应用到为每个玩家选择动作的函数。每个 player_func 将会有两个参数：第一个参数是当前的 board_state，而第二个参数是当前玩家的对手，值为 1 或者-1。player_turn 变量将用于对游戏进展进行跟踪。

```
while True:
    _available_moves = list(available_moves(board_state))
    if len(_available_moves) == 0:
        print("no moves left, game ended a draw")
        return 0.
```

这段代码是游戏的主循环。首先，要检查 board_state 上是否还有任何可用的移动，如果存在这样的移动，则意味着游戏没有结束，比赛是一场平局。

```
if player_turn > 0:
    move = plus_player_func(board_state, 1)
else:
    move = minus_player_func(board_state, -1)
```

运行决定轮到哪一方移动的函数。

```
if move not in _avialable_moves:
    # if a player makes an invalid move the other player
    wins
    print("illegal move ", move)
    return -player_turn
```

如果任何一个玩家做出了不合规的移动，就等于自动认输。agent 应该更清楚。

```
board_state = apply_move(board_state, move, player_turn)
print(board_state)

winner = has_winner(board_state)
if winner != 0:
    print("we have a winner, side: %s" % player_turn)
    return winner
player_turn = -player_turn
```

将移动应用于 `board_state` 并查看是否出现赢家。如果出现赢家，则游戏结束；如果没有出现赢家，则轮到另一玩家走棋，则 `player_turn` 切换到另一玩家，并重新循环。

下面是关于如何能够编写一个控制策略方法，即从可用的合规移动中完全随机地选择动作：

```
def random_player(board_state, side):
    moves = list(available_moves(board_state))
    return random.choice(moves)
```

现在让两个随机玩家展开较量，并查看输出是否存在以下情况：

play_game(random_player, random_player)

```
((0, 0, 0), (0, 0, 0), [1, 0, 0])
([0, -1, 0], (0, 0, 0), [1, 0, 0])
([0, -1, 0], [0, 1, 0], [1, 0, 0])
([0, -1, 0], [0, 1, 0], [1, -1, 0])
([0, -1, 0], [0, 1, 1], [1, -1, 0])
([0, -1, 0], [0, 1, 1], [1, -1, -1])
([0, -1, 1], [0, 1, 1], [1, -1, -1])
```
we have a winner, side: 1

现在有一个好方法用于棋盘游戏尝试不同的控制策略，我们可以先从一个 min-max 函数开始，该函数应该采用远远高于当前随机玩家所采用的标准。此外，读者也可以通过 GitHub 储存库找到 min-max 函数的完整代码（文件：`min_max.py`）。

井字游戏是一款有着很小可能性空间的游戏，因此可以简单地从棋盘起始位置运行针对整个游戏的 min-max 算法，直到完成对每个玩家可能的每一步的遍历为止。最好还是使用评估函数，但是其他大部分游戏并不需要如此操作。如果第三个空间是空的，求值函数会给我们一个点，这能让我们在一行中得到两个点；如果对方要做到这一点，情况将相反。首先，需要一种方法来对我们可能走棋的每一行打分。`score_line` 将接受长度为 3 的序列，并对其进行打分：

```
def score_line(line):
    minus_count = line.count(-1)
    plus_count = line.count(1)
    if plus_count == 2 and minus_count == 0:
        return 1
    elif minus_count == 2 and plus_count == 0:
        return -1
    return 0
```

然后，评估方法是简单地遍历井字游戏棋盘上的每一条可能的线，并进行统计：

```
def evaluate(board_state):
    score = 0
    for x in range(3):
        score += score_line(board_state[x])
    for y in range(3):
        score += score_line([i[y] for i in board_state])
    #diagonals
    score += score_line([board_state[i][i] for i in range(3)])
    score += score_line([board_state[2-i][i] for i in range(3)])

    return score
```

得出实际的 min_max 算法：

```
def min_max(board_state, side, max_depth):
    best_score = None
    best_score_move = None
```

前两个参数（大家已熟悉）是 board_state 和 side（下棋的任一方），max_depth 参数是新的。min-max 算法是递归算法，而 max_depth 是我们在停止沿着树结构向下移动之前所进行的递归调用的最大数量，并且只要计算它就能得到结果。每一次递归地调用 min_max 时，都会使 max_depth 减少 1，并且在其达到 0 值时，停止评估。

```
moves = list(available_moves(board_state))
if not moves:
    return 0, None
```

如果没有可做出的移动，那么就不需要进行任何评估，这意味着会是一个平局，因此返回一个得分 0。

```
for move in moves:
    new_board_state = apply_move(board_state, move, side)
```

现在，将遍历每一个合规移动，并使用所应用的那个移动来创建一个 new_board_state。

```
winner = has_winner(new_board_state)
```

```
if winner != 0:
    return winner * 10000, move
```

查看在该 new_board_state 下，是否已有玩家赢得游戏。如果已有玩家赢得游戏，则不再需要进行递归调用。在这里，将赢家的分数乘以 1000，这只是一个任意大的数字，因此实际胜负总被认为比我们可能从调用中得到的最极端结果更好或更坏。

```
else:
    if max_depth <= 1:
        score = evaluate(new_board_state)
    else:
        score, _ = min_max(new_board_state, -side, max_depth -1)
```

如果还没有一个获胜棋位，那么算法的精髓部分就开始了。如果已经达到了 max_depth，那么现在就是评估当前 board_state 以便得到当前棋盘状态对第一个玩家是否有利的启发式搜索的时候了。如果尚未达到 max_depth，则使用更低的 max_depth 来递归地调用 min_max，直到到达底部。

```
if side > 0:
    if best_score is None or score > best_score:
        best_score = score
        best_score_move = move
else:
    if best_score is None or score < best_score:
        best_score = score
        best_score_move = move
return best_score, best_score_move
```

有了对 new_board_state 下的分数的评估，基于自己属于哪一方，会想获得最佳或最差的得分棋位。我们会跟踪导致 best_score_move 变量中到这一棋位的移动，在方法末尾会返回一个分数。

现在可以创建一个 min_max_player 方法，以便跳转到之前的 play_game 方法：

```
def min_max_player(board_state, side):
    return min_max(board_state, side, 5)[1]
```

现在，如果使用 min_max_player 玩家对阵 random_player 玩家来进行一系列游戏，则会发现 min_max_player 玩家几乎每次都赢得比赛。

min_max 算法虽然很重要，但从未被应用于实践，因为它具有一个更好的版本：带有 alpha-beta 剪枝的 min-max 算法。该算法利用了这样一个事实，即可以忽略或修剪树结构的某些分支，无须对其进行全面评估。alpha-beta 剪枝将会产生与 min_max 算法相同的结果，但平均而言，其搜索时间会是 min_max 算法的一半。

　　为了解释 alpha-beta 剪枝背后的思想，让我们考虑：在构建 min-max 树结构时，一半节点会做出最大化得分的决定，而另一半节点会做出最小化得分的决定。当开始评估一些叶节点时，会得到对最小（min）和最大（max）决策都有好处的结果。如果通过树结构分数接受某条路径（如-6），那么 min 分支会知道它可以通过跟进该分支得到这个分数。阻止它使用此分数的是最大化决策必须做出决策，并且不能选择对 min 节点有利的叶节点。

　　但随着完成对更多叶节点的评估，另一个得分（+5）可能会有利于 max 节点。max 节点永远不会选择比这更糟糕的结果。但是现在有了 min 和 max 的分数，则知道如果沿着 min 最佳分数低于-6 而 max 最佳分数低于+5 的分支走下去，则 min 和 max 都不会选择这个分支，这样可以节省对整个分支的评估。

　　alpha-beta 剪枝法中的 alpha 会存储 max 决策所能达到的最佳结果。beta 会存储 min 决策所能达到的最佳结果（最低得分）。如果 alpha 大于或等于 beta，则得出我们可以跳过对当前所处分支的进一步评估。这是因为这两个决策已经有了更好的选择。

　　使用 alpha-beta 剪枝法的 min-max 算法如图 7-4 所示。在这里，从第一片叶节点来看，可以将 alpha 值设置为 0。这是因为一旦最大玩家在一个分支中找到了分数 0，它就不再需要选择更低的分数。下一步，在整个第三个叶节点中，分数再次为 0，那么 min 玩家就可以将它们的 beta 值设置为 0。因为 alpha 和 beta 的值均为 0，因此不再需要对被忽略分支进行评估。

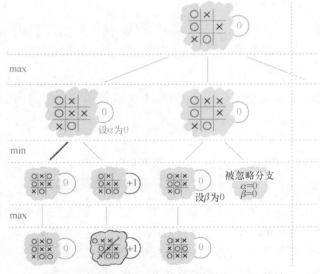

图 7-4　使用 alpha-beta 剪枝法的 min-max 算法

要理解这一点，则要考虑从评估分支中得到的所有可能结果。如果它会产生分数 "+1"，那么 min 玩家只会在其得到分数 0 的时候选择一个已存在分支。在这种情况下，连接到被忽略分支的分支留下。如果得分为–1，那么 max 玩家只会在其得到 0 值时选择图像中最左侧分支。最后，如果结果得分是 0，则意味着没有改善，因此对棋位的评估保持不变。玩家永远不会得到这样的结果，即评估一个分支会改变对棋位的总体评估。下面是使用 alpha-beta 剪枝法的 min-max 算法示例：

```python
import sys

def
min_max_alpha_beta(board_state, side, max_depth,
                   alpha=-sys.float_info.max,
                   beta=sys.float_info.max):
```

现在将 alpha 和 beta 均作为参数传入；停止对小于 alpha 或者大于 beta 的分支的搜索：

```python
best_score_move = None
moves = list(available_moves(board_state))
if not moves:
    return 0, None

for move in moves:
    new_board_state = apply_move(board_state, move, side)
    winner = has_winner(new_board_state)
    if winner != 0:
        return winner * 10000, move
    else:
        if max_depth <= 1:
            score = evaluate(new_board_state)
        else:
            score, _ = min_max_alpha_beta(new_board_state,
            -side, max_depth - 1, alpha, beta)
```

现在，当递归地调用 `min_max_alpha_beta` 时，会传入新的 `alpha` 和 `beta` 值，它们可能作为搜索组成部分已进行过更新。

```python
if side > 0:
    if score > alpha:
        alpha = score
        best_score_move = move
```

表达式 `side > 0` 意味着我们将最大化分数，因此，如果 `alpha` 中的分数比当前 `alpha` 更好的话，我们将把分数存储在 `alpha` 中。

```python
else:
    if score < beta:
```

```
        beta = score
        best_score_move = move
```

如果 side< 0，我们将最小化分数，因此会在 beta 中存储最低分数。

```
if alpha >= beta:
    break
```

如果 alpha 大于等于 beta，则此分支无法改善当前分数，因此我们会停止对该分支的搜索：

```
return alpha if side > 0 else beta, best_score_move
```

1997 年，IBM 创建了一个名为"深蓝（Deep Blue）"的国际象棋程序。这是第一个击败国际象棋冠军加里·卡斯帕罗夫（Garry Kasparov）的程序。虽然该程序取得了惊人成就，但很难将其称为深蓝智能。虽然它的计算能力非常强大，但其底层算法与 20 世纪 50 年代的 min-max 算法是一样的。唯一的区别就是：Deep Blue 在国际象棋中利用了开放理论。

开放理论由一系列从起始位置开始的移动组成，并且已知这些移动会导致有利或不利的棋位。例如，如果白棋以移动"兵"e4（"王"前面的兵向前移动两格）开始，那么黑棋以移动"兵"c5 作为回应。这就是所谓的"西西里防御"，并且在很多关于游戏序列的书中都是从这个位置开始的。通过编程，Deep Blue 可以采用这些开局库所推荐的最佳移动，并且只有游戏的开局线到达终点时才计算最佳 min-max 移动。这样会节省计算时间，不过，它只是利用了大量人类研究，即在国际象棋开局阶段的最佳棋位研究。

7.4　学习价值函数

让我们更详细地了解一下 min-max 算法到底要进行多少计算。如果有一个广度为 b、深度为 d 的游戏，那么用 min-max 算法来评估一个完整游戏将需要构建一个最终可能具有 d^b 个叶节点的树结构。如果通过评估函数来使用最大深度 n，它会将树结构大小减少至 n^b。但这是一个指数方程，即使 n 小到 4、b 小到 20，仍然会有 1099511627776 种可能性需要评估。这里的折中做法是，当 n 减少时，评估函数将在较浅级别被调用，在该级别，它的质量可能要比在估计棋位的质量差得多。再想想国际象棋，我们的计算函数就是简单地计算棋盘上剩下的棋子数量。停在一个较浅点上可能会忽略这样一个事实，即最后一次移动将"后"置于接下来移动中采取的棋位。深度越大，也意味着评估的精度越高。

7.5 训练 AI 掌握围棋

国际象棋的可能性虽然很大，但还不至于大到利用一台功能强大的计算机打败最伟大的人类棋手。作为起源于中国的游戏，围棋更是复杂得多。如图 7-5 所示，在围棋游戏中，棋子可被放在 19×19 棋盘上的任何棋位。首先，围棋上有 361 个可能移动。所以要向前搜索 k 个移动，必须考虑 361^k 种可能。让事情变得更加困难的是，在国际象棋中，可以通过计算每一方的棋子数量来比较准确地评价一个棋位的好坏，但是在围棋中，尚未发现如此简单的评估函数。要知道一个棋位的值，必须计算到游戏结束（200 余步移动）以后。这使得游戏不可能通过使用 min-max 算法来达到一个好标准。

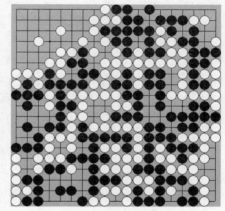

图 7-5 围棋游戏

为更好地理解围棋的复杂性，有必要思考一下人类是如何学习下围棋和国际象棋的。当初学者开始学习国际象棋时，他们会朝棋盘上的对方方向做出一系列移动。在某一时刻，他们会做出一个使其一个棋子处于被对方捕捉的移动。那么，对手就会抓住机会，吃掉棋子。初学者会在那时立刻意识到他们刚才的一步是错误的，并且如果他们想要提高水平，就不能再犯同样的错误了。玩家很容易发现自己做错了什么，不过不断地纠正自己的错误可能需要大量练习。

或者，当初学者学习围棋时，看起来会像是在棋盘上做出一系列几乎随机的移动。在某一时刻，两个玩家的移动都用完了，就要统计棋位，看谁赢得了比赛。初学者会发现自己输掉了比赛并盯着不同棋位上的一堆棋子看，想知道到底发生了什么。对人类来说，围棋是一项有点儿难的游戏，需要有丰富的经验和技能才能理解玩家哪里出错了。

此外，围棋没有国际象棋那样的开局库。围棋的开局库不是计算机可以采用的一系列移动，而是许多一般原则，例如锁定棋盘角落的形状或者占据棋盘角落的方法。在围棋中有一种叫作 Joseki 的东西，它是经研究会带来不同优势的一系列移动。但所有这些都必须在玩家确认具体安排可行的情况下应用，它们并非可以盲目照搬的移动。

对于像围棋这样很难做出评估的游戏，可以采用的一种方法是**蒙特卡罗树搜索**（Monte Carlo Tree Search，MCTS）。如果读者研究过贝叶斯概率，就会听说过蒙特卡罗采样。这涉及从概率分布中采样以获得难以处理的值的近似值。MCTS 与之相似。单个样本涉及针对每个玩家随机选择移动，直到到达终结状态。要维护每个样本的统计信息，以便在完成后可以从当前状态中选择平均成功率最高的移动。下面是一个关于我们所谈及的井字游戏 MCTS

应用示例。此外，也可以通过 GitHub 资源库（文件：`monte_carlo.py`）找到完整代码：

```
import collections

def monte_carlo_sample(board_state, side):
    result = has_winner(board_state)
    if result != 0:
        return result, None
    moves = list(available_moves(board_state))
    if not moves:
        return 0, None
```

这里的 `monte_carlo_sample` 方法会生成来自给定棋位的单个样本，该方法有 `board_state` 和 `side` 两个参数。在达到终结状态之前，将会递归地调用该方法，最终结果是，要么因为无法进行新移动而达成平局，要么一方获胜。

```
# select a random move
move = random.choice(moves)
result, next_move = monte_carlo_sample(apply_move(board_state,
move, side), -side)
return result, move
```

移动将会从棋位的合规移动中随机选择一个，并且将递归地调用示例方法：

```
def monte_carlo_tree_search(board_state, side, number_of_samples):
    results_per_move = collections.defaultdict(lambda: [0, 0])
    for _ in range(number_of_samples):
        result, move = monte_carlo_sample(board_state, side)
        results_per_move[move][0] += result
        results_per_move[move][1] += 1
```

从这个棋盘状态中获取蒙特卡罗样本，并根据样本更新结果：

```
move = max(results_per_move,
    key=lambda x: results_per_move.get(x)[0] /
            results_per_move[move][1])
```

得到具有最佳平均值的移动：

```
return results_per_move[move][0] / results_per_move[move][1],
move
```

这是一种会将所有一切结合在一起的方法。我们将调用 `monte_carlo_smaple` 方法 `number_of_samples` 次，对每次调用的结果进行跟踪，然后返回具有最佳平均值的移动。

思考一下从 MCTS 中得到的结果与 min-max 算法所引起的结果的不同是很好的做法。如果以国际象棋为例，在图 7-6 所示的棋位上，白棋赢得一步，将"车"放在 c8 给出一个绝杀。如果使用 min-max 算法，这个棋位将被评估为白棋的获胜棋位。但是如果使用 MCTS，鉴于这里的所有其他移动都可能导致黑棋获胜，则该棋位将被评估为利于黑棋。这就是为什么 MCTS 在国际象棋方面表现很差，并且读者应该明白为什么 MCTS 只能在 min-max 算法不可行的情况下才使用。在围棋中，通常使用 MCTS 会发现最佳 AI 性能。

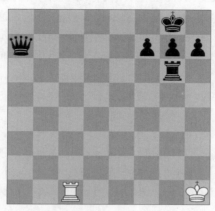

图 7-6　蒙特卡罗采样评估出来的不好象棋棋位。如果白棋要移动，
白棋会获胜一步；然而，如果样本随机移动，黑棋将有机会获胜

7.6　应用于树结构的置信上限

总的来说，min-max 算法给出了在给定完全信息情况下一个位置的实际棋位最佳移动。不过，MCTS 只给出一个平均值，虽然它能让我们处理那些无法用 min-max 算法进行评估的更大的状态空间。如果给了足够评估，就有办法改进 MCTS 从而使其可以收敛到 min-max 算法吗？有，应用于树结构的带上限置信区间算法（Upper Confidence Bound Apply to Tree, UCT）的蒙特卡罗树搜索便能实现这一点。其背后的思想是把 MCTS 当作一个多臂投币机问题来对待。多臂投币机问题是：有一组投币机，每台投币机都有不确定的派彩以及每场游戏所收到的平均款项。每台机器的派彩都是随机的，且平均派彩可能会存在很大变化。我们该如何决定玩哪台投币机呢？

选择投币机时需要考虑两个因素。第一个因素是价值，它是指投币机将输出的预期回报。为了最大化派彩，需要始终用最高预期派彩来玩投币机。第二个因素是探索价值，我们希望我们的游戏机增加关于不同机器派彩的信息。

如果玩 3 次投币机，得到的派彩是 13、10 和 7（平均派彩为 10）。此外，我们拥有投币机 B，玩过 1 次，得到的派彩是 9。在这种情况下，最好是玩投币机 B，因为虽然相对于 10，其平均派彩（9）较低，但事实是，我们只玩过 1 次，意味着较低的派彩可能只是运气不佳。如果再玩一次可能得到派彩 13，那么通过投币机 B，平均得分将是 11。

因此，我们应该用投币机 B 以获取最好派彩。

多臂投币机问题被广泛应用于数学研究。如果能将 MCTS 评估重新定义为一个多臂投币机问题，则可以利用这些成熟理论。一种考虑问题的方法是，不是将问题视为最大化奖励的问题，而是将它看作一个具有最小化遗憾的问题。这里的遗憾被定义为我们从所玩投币机得到的奖励和最佳投币机使我们将能得到的最大可能奖励之间的差值。如果遵循一个策略，则 $\pi(a)$ 会选择一个在每一时间步长都给予奖励的动作。在给定作为最佳可能行动奖励的 $r*$ 的情况下，t 场游戏的遗憾将会如下所示：

$$regret_t = E\left[\sum_{t-1}^{t} r - \pi(a)\right]$$

如果选择一种总能挑选具有最高奖励的游戏机的策略，那么这些游戏机可能并不是真正的最佳投币机。因此，我们的遗憾会随着每场游戏呈线性增加。同样，如果采取一种总是试图找到最佳投币机的策略，我们的遗憾也会呈线性增加。我们想要的是一个可在亚线性时间内增加的 $\pi(a)$ 的策略。

最佳理论解基于置信区间进行搜索。置信区间是指我们所预期的真实平均值的范围（具有一定概率）。面对不确定性，希望保持乐观。如果有什么不知道的情况，就会想找出答案。置信区间代表着我们面对给定随机变量的真均值的不确定性。基于"你的样本均值"加上"置信区间"来选择；在利用它的同时，它会鼓励你去探索可能性空间。

对于介于 0～1 范围内的 n 个样本的独立同分布（Independently Identically Distribution，IID）随机变量 x，真均值大于样本平均值——$\bar{x}_n$ 加上常数 u——由霍夫丁不等式给出［作者：Hoeffding、Wassily（1963），发表于 *Journal of the American Statistical Association* 的 *Probability Inequalities for Sums of Bounded Random Variables*］：

$$P[E(x) > \bar{x}_n + u] \leqslant e^{-2nu^2}$$

针对每台投币机，想用这个不等式来求出置信上限。$E(x)$、x 和 n 都是我们已经掌握的统计数据的组成部分。需要求解该不等式，用它来求 u。为了做到这一点，把不等式的左侧简化为 p，然后求出左侧等于右侧：

$$p = e^{-2nu^2}$$

我们可以对其重新排列，以便用 n 和 p 来定义 u：

$$\ln p = -2nu^2$$

$$\frac{-\ln p}{2n} = u^2$$

$$u = \sqrt{\frac{-\ln p}{2n}}$$

现在我们应该为 p 选择一个值，以便可以随着时间逐渐提高精确度。如果设置 $p = n^{-4}$，那么当 n 接近无穷大时，遗憾将趋向于 0。进行替换之后，可以将其简化成以下等式：

$$u = \sqrt{\frac{-2\ln n}{n}}$$

"均值"加上 u 是置信上限，所以可以用它来给出 **UCB1** 算法。我们可以用前面所看到的多臂投币机问题中的值来替换值，其中 r_i 是从机器 i 获得的奖励的总和，n_i 是机器 i 上的游戏次数，n 是所有机器的游戏次数：

$$\frac{r_i}{n_i} + \sqrt{\frac{2\ln n}{n_i}}$$

我们总是想选择一台会给我们这个等式带来最高分数的机器。如果这样做，遗憾值会随着游戏次数的增加而呈对数增长，从理论上讲，这是我们所能做到的最好程度。针对我们的行动选择使用这个等式会有这样的行为，即我们将在早期尝试的一系列机器上的行为，但越是尝试单一机器，它最终就会鼓励我们去尝试不同的机器。

还应该记住，在这一系列等式的开始阶段的假设是，对于早期等式中的 x，以及我们将其应用于多臂投币机问题时，r 的范围是位于 0～1 的范围内的值。因此，如果在该范围内无法运行，则需要扩大我们的投入。但是，我们并没有对分布的性质做出任何假设，它可以是高斯分布、二项式分布等。

针对一组未知分布采样的问题，现在有了一个最优解，那么如何将它应用到 MCTS 呢？最简单的方法是：只将当前棋盘状态的第一个移动视为投币机。尽管这会稍微改善顶层估计，但其下的每一步都将是完全随机的，这意味着 r_i 估计会非常不准确。

或者，我们可将树结构每一分支上的每一步都视为一个多臂投币机问题。这样做存在的问题是，如果树结构很深，随着评估的深入，我们将达到从未到过的棋位，因此我们将没有可供选择的移动范围样本。我们将针对大范围棋位保留大量统计数据，其中的大部分将会永远都不被用到。

树结构的置信上限是一种折中的解决方案，可用于执行接下来要讨论的事情。我们将从当前棋盘状态中做出连续 rollout。在树结构的每一分支上，会有一系列移动可供选择，如果针对每个潜在移动都有先前样本统计信息，我们将使用 UCB1 算法来选择针对 rollout 进行何种动作。如果没有每个移动的样本统计信息，我们将随机选择移动。

如何决定要保留哪些样本统计数据信息？对于每个 rollout，先前未统计的棋位的第一个新统计信息会被保留。在完成 rollout 之后，要对正在跟踪的每个棋位的统计信息进行更新。这样，我们会忽略沿着 rollout 向下的更深层的所有棋位。在进行 x 次估计之后，我们的树结构应该正好有 x 个节点，对应每个 rollout 长出一个节点。更重要的是，我们所跟踪的节点可能会围绕在我们最常使用的路径周围，这样，我们可以通过增加移动（我们沿着树结构进一步评估的移动）的准确率来增加顶层评估的准确率。具体步骤如下。

（1）从当前棋盘状态开始执行 rollout。在选择移动时，请执行以下步骤。

- 如果拥有从当前棋位开始的每个移动的统计信息，请使用 UCB 算法来选择移动。

- 否则，随机选择移动。如果这是第一个随机选择的棋位，将其添加到我们要针对其保留统计信息的棋位列表中。

（2）运行 rollout，直至到达终结状态，该状态将给出该 rollout 的结果。

（3）更新要为之保持统计信息的每个棋位的统计信息，说明在 rollout 中所遍历的内容。

（4）重复上述步骤，直至达到最大 rollout 数为止。应用于树结构的置信上限（每个棋位的统计数据）如图 7-7 所示。

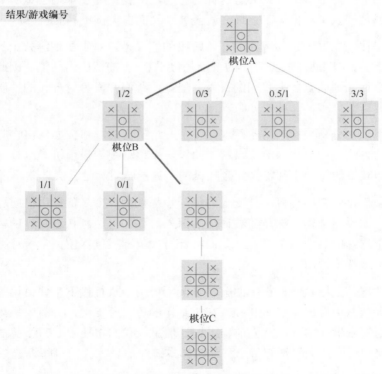

图 7-7　应用于树结构的置信上限

（5）图 7-7 显示了这个过程是如何发生的。在**棋位 A**，有针对所有 4 个可能移动所收集的统计数据。因此，UCB 算法可被用来选择最佳移动，以获得利用价值。在棋位 A，选择了最左侧移动，这个移动会把我们引向**棋位 B**。在这里，只收集了这 3 个可能移动中的两个移动的统计数据，因此，针对此 rollout 进行的移动是随机选择的。偶然地选择了最右侧移动，在最终到达**棋位 C** 时，随机选择其他移动，在棋位 C，黑棋获胜。该信息将应用于图，如图 7-8 所示。

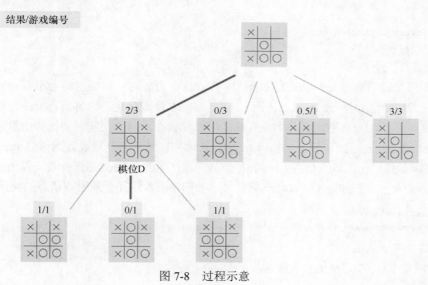

图 7-8　过程示意

（6）把已走过的任何棋位的已有统计信息添加到统计信息中，棋位 B 处的 1/2 变成了棋位 D 处的 2/3。此外，我们也添加了所遇到的没有统计信息的第一个棋位的统计信息，在这里，它是第二行最右侧棋位。由于黑棋获胜，现在的比分为 1:1。如果再次选择该分支，并且到达棋位 D，则使用 UCB 算法来选择移动（而不是像之前一样随机选择）。

（7）以下代码类似于进行 Python 井字游戏时的代码。

```
def upper_confidence_bounds(payout, samples_for_this_machine, log_
total_samples):
    return payout / samples_for_this_machine
        + math.sqrt((2 * log_total_samples)
                    / samples_for_this_machine)
```

首先，我们需要一个计算 UCB1 的方法，这是 Python 中的 UCB 等式。其中一个区别是，因为它允许我们稍后进行小优化，因此我们将使用 `log_total_samples` 作为输入。

```
def monte_carlo_tree_search_uct(board_state, side, number_of_
```

```
rollouts):
    state_results = collections.defaultdict(float)
    state_samples = collections.defaultdict(float)
```

说明方法以及两个词典（state_results 和 state_usamples）。它们会对在 rollout 期间将遇到的不同棋盘状态下的统计数据进行跟踪。

```
for _ in range(number_of_rollouts):
    current_side = side
    current_board_state = board_state
    first_unvisited_node = True
    rollout_path = []
    result = 0
```

主循环是针对每个 rollout 进行的操作。在 rollout 开始时，需要对将会跟踪 rollout 内进程的变量进行初始化处理。first_unvisited_node 将跟踪是否针对该 rollout 创建了跟踪节点的新统计信息。一旦遇到第一个没有统计信息的状态，则要创建新的统计信息节点，将其添加到 state_results 和 state_samples 库中，然后将变量设置为 False.rollout_path 将跟踪我们在该 rollout 中访问的每个节点，这里的 rollout 是指针对其保留统计信息节点的 rollout。一旦在 rollout 结束时获得结果，我们将沿着路径更新所有状态的统计信息。

```
while result == 0:
    move_states = {move: apply_move(current_board_state,
    move, current_side)
                for move in
                available_moves(current_board_state)}

    if not move_states:
        result = 0
        break
```

while result==0 会让我们进入一个 rollout 循环；该循环将一直运行直到一方获胜。在 rollout 的每个循环中，首先要构建一个词典 move_states，该词典会将每个可用移动映射到移动将我们带入的状态。如果没有可进行的移动，则说明我们处于一个终结状态，这就是一个平局。因此，需要将其记录为结果，并摆脱 rollout 循环。

```
if all((state in state_samples) for _, state in
move_states):
    log_total_samples = math.log(sum(state_samples[s]
    for s in move_states.values()))
    move, state = max(move_states, key=lambda _, s:
    upper_confidence_bounds(state_results[s],
    state_samples[s], log_total_samples))
else:
    move = random.choice(list(move_states.keys()))
```

现在需要选择在这一步 rollout 将要采用的移动。根据 MCTS-UCT 算法，如果我们拥有每一个可能移动的统计信息，就可以选择具有最佳 upper_confidence_bounds 得分的移动；否则，就做出随机选择。

```
current_board_state = move_states[move]
```

既然已经选择了移动，那么就可以将 current_board_state 更新为移动让我们处于的状态。

```
if first_unvisited_node:
    rollout_path.append((current_board_state,
    current_side))
    if current_board_state not in state_samples:
        first_unvisited_node = False
```

现在我们需要查看是否已经到达 MCTS-UCT 树的末端。我们把所访问的每个节点添加到 rollout_path 中，直到首个先前未访问节点，一旦从该 rollout 得到结果，我们将更新这些节点的统计信息。

```
current_side = -current_side
result = has_winner(current_board_state)
```

我们处于 rollout 循环的末端，因此要为下一个迭代切换双方，并查看在当前状态下是否有人获胜。如果有人获胜，当返回 while result==0 语句时，该语句将会使我们脱离 rollout 循环。

```
for path_board_state, path_side in rollout_path:
    state_samples[path_board_state] += 1.
    result = result*path_side/2.+.5
    state_results[path_board_state] += result
```

现在已经完成一个完整 rollout，因此离开了 rollout 循环。现在，我们需要用结果来更新统计信息。rollout_path 包含我们想要更新的每个节点的 path_board_state 和 path_side，因此我们需要遍历其中的每个条目。最后要说明两点：首先，来自游戏的结果会介于-1～1，但是 UCB1 算法期望其派彩介于 0～1，代码 result*path_side/2.+.5 可以做到这一点；其次，我们还需要将结果切换到表示它们所代表的一方。对对手好的移动，对我方则正好相反（即属于不好的移动）。

```
move_states = {move: apply_move(board_state, move, side) for
move in available_moves(board_state)}

move = max(move_states, key=lambda x:
state_results[move_states[x]] / state_samples[move_states[x]])

return state_results[move_states[move]] /
```

```
state_samples[move_states[move]], move
```

最后，一旦完成了所需的 rollout 数量，我们就可以根据预期的最佳派彩从当前状态中选择最佳移动，不需要再使用 UCB1 算法来选择最佳移动。因为这是最终决定，做任何额外探索都没有价值；最佳移动就是最佳平均派彩。

这就是 MCTS-UCT 算法，该算法有着许多具有不同优点的不同变体，这些变体适用于不同情况，但它们的核心逻辑是相同的。MCTS-UCT 提供了使用庞大搜索空间来判断游戏（如围棋）移动的一种通用方法。它不仅局限于完全信息博弈，往往也能在具有部分被观察状态的游戏中有不错表现，例如在扑克牌中，抑或更一般地，任何我们可能遇到且可以针对其进行重新匹配的问题，例如将其用作自动定理证明机的基础。

7.7　蒙特卡罗树搜索中的深度学习

即使借助 MCTS-UCT 算法，计算机可能还是无法击败最好的围棋玩家，然而，2016年，一支来自 Deep Mind 的团队开发了名为 AlphaGo 的 AI。该 AI 在 5 场系列赛中，以 4:1 的成绩击败了世界顶级围棋选手李世石。他们做到这一点的方法是针对标准 MCTS-UCT 算法进行了 3 点改善。

如果要思考为什么 MCTS 如此不准确，一个直观答案可能是，当我们知道某些移动会比其他移动更有可能时，评估中所用到的移动都是随机选择的。在围棋中，当存在争夺角落控制权的情况时，围绕该区域的移动就是比在棋盘另一边的移动好得多的候选项。如果我们有很好的方法来选择可能要进行的移动，那就会大大降低搜索广度，并通过扩展，提高 MCTS 评估的准确性。如果回到前面棋位，虽然可以采用每一个合规移动，但是如果在与一个没有任何棋艺只会使用获胜移动的人对弈时，那么对其他移动的评估只是在浪费 CPU 周期。

这就是深入学习能够帮助到我们的地方。我们能够利用神经网络的模式识别特性来对给定棋位游戏中将采纳的移动概率做出粗略估计。对于 AlphaGo，它使用了具有 ReLU 函数的 13 层卷积网络。网络的输入是 19×19 棋盘状态，网络输出是另一个 19×19 softmax 层，其代表着在棋盘每个方格中将采用的移动的概率。然后，在一个大型专家级人类围棋游戏数据库上对其进行训练。损失函数是网络激活和所做出的人类移动之间的平均均方误差。在给定足够训练的情况下，网络学会了针对测试集用 57% 的精度来预测人类移动。在这里使用测试集尤其重要，因为过拟合是一个大问题。除非网络能把它对棋位的理解推广至先前看不到的棋位，否则它就是无用的。

如果想要实现前面井字游戏示例中的类似操作，只需要用 monte_carlo_sample 方法替代 move=random.choice(moves) 代码或者用训练过的神经网络所选的移动来替代 UCT 即可。如果拥有大量示例游戏训练集，那么这种技术将适用于任何离散游戏。

如果没有示例游戏数据库，则可以使用另一种方法。如果有一个有点儿棋艺的 agent，甚至可以使用该 agent 生成示例游戏的初始集合。例如，一种好的方法是使用 min-max 算法或 MCTS-UCT 算法生成示例棋位和移动。然后可以训练网络从集合中选择移动。这是一种很好的方法，它可以让网络学会如何在一个足够好的标准下进行一场游戏，这样它至少可以用看似合理的移动（而不是完全随机的移动）来探索游戏空间。

如果实现了这样一个神经网络，用它来选择在蒙特卡罗 rollout 中要使用的移动，那么我们的评估将会更加准确，但仍将面临这样一个问题：当我们仍然关心来自所做出的移动的最佳结果时，MCTS 将评估均值。在这里，我们可以引入强化学习来改进 agent。

7.8 快速复习强化学习

在了解第 1 章中的不同类型学习过程（即监督学习、无监督学习和强化学习）时，我们首次谈及强化学习。在强化学习中，agent 会从环境中获得奖励。例如，agent 可能会是迷宫里的一只老鼠，奖励可能会是在迷宫中某个地方的食物。强化学习有时有点像一个有监督递归网络的问题。网络会被赋予一系列数据，并且它必须学习一个响应。

使任务成为强化学习问题的关键在于，agent 可给出的响应会更改它在未来时间步长中接收到的数据。如果老鼠在迷宫的 T 型区向左（而不是向右）转向，它就会改变其下一个状态。有监督递归网络只会预测一个序列，它们所做出的预测不会影响序列中的未来值。

AlphaGo 网络已经进行过有监督训练，但现在可以将该问题重新编排为强化学习任务，以便进一步改进 agent。针对 AlphaGo，创建了一个与有监督网络共享结构和权值的新网络。然后，继续使用强化学习（尤其是使用一种名为"策略梯度"的算法）来对其进行训练。

7.9 用于学习策略函数的策略梯度

策略梯度旨在解决一个更通用版本的强化学习问题，即如何在没有梯度的任务上使用反向传播（从奖励到参数输出）。为给出一个更具体的示例，我们有一个在给定状态 s 和参数 θ（神经网络权值）的情况下可以产生采用动作的概率的神经网络：

$$p(a\,|\,s,\theta)$$

此外，我们还有奖励信号 R。动作会影响到我们所采取的奖励信号，但在动作和参数之间没有梯度。

没有可以用来传入 R 的等式；它只是从环境中得到的一个对应 a 的值。

然而，鉴于我们已经知道在所选择的 a 和 R 之间存在联系，我们可以做出一些尝试。我们可以从高斯分布中为我们的 θ 创建一系列值，并在环境中运行它们。接着，可以从最成功的一组中选出一个百分比，并获得它们的均值和方差。然后，我们要使用高斯分布中的新均值和方差来创建一个新群 θ。我们可以一直这样迭代下去，直到不再看到 R 有改进，最后将最终平均值用作参数的最佳选择。这种方法被称为"**交叉熵方法**"。

虽然交叉熵方法可能会相当成功，但这是一种爬山方法，其并不适用于探索可能性空间。它很可能会陷入局部最优，这在强化学习中很常见，而且，它也没有利用梯度信息。

要使用梯度，可以利用这样一个事实，即虽然 a 和 R 之间不存在具体的数字关系，但存在概率关系。相对于其他，在某些 s 中采用的某些 a 将会得到更多的 R。可将得到针对 R 的 θ 梯度的问题写成如下等式：

$$\nabla_\theta E_t\{R\} = \nabla_\theta \sum_t P(a\,|\,s,\theta)r_t$$

在这里，r_t 是时间步长 t 时的奖励。等式可被重新排列为：

$$\nabla_\theta E_t\{R\} = \sum_t \nabla_\theta P(a\,|\,s,\theta)r_t$$

如果用 $P(a\,|\,s,\theta)$ 对其执行乘法和除法，会得到以下结果：

$$\nabla_\theta E_t\{R\} = \sum_t P(a\,|\,s,\theta)\frac{\nabla_\theta P(a\,|\,s,\theta)}{P(a\,|\,s,\theta)}r_t$$

使用事实 $\nabla_x \log(f(x)) = \dfrac{\nabla_x f(x)}{f(x)}$ 将其简化为：

$$\nabla_\theta E_t\{R\} = \sum P(a\,|\,s,\theta)\nabla_\theta \log(P(a\,|\,s,\theta))r_t$$

这意味着，如果沿着每个时间步长上奖励梯度方向的对数传入参数，常常会使所有时间步长都朝着奖励梯度移动。要在 Python 中实现这一点，需要采取以下步骤。

（1）创建一个神经网络，其输出是给定输入状态情况下采取不同动作的概率。按照前面的等式，它将表示为 $P(a \mid s, \theta)$。

（2）使用 agent 在其环境中运行一批训练集（episode）。根据网络的概率分布输出，随机选择其动作。在每个时间步长中，记录输入状态、所收到的奖励以及实际采取的动作。

（3）在每个训练集结束时，使用训练集中从那一点起的奖励总和实现奖励在每一步长的分配。在像围棋这样的游戏中，这将仅仅是代表应用于每个步长的最终结果的 1、0 或 –1。这将代表方程中的 r_t。对于更加动态的游戏，可使用折扣奖励。关于折扣奖励，将在第 8 章中进行详细讲解。

（4）一旦存储了一组运行训练集的状态，我们会通过更新网络参数来训练它们，其中参数是基于"网络输出日志"乘以"所采取的实际移动次数"乘以"奖励"。这被用作神经网络的损失函数。作为单一批次更新，针对每个时间步长执行该操作。

（5）然后，从第 2 步开始重复这个过程，直到在一定数量的迭代下或者在环境中的某个得分上到达一个停止点。

上述循环的效果是，如果一个动作与正奖励相关联，则会增加导致处于那一状态的该动作的参数。如果是负奖励，则会减少导致该动作的参数。需要注意的是，要使该动作起作用，我们需要获得一些负奖励；否则，随着时间的推移，所有动作都会被挂起。如果这种情况不是自然发生的，最好的选择是对每一批奖励进行正则化处理。

研究已表明，策略梯度算法是学习一系列复杂任务的一种成功算法，然而它可能需要很长时间才能训练好，而且对学习率非常敏感。过高的学习率以及行为都会引起剧烈振动，以至于由于不够稳定，永远无法学习任何节点信息；如果学习率太低，则永远不会收敛。这就是为什么将 RMSProp 用作优化器。具有固定学习率的标准梯度下降通常都不太成功。此外，虽然这里所显示的示例是针对棋盘游戏的，但在学习更加动态的游戏中（例如 *Pong*），它也非常有效。

现在让我们针对井字游戏的 `play_game` 方法创建 `player_func` 函数，该函数使用策略梯度来学习最佳游戏玩法。我们将建立以棋盘九方格作为输入的神经网络。数字"1"是玩家的标记，"–1"是对手的标记，"0"是未标记方格。在这里，网络将设立 3 个隐藏层，每个层都有 100 个隐藏节点和 ReLU 函数。此外，输出层还将包含 9 个节点，每个棋盘方格对应一个节点。因为想要最终输出作为最佳移动的移动概率，所以希望最后一层中的所有节点的输出总和为 1。这意味着，使用 softmax 函数是一种自然选择。softmax 函数如下所示：

$$y_i = \frac{c^{x_i}}{\sum_j c^{x_j}}$$

其中，x 和 y 是具有相同维度的向量。

下面是在 TensorFlow 中创建网络的代码。完整代码也可以通过 GitHub 存储库（policy_gradients.py）找到。

```
import numpy as np
import tensorflow as tf


HIDDEN_NODES = (100, 100, 100)
INPUT_NODES = 3 * 3
LEARN_RATE = 1e-4
OUTPUT_NODES = INPUT_NODES
```

首先，导入将被用于网络的 NumPy 和 TensorFlow，并创建几个稍后将会用到的常量变量。3×3 输入节点是指棋盘大小。

```
input_placeholder = tf.placeholder("float", shape=(None, INPUT_NODES))
```

input_placeholder 变量是保持神经网络输入的占位符。在 TensorFlow 中，占位符被用于向网络提供所有值。在运行网络时，它将被设置为游戏的 board_state。此外，input_placeholder 的第一个维度是 None。这是因为，正如本书中多次提到的，训练小批量会快速得多。通过调整，None 将会把小批量样本大小变成训练时间。

```
hidden_weights_1 = tf.Variable(tf.truncated_normal((INPUT_NODES,
HIDDEN_NODES[0]), stddev=1. / np.sqrt(INPUT_NODES)))
hidden_weights_2 = tf.Variable(
tf.truncated_normal((HIDDEN_NODES[0], HIDDEN_NODES[1]), stddev=1. /
np.sqrt(HIDDEN_NODES[0])))
hidden_weights_3 = tf.Variable(
tf.truncated_normal((HIDDEN_NODES[1], HIDDEN_NODES[2]), stddev=1. /
np.sqrt(HIDDEN_NODES[1])))
output_weights = tf.Variable(tf.truncated_normal((HIDDEN_NODES[-1],
OUTPUT_NODES), stddev=1. / np.sqrt(OUTPUT_NODES)))
```

在这里，我们要针对网络的 3 个层创建所需的权值。它们都将使用一个随机 Xavier 初始化来完成创建。本章将对此做出详解。

```
hidden_layer_1 = tf.nn.relu(
    tf.matmul(input_placeholder, hidden_weights_1) +
    tf.Variable(tf.constant(0.01, shape=(HIDDEN_NODES[0],))))
```

创建第一个隐藏层（hidden_weights_1 二维张量）以及该张量乘以 input_

placeholder 的矩阵。然后添加偏置变量 tf.variable(tf. constant(0.01, shape=(HIDDEN_NODES[0],))))，这赋予网络学习模式上的更大灵活性。然后，输出会遍历 ReLU 函数：tf.nn.ReLU。这就是如何在 TensorFlow 中写出神经网络层的函数。另一个需要注意的是 0.01。在使用 ReLU 函数时，好的做法是：添加少量正偏置。这是因为 ReLU 函数是最大值，并且为 0。这意味着低于 0 的值将没有梯度，因此在学习期间不会对其进行调整。如果节点激活总是低于零，因为权值初始化不好，那么它会被视为一个死节点，并且它永远不会对网络产生影响，只是占用 GPU 或 CPU 周期。少量的正偏置会大大减少网络中出现完全死节点的情况。

```
hidden_layer_2 = tf.nn.relu(
tf.matmul(hidden_layer_1, hidden_weights_2) +
tf.Variable(tf.truncated_normal((HIDDEN_NODES[1],),
stddev=0.001)))
hidden_layer_3 = tf.nn.relu(
tf.matmul(hidden_layer_2, hidden_weights_3) +
tf.Variable(tf.truncated_normal((HIDDEN_NODES[2],),
stddev=0.001)))
output_layer = tf.nn.softmax(tf.matmul(hidden_layer_3,
output_weights) + tf.Variable(tf.truncated_normal((OUTPUT_NODES,),
stddev=0.001)))
```

以相同方式创建接下来的几层。

```
reward_placeholder = tf.placeholder("float", shape=(None,))
actual_move_placeholder = tf.placeholder("float", shape=(None,
OUTPUT_NODES))
```

对于 loss 函数，我们需要额外两个占位符。其中一个针对我们从环境中所得到的奖励，在该示例中，其是指井字游戏的结果。另一个是指将在每一个时间步长上采取的实际动作。记住，我们将根据基于网络输出的随机策略来选择移动。当调整参数时，需要知道所采取的实际移动，以便在得到正奖励时，将参数朝它移动；在得到负奖励时，将参数向远离它的方向移动。

```
policy_gradient = tf.reduce_sum(
    tf.reshape(reward_placeholder, (-1, 1)) *
    actual_move_placeholder * output_layer)

train_step = tf.train.RMSPropOptimizer(LEARN_RATE).minimize(-policy_
gradient)
```

actual_move_placeholder 在激活时将是一个热向量，例如[0,0,0,0,1,0,0, 0,0,0,0]，其中 1 表示在其中采取实际移动的方格。这将作为 output_layer 的掩码，因而仅对那一移动的梯度做出调整。移动到第一个方格的成功或失败并不能说明移动到第二个方格的成功或失败。通过将其乘以 `reward_placeholder`，会告诉我们想要增加导致该移动的权值还是减少导致该移动的权值。然后，将 `policy_gradient` 放进优化器中。我们想要最大化奖励，这意味着最小化其倒数。

最后一点是，在这里，我们将使用 RMSPropOptimizer。如前所述，策略梯度对所用的学习率和类型都非常敏感。RMSProp 已被证明非常有效。

此外，在 TensorFlow 中，还需要初始化会话中的变量，该会话然后被用于运行计算。

```
sess = tf.Session()
sess.run(tf.initialize_all_variables())
```

现在，我们需要一种方法来运行网络，以便选择将被传入我们先前创建的 `play_game` 方法的动作：

```
board_states, actual_moves, rewards = [], [], []

def make_move(board_state):
    board_state_flat = np.ravel(board_state)
    board_states.append(board_state_flat)
    probability_of_actions = sess.run(output_layer,
    feed_dict={input_placeholder: [board_state_flat]})[0]
```

在 `make_move` 方法中，要做几件事情。首先，展平 `board_state`，其将首先作为我们需要用作网络输入的第二个一维数组。然后，将那一状态添加到 `board_states` 列表，以便在以后得到训练集奖励后将其用于训练。然后，使用 TensorFlow 会话（`probability_of_actions`）来运行网络。现在，将有一个具有 9 个数字的数组（其和将为 1），这些数字是指网络将学习其可以将每个移动设为当前最有利移动的概率。

```
try:
        move = np.random.multinomial(1, probability_of_actions)
except ValueError:
        move = np.random.multinomial(1, probability_of_actions /
        (sum(probability_of_actions) + 1e-7))
```

现在将 `probability_of_actions` 用作多维分布的输入。np.random.multinomial 会从所通过的分布返回一系列值。因为赋予了第一个参数数值 "1"，所以只会生成一个值，这是将要做出的移动。由于四舍五入误差（`probability_of_ actions`），有时 `probability_of_actions` 总和会超过 1，因此存在围绕多项调用的 try…catch。这种情况的发生概率是：大约每 10000 次调用发生一次，因此可以做出预测；如果失败，只需通过某个小的正数（epsilon）来调整它，然后再试一次即可：

```
actual_moves.append(move)

move_index = move.argmax()
return move_index / 3, move_index % 3
```

make_move 方法的最后一点是，需要存储稍后会在训练中用到的移动。然后将移动返回到井字游戏所期望的格式，即一个有两个整数的元组：一个整数对应棋位 x，一个整数对应棋位 y。

训练前的最后一步是：一旦有了用于训练的完整批次，就需要规范来自批次的奖励。这样做有几大好处。首先，在早期训练中，当它输掉或赢得几乎所有比赛时，应该鼓励网络朝着更好的示例移动。正则化将允许我们拥有应用于更重要的罕见示例的额外权值。此外，批量规范化往往会加快训练，因为它会减少目标中的变化。

```
BATCH_SIZE = 100
episode_number = 1
```

我们会针对 BATCH_SIZE 的大小定义一个常数，这定义了会有多少示例进入小批量训练。该常数的许多不同值都很有效，其中包括 100。episode_number 将跟踪已经完成了多少个游戏循环。这将跟踪何时需要启动小批量训练。

```
while True:
    reward = play_game(make_move, random_player)
```

while True 语句会让我们进入主循环。这里需要做的第一步是：使用我们的"老朋友"（即本章前面所讲到的 play_game 方法）来运行一个游戏。简单起见，我们将始终使用策略梯度玩家，将 make_move 方法用作第一玩家，并将 random_player 用作第二玩家。为了更改移动顺序，对其做出更改并不困难。

```
last_game_length = len(board_states) - len(rewards)

# we scale here
reward /= float(last_game_length)
rewards += ([reward] * last_game_length)
```

获得刚刚玩过的游戏的长度并将从该游戏中获得的奖励添加到 rewards 数组中，这样每个棋盘状态都可以获得最终奖励。实际上，与其他移动相比，有些移动可能会对最终奖励有着或多或少的影响，但此刻尚不清楚。希望通过训练，随着类似的好的状态越来越多地出现，且更加频繁地获得正奖励，网络将逐渐学习到这一点。此外，还要通过 last_game_length 来度量奖励，因此，快赢胜过慢赢，慢输胜过快输。另一点需要注意的是，如果正在运行一个具有更加不均衡分布奖励的游戏（如 *Pong*），在该游戏中，大多数帧都将有 0 个奖励，偶尔有 1 个奖励——这是我们可能在训练集时间步长期间应用未来折扣的情况。

```
episode_number += 1

if episode_number % BATCH_SIZE == 0:
    normalized_rewards = rewards - np.mean(rewards)
    normalized_rewards /= np.std(normalized_rewards)

    sess.run(train_step, feed_dict={input_placeholder:
    board_states, reward_placeholder: normalized_rewards,
    actual_move_placeholder: actual_moves})
```

增加 episode_number，并且如果有一个 BATCH_SIZE 样本集，则跳转至训练代码。首先从对奖励进行批量正则化开始，这并非总是必要的，但该步骤通常总是可取的，因为这会带来许多好处，它常常会通过减少训练期间的变化来改善训练时间。如果所有的正/负奖励都存在问题，这会直接解决问题，无须多加思考。最后，通过运行 TensorFlow 会话对象的 train_step 操作来启动训练。

```
del board_states[:]
del actual_moves[:]
del rewards[:]
```

最后，清除当前的小批量训练，以便为下一个小批量训练"让路"。

现在，让我们看看策略梯度奖励是如何执行的，如图 7-9 所示。

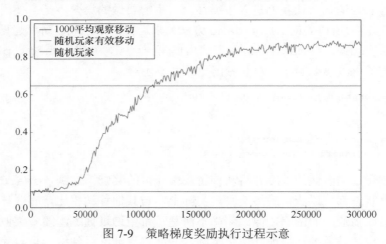

图 7-9　策略梯度奖励执行过程示意

正如所见，它最终获得了百分比相当高的获胜率（85%）。随着时间的推进以及超参数调整，它会有更好的表现。另外注意仅仅选择有效移动的随机玩家为何会有超过 50% 获胜率。这是因为，在这里，被观察玩家总是先走一步。

7.10 AlphaGo 中的策略梯度

对于使用策略梯度的 AlphaGo，通过设置，网络会与自己玩游戏。这样做，它从每一时间步长获得的奖励均为 0，直到它赢得比赛或者输掉比赛的最后一步。在最后一步时，它会获得值为 1 或–1 的奖励。最后的奖励将被应用于网络中的每个时间步长，并且针对网络，会采用井字游戏示例中所采用的方法来使用策略梯度进行训练。为防止过拟合，它会与随机选择的先前版本网络玩游戏。如果网络持续与自己比赛，它可能会生成一些不适用于对付各种各样对手的策略，这些策略属于局部极小值策略。

建立可预测人类玩家最可能采用的移动的初始监督学习网络，以便 AlphaGo 可以大幅度地降低在 MCTS 中执行其所需搜索的广度。这使得它们可以在每个 rollout 都得到更加精确的评估。问题是，与仅仅选择随机动作相比，运行一个大型多层神经网络会非常慢。在蒙特卡罗 rollout 中，平均需要选择 100 个移动，并且应该在大约数十万个 rollout 中进行这样的操作以便评估棋位。这会导致使用网络变得不切实际。我们需要找到一个能减少计算时间的方法。

如果使用网络所选择的最佳移动（而不是根据输出概率手动选择移动），那么网络就是确定性的。在给定棋盘上棋位的情况下，棋盘所获得的结果也会是确定性的。当使用来自网络的最佳移动进行评估时，在棋位上，或者是白棋获胜，或者是黑棋获胜，或者平局。该结果是在网络最优策略下的棋位的值。由于结果是确定性的，可以训练一个新的深层神经网络来学习该棋位的值。如果它表现良好，可以仅仅遍历一次神经网络来精确评估棋位，而非针对每个移动做出评估。

最终有监督网络是通过使用与先前网络相同的结构来创建的，但这次的最终输出并不是指棋盘行动的概率，而是代表游戏预期结果（结果包括白棋获胜、黑棋获胜或平局）的单个节点。

网络的损失函数是其输出和通过强化学习网络所获取的结果之间的均方误差。结果表明，在训练之后，网络能够从训练集和测试集上获得的该值的均方误差分别为 0.226 和 0.234。这表明，该方法能精确地学习结果。

总而言之，在这一点上，AlphaGo 有 3 种不同训练的深层神经网络。

（1）SL 网络：这是指使用监督学习训练的网络，以便预测来自棋盘棋位的人类移动的概率。

（2）RL 网络：这是指一个首先使用来自 SL 网络的权值进行训练但随后使用强化学习进行进一步训练的网络，以便选择在给定棋位情况下的最佳移动。

（3）V 网络：这又是一个使用监督学习训练的网络，以便学习在使用 RL 网络玩游戏时的预期棋位结果。它会提供状态的值。

对于一场对阵李世石的比赛，AlphaGo 使用了前面所介绍的 MCTS-UCT 的一种变体。当从 MCTS 叶节点模拟 rollout 时（而不是随机选择移动），通过另一种方法（更小的单一层网络）来选择它们。该网络被称为快速 rollout 策略，并在所有可能移动中使用 softmax 分类器，其中，输入是围绕动作的 3×3 彩色图案和一组手工制作特征，如自由计数（liberty count）。在示例中，采用以下代码：

```
move = random.choice(list(move_states.keys()))
```

该代码也可用下面代码来代替：

```
probability_of_move = fast_rollout_policy.run(board_state)
move = np.random.binomial(1, probability_of_move)
```

这个小网络用于运行蒙特卡罗 rollout。SL 网络几乎肯定会变得更好，但变好的速度会尤其缓慢。

当从一个叶节点评估一个 rollout 的成功值时，分数通过结合使用来自快速 rollout 策略的结果和 V 网络所赋予的分数来确定。混合参数 γ 被用于确定这些相对权值：

$$(1-\gamma)V(s)+\gamma f(s)$$

其中，s 是指叶节点的状态，而 f 是指使用快速 rollout 策略的 rollout 结果。在对 γ 值进行了大量实验之后，发现当 γ 值为 0.5 时，得到了最好的结果，这表明两种评估方法是互补的。

2016 年 3 月 9 日，李世石和 AlphaGo 的 5 场系列赛拉开帷幕，该赛事为获胜者准备了 100 万美元（约 664 万元人民币）的奖金。李世石对此充满信心，他宣称："我听说谷歌 DeepMind 的人工智能非常强大，而且将越来越强大，但我有信心自己会赢得这次比赛。"遗憾的是，对他来说，前 3 场比赛均以 AlphaGo 获胜告终，每一场比赛 AlphaGo 都迫使他弃盘认输。此时，系列赛胜负已定。随着比赛的推进，李世石赢得了第四场比赛，输掉了第五场比赛，系列赛最终以 4:1 收场。

这是 AI 的一大进步，记录了 AI 首次在如此复杂的与人较量的游戏中几乎完胜。这件事提出了各种各样的问题，例如在其他什么领域能开发出可超越人类表现的 AI？这场比赛对人类的全部意义还有待观察。

7.11　小结

本章涵盖了很多内容和很多 Python 代码示例。内容还涉及了离散状态和零和对策。

在本章中，展示了如何将 min-max 算法用于评估棋位的最佳移动。此外，本章还展示了当可行移动和棋位的状态空间非常巨大时，min-max 算法能够利用评估函数操作游戏。

对于不存在良好评估函数的游戏，本章展示了如何使用蒙特卡罗树搜索来评估棋位，然后展示了具有树结构的上限置信区间的蒙特卡罗树搜索如何能让 MCTS 运行以便朝着从 min-max 算法获取一切的方向收敛。这将我们引向了 UCB1 算法，除了允许我们计算 MCTS-UCT，它还是一种在未知结果集合之间做出选择的很好的通用方法。

然后，本章研究了如何将强化学习整合到这些方法之中，还带领读者了解了如何使用策略梯度来训练深层网络去学习复杂模式，以及找出具有难以评估状态的游戏中的优势，最后探讨了这些技术是如何应用于 AlphaGo 来击败人类围棋世界冠军的。

如果想知道有关棋盘游戏深度学习的更多内容，可以通过 Alpha Toe 项目来获得有关运行更广泛游戏的深度学习示例，包括在 5×5 棋盘上的"四个连珠"和井字游戏。

虽然这些技术主要被应用于棋盘游戏中，但它们的应用范围要广泛得多。我们所遇到的许多问题都能够做出论证，例如离散状态游戏、快递公司的路线优化、金融市场的投资，以及企业战略制定。这还只是刚刚开始展开对所有可能性的探索。

我们将在第 8 章介绍如何利用深度学习来学习计算机游戏。第 8 章的相关内容以本章所介绍的策略梯度知识为基础，还会涉及应对计算机游戏动态环境的新技术。

第8章　深度学习在电子游戏中的应用

我们在第 7 章重点讲解了如何解决棋盘游戏问题。现在我们来讨论更加复杂的问题——训练人工智能（AI）玩电子游戏。与棋盘游戏不同的是，本章涉及的游戏预先不知道规则。AI 不会告诉我们如果它采取一个动作将会发生什么。它不会模拟一系列按钮按下动作以及这些动作对游戏状态的影响，让我们看到哪个动作会得到最好分数，而是必须从观看游戏、玩游戏以及实验来学习游戏的规则和约束条件。

本章将探讨的主题有 Q-learning 算法、经验回放、actor-critic 算法和基于模型的算法。

8.1　应用于游戏的监督学习算法

强化学习中面临的挑战是：要为网络制订一个好目标。我们在第 7 章介绍了"策略梯度"算法。如果能把强化学习任务变成监督任务问题，一切就会容易得多。所以，如果目标是要建立一个会玩电子游戏的 AI 主体（agent），可以尝试去做的一件事情就是：研究人类是如何玩游戏的，并让 agent 向人类学习。我们可以记录一个人类专家玩游戏的过程，记录屏幕图像以及玩家正在按下的按钮。

深度神经网络能够识别图像中的模式，因此，可以训练一个"以屏幕作为输入，以人类在每一帧所按下的按钮为目标"的网络。这和第 7 章中预训练 AlphaGo 的方法相类似。该算法被尝试应用于一系列复杂的 3D 游戏（如 *Super Smash Bros* 和 *Mario Tennis*），如图 8-1 所示。卷积网络被用于图像识别，而 LTSM 被用于处理帧间的长期相关性。使用这种算法，针对 *Super Smash Bros* 进行训练的一个网络可以在最大难度设置下，击败游戏中的 AI：

图 8-1　游戏界面

　　向人类学习是一个良好开端，但是进行强化学习的目的应该是：超越人类的表现。而且，采用向人类学习这种方式训练出的 agent 总是会受到它们所能做到的事情范围的限制，而想要通过训练 agent 得到的结果是：agent 能够真正向自身学习。本章其余部分的内容将着眼于"以超越人类水平为目标"的学习算法。

8.2　遗传算法在游戏中的应用

　　很长时间以来，在电子游戏环境中的应用方面，人工智能的最佳结果和大部分研究都是围绕遗传算法展开的。该算法涉及创建一组模块，该模块通过使用参数来控制人工智能的行为。然后，通过基因选择来设置参数值的范围，并使用这些基因的不同组合来创建一组 agent，在游戏中运行这些 agent。选择最成功的一组 agent 基因，然后利用成功agent 基因的组合来创建新一代的 agent。再次在游戏中运行这些 agent，直到达到停止标准（即通常情况下，达到最大迭代次数，或者达到游戏中的性能水平）。偶尔地，一些基因会在创造新一代 agent 的时候发生变异产生新的基因。人工智能 MarI/O 便是一个使用该算法的很好示例，它使用遗传算法来学习玩经典 SNES 游戏 *Super Mario World*，如图 8-2 所示。

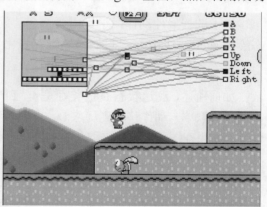

图 8-2　使用遗传算法学习游戏

　　该算法的最大缺点是：它需要大量时间以及计算能力来模拟所有参数的变化。每一代 agent 的每个成员都必须遍历整个游戏，直至到达游戏终点。此外，该算法也不去利用人类会在游戏中使用的任何丰富的信息——无论何时收到奖励或惩罚，围绕该状态以及所采取的行动，都会出现上下文信息，它只利用动作的最终结果来决定拟合度。与其说是在学习，不如说是在试错。近年来，人们发现了一些更好的技术，例如反向传播，这些技术允许 agent 真正达到边玩边学习的目的。

8.3　Q-learning 算法

设想有一个将穿越迷宫的 agent，迷宫中的某处会有奖励。agent 的任务是：尽快找到到达奖励地点的最佳路径。为帮助大家思考这个问题，不妨先从一个非常简单的迷宫着手。

在图 8-3 所示的迷宫中，agent 能够沿着直线在任意节点之间双向移动。agent 所处的节点便是其状态；沿一条直线到达另一个节点便是一个动作。如果 agent 到达状态 D，它将获得奖励 4。本示例的目标是：希望从任意节点开始，找到穿越迷宫的最佳路径。

让我们花时间来考虑一下这个问题。如果沿着一条直线移动会到达状态 D，那么，这条直线

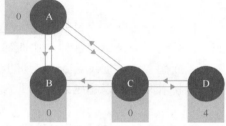

图 8-3　在该迷宫中，agent 可以沿直线从一个状态到达另一个状态。如果 agent 到达状态 D，将获得奖励 4

将是我们想要走的路，因为那条直线会让我们在下一时间步长中得到奖励 4。那么，退一步，我们都知道，如果到达状态 C，该状态有一条通向状态 D 的直接路线，则能够得到奖励 4。

为了选择最佳动作，这里需要一个函数。该函数会针对最佳动作将 agent 置于的状态给予 agent 所期望的奖励。该函数在强化学习中的名称就是 Q 函数：

```
state, action => expected reward
```

如前所述，到达状态 D 的奖励是 4。到达状态 C 的奖励应该是多少呢？从状态 C，可以通过采取单一动作移动到状态 D，并获得奖励 4，因此可以将状态 C 的奖励设置为 4。但是，如果在图示迷宫中采取一系列随机动作，最终总是能够到达状态 D，这意味着每个动作都会给出同等奖励，因为从任何状态开始，最终都会得到状态 D 时的奖励 4。

希望预期奖励能将获得未来奖励所采取的行动的数量考虑在内。希望该预期会创建这样的效果：当位于状态 A 时，会直接转到状态 C，而非先经过状态 B——因为经过状态 B，会导致需要更长的时间到达状态 D。现在所需要的是一个将未来奖励考虑在内的等式，但是与更快获得的奖励相比，该等式会采用一个折扣。

　　关于上述内容的另一种思想是：想想人类对待金钱的行为，这通常类似于人类看待奖励的行为。如果考虑在"自现在起一周内，收到 1 美元（约 7 元人民币）"和"自现在起 10 周内，收到 1 美元"之间做出选择，人们通常会选择更快收到 1 美元。生活在一个不确定的环境中，大家更愿意选择具有较少不确定因素的奖励。当世界的不确定性可能会取消大家的奖励时，延迟得到奖励的每时每刻都是要多花费的时间。

　　为将上述思想应用于 agent，使用时间差分方程来评估奖励，如下：

$$V = r_t + \sum_{i=1}^{\infty} g^i r_{(t+i)}$$

　　在这个等式中，V 是指针对所采取的一系列动作的奖励，r_t 是指该系列动作在时间 t 时所收到的奖励，g 是一个常数（$0<g<1$），这将意味着未来的进一步奖励的价值不及更早地获得奖励，这通常被称为"折扣因子"。如果再回头看"迷宫"示例，相对于通过两步或更多步移动得到奖励的动作，该函数将对通过一步移动得到奖励的动作给出更好的奖励。如果 g 的值为 1，那么随着时间推移，等式会简单地变成奖励总和。在实践中，Q-learning 算法很少被应用，因为该算法会导致 agent 无法收敛。

Q 函数

　　既然能够评估 agent 在迷宫中的移动路径，那么如何找到最优策略呢？迷宫问题的简单答案是：在给定可选择动作的情况下，只选择会带来最大奖励的一个动作；该动作不仅适用于当前状态，也适用于采取当前状态的动作之后将会进入的状态。

　　这里用到的函数的名称是 Q 函数。如果拥有完全的信息，该函数会给出在任何状态下的最优动作，具体如下所示：

$$Q(s,a) = reward(s,a) + g * \max(Q(s',a') \quad 其中 \ s',a' \in actions(s,a))$$

　　在这里，s 是指一个状态，a 是指在那一状态下可以采取的动作，而 $0 < g < 1$ 则是指折扣因子。$reward$ 是在一个状态中采取动作返回奖励的函数。$actions$ 是指这样一个函数，即该函数会返回状态 s'，以及在状态 s 中采取动作会转换到的状态，以及在状态 s' 下可采用的所有动作 a'。

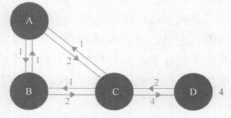

　　让我们看一下，如果将 Q 函数用于迷宫游戏（取折扣因子 $g = 0.5$），迷宫会是什么样子？如图 8-4 所示。

图 8-4　简单迷宫（现在使用 Q 值）。箭头显示位于两端的两个状态之间移动的预期奖励

可以发现，以上所示的 Q 函数是无限递归的。Q 函数是一个完美的假设，它不适用于代码实现。在代码中使用它的算法是：拥有向前所能看到的最大限度的动作数量，那么代码如下：

```
def q(state, action, reward_func, apply_action_func,
actions_for_state_func, max_actions_look_ahead,
discount_factor=0.9):
    new_state = apply_action_func(state, action)
    if max_actions_look_ahead > 0:
        return reward_func(new_state) + discount_factor \ *
        max(q(new_state, new_action, reward_func,
        apply_action_func, actions_for_state_func,
        max_actions_look_ahead-1)
for new_action in actions_for_state_func(new_state))
    else:
        return reward_func(new_state)
```

其中，`state` 是指定义环境状态的某个对象。`action` 是指定义在一个状态中能够采取的有效动作的某个对象。`reward_func` 是指一个会在给定状态下返回浮点值奖励的函数。`apply_action_func` 会返回一个新状态，该状态是将给定动作应用于给定状态后产生的状态。`actions_for_state_func` 是指一个会在给定状态情况下返回所有有效动作的函数。

如果不必担心未来的奖励，并且状态空间很小，那么上述代码中所提到的算法会产生很好的效果。此外，正如在棋盘游戏中所要求的那样，代码需要精确地模拟从当前状态前进到未来状态的过程。但如果想要训练 agent 玩动态电子游戏，上述约束条件都不会成真。当屏幕上展示电子游戏的图像时，直到尝试按下给定按钮，玩家并不知道会发生什么，或者并不知道将会得到什么奖励。

8.4　Q-learning 算法在动作中的应用

每秒游戏可能会有 16～60 帧动画，奖励往往都是基于许多秒之前所采取的动作而获得的。而且，游戏的状态空间是巨大的。在电子游戏中，状态包含了屏幕上用作游戏输入的所有像素。如果想象一下将采样缩小到 80 像素×80 像素的一个屏幕，所有像素都是单色的、二值的（黑色或者白色），那么，其仍会有 2^{6400} 个状态。因此，从状态到奖励的直接映射变得不切实际。

读者需要做的是：学习 Q 函数的逼近。这就是可以使用神经网络通用函数逼近能力的情况。为训练 Q 函数逼近，大家要存储所有游戏状态、奖励以及 agent 在玩游戏期间所采取的动作。网络的损失函数将会是"其在前一状态中的逼近奖励"与"在当前状态中所得到的实际奖励"加上"其在游戏中所达到的当前状态的逼近奖励"乘以"折扣因子"的差值的平方：

$$Loss = \{[reward(s,a) + g * \max(Q(s',a') \quad 其中 s',a' \in actions(s,a))] - Q(s,a)\}^2$$

s 是指前一状态，a 是指在那一状态下所采取的动作，而 $0 < g < 1$ 是指折扣因子。$reward$ 是指一个会针对在一个状态下所采取的动作返回奖励的函数。$actions$ 是指一个这样的函数，即该函数会返回状态 s'，以及在状态 s 中采取的动作会转换到的状态，以及在那一状态下可采用的所有动作 a'。Q 是指前面所介绍的 Q 函数。

通过这种方式连续迭代，Q 函数逼近器将会慢慢朝着真实 Q 函数收敛。

让我们先从一个较简单的迷宫游戏训练 Q 函数。环境是状态的一维映射。为了最大化获得的奖励，假定 agent 必须通过向左或向右移动来进行迷宫导航。针对每个状态设置以下奖励：

```
rewards = [0, 0, 0, 0, 1, 0, 0, 0, 0]
```

如果将其形象化，它看起来可能会像图 8-5。

如果将 agent 放置在迷宫中的位置 1，它可以选择移动到位置 0，或者位置 2。想要建立一个这样的网络，该网络会学习每个状态的值，以及通过扩展学习采取移动到那一状态的动作的值。训练神经网络的第一关是：只学习每个状态的固有奖励。但在第二关，网络将会利用从第一关获得的信息来改进奖励的估计值。在训练结束时，将有望看到一个金字塔形状，其中最大值位于奖励空间 1，从中心移动到进一步的空间时两端的数值都会不断降低，因此应用更多的未来折扣获得奖励。实现代码如下，完整示例参见 Git 存储库中的 q_learning_1d.py。

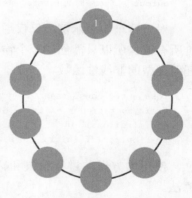

图 8-5　简单迷宫游戏：agent 可以在
相连接节点间移动，并且
能够在顶点得到奖励 1

```
import tensorflow as tf
import numpy as np


states = [0.0, 0.0, 0.0, 1.0, 0.0, 0.0, 0.0, 0.0, 0.0]
NUM_STATES = len(states)
```

创建一个状态列表，列表中每一项的值都是 agent 移动到那一位置所获得的奖励。在本示例中，agent 获得到达第 5 个位置的奖励。

```
NUM_ACTIONS = 2
```

```
DISCOUNT_FACTOR = 0.5

def one_hot_state(index):
    array = np.zeros(NUM_STATES)
    array[index] = 1.
    return array
```

该函数将接收一个数字，并将该数字变成针对状态空间的一个独热编码，例如 3 变成[0, 0, 0, 1, 0, 0, 0, 0, 0, 0]。

```
session = tf.Session()
state = tf.placeholder("float", [None, NUM_STATES])
targets = tf.placeholder("float", [None, NUM_ACTIONS])
```

针对输入和目标，创建一个 TensorFlow 会话和占位符；数组中的 None 对应最小批次（mini-batch）的维度。

```
weights = tf.Variable(tf.constant(0., shape=[NUM_STATES,
NUM_ACTIONS]))
output = tf.matmul(state, weights)
```

对于这个简单示例，仅仅通过使用状态和动作奖励之间的线性关系便可以精确地评价所有值，所以只需创建一个输出层，即权值 weights 的矩阵乘法，不需要隐藏层或任何类型的非线性函数。

```
loss = tf.reduce_mean(tf.square(output - targets))
train_operation = tf.train.GradientDescentOptimizer(0.05).
minimize(loss)
session.run(tf.initialize_all_variables())
```

使用均方误差进行损失和标准梯度下降训练，最终的目标值形成了该 Q-learning 算法。

```
for _ in range(1000):
    state_batch = []
    rewards_batch = []

    for state_index in range(NUM_STATES):
        state_batch.append(one_hot_state(state_index))
```

创建一个 state_batch 列表，其中列表的每一项都是游戏中以独热形式编码的一个状态。例如[1, 0, 0, 0, 0, 0, 0, 0, 0]、[0, 1, 0, 0, 0, 0, 0, 0, 0]等。然后，训练网络逼近每个状态的值。

```
minus_action_index = (state_index - 1) % NUM_STATES
plus_action_index = (state_index + 1) % NUM_STATES
```

对于每一个状态，如果 agent 从那一状态采取每一个可能动作，那么 agent 就会得到其将会处于的每一个位置。注意，对于闭环状态的示例，从位置 0 移动到位置-1，会将 agent 置于位置 8。

```
minus_action_state_reward = session.run(output,
feed_dict={state: [one_hot_state(minus_action_index)]})
plus_action_state_reward = session.run(output,
feed_dict={state: [one_hot_state(plus_action_index)]})
```

使用网络（也就是 Q 函数逼近器），agent 可以获得网络认为其在采取两个动作（`minus_action_index` 和 `plus_action_index`）中的每一个时将会获得的奖励。

```
minus_action_q_value = states[minus_action_index] +
DISCOUNT_FACTOR * np.max(minus_action_state_reward)

plus_action_q_value = states[plus_action_index] +
DISCOUNT_FACTOR * np.max(plus_action_state_reward)]
```

其中显示了目前所熟悉的 Python 的 Q 函数方程。针对移动到的状态，获得初始奖励，并向其添加 "DISCOUNT_FACTOR" 与 "agent 由于在那一状态所采取的行动能够获得的最大奖励" 的乘积。

```
action_rewards = [minus_action_q_value, plus_action_q_value]
rewards_batch.append(action_rewards)
```

将这些奖励添加到 `rewards_batch` 列表中，其将被用作训练运算的目标。

```
session.run(train_operation, feed_dict={
        state: state_batch,
        targets: rewards_batch})

print([states[x] + np.max(session.run(output,
feed_dict={state: [one_hot_state(x)]}))
    for x in range(NUM_STATES)])
```

然后，一旦获得针对每一状态的全部奖励，代码中便可以运行实际训练步骤。如果运行该代码并查看输出，就能够了解算法是如何迭代更新的。在完成第一次训练之后，代码会输出以下内容：

[0.0, 0.0, 0.0, 0.05, 1.0, 0.05, 0.0, 0.0, 0.0, 0.0]

除了靠近奖励状态的每一边上的项，其他项都是 0。基于 agent 可以从这些（指靠近奖励状态的每一边上的项）状态移动到奖励状态，与奖励状态临近的这两个状态现在得到奖励。再进行几次训练之后，就会看到奖励值开始在状态间分散开来。

[0.0, 0.0, 0.013, 0.172, 1.013, 0.172, 0.013, 0.0, 0.0, 0.0]

这个程序的最终输出如下：

```
[0.053, 0.131, 0.295, 0.628, 1.295, 0.628, 0.295, 0.131, 0.053, 0.02]
```

正如所见，最高奖励出现在数组的第五个位置，该位置是最初设置获得奖励的那个位置。但最初所赋予的奖励仅仅是 1，为什么这里的奖励变大了呢？这是因为，1.295 是"在当前位置所得到的奖励"与"未来重复地从该位置离开并返回而得到的奖励"之和，其中，这些未来奖励会由于减去折扣因子（其值为 0.5）而降低。

无限地学习这种未来奖励是不错的做法，但是，奖励通常都是在执行有固定终点的任务过程中学到的。例如，任务可能会是关于往架子上放物品，当架子倒塌，或者所有物品被放上去的时候，则任务结束。为将此概念应用到简单的一维游戏，大家需要添加终止状态。这些状态是指一旦达到，任务就会结束的状态，因此，相对于每一个其他状态，在针对该终止状态评估 Q-函数时，代码中不要通过添加未来奖励的形式执行训练。要进行这个改变，首先需要一个用来定义哪些是终止状态的数组：

```
terminal = [False, False, False, False, True, False, False, False,
False, False]
```

上述代码将第五个状态设置为终止状态，即 agent 从中获得奖励的那个状态是终止状态。然后需要做的是修改训练代码，以将终止状态考虑在内：

```
if terminal[minus_action_index]:
    minus_action_q_value = DISCOUNT_FACTOR *
    states[minus_action_index]
else:
    minus_action_state_reward = session.run(output,
    feed_dict={state:
    [one_hot_state(minus_action_index)]})
    minus_action_q_value = DISCOUNT_FACTOR
    *(states[minus_action_index] +
    np.max(minus_action_state_reward))

if terminal[plus_action_index]:
    plus_action_q_value = DISCOUNT_FACTOR *
    states[plus_action_index]
else:
    plus_action_state_reward = session.run(output,
    feed_dict={state: [one_hot_state(plus_action_index)]})
    plus_action_q_value = DISCOUNT_FACTOR *
    (states[plus_action_index] +
    np.max(plus_action_state_reward))
```

如果现在再次运行代码，输出将会是这样：

```
[0.049, 0.111, 0.242, 0.497, 1.0, 0.497, 0.242, 0.111, 0.0469, 0.018]
```

8.5 动态游戏

既然已经学习了较简单的游戏，接下来就让我们尝试学习一些更加动态的游戏吧。cart pole 游戏是一个经典的强化学习问题。

agent 必须控制一辆小车（cart），agent 上有一根通过接头连接到 cart 上以保持平衡的连接杆（pole）。在每一步中，agent 都可以选择向左或向右移动 cart，并且在使得 pole 达到平衡时，agent 会得到奖励 1。如果 pole 偏离垂直方向超过 15°，则游戏结束，如图 8-6 所示。

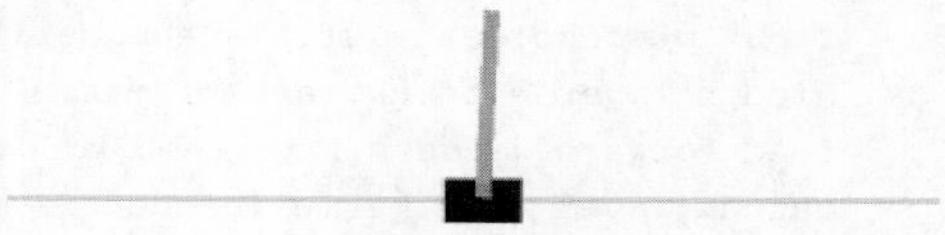

图 8-6　cart pole 游戏

为了运行 cart pole 游戏，将使用一个创立于 2015 年的开放源项目 "OpenAIGym"，该项目可提供一种算法，通过该算法，可以以一致方式在一系列环境中进行强化学习。在编著本书时，OpenAIGym 已支持运行完整范围的 Atari 游戏以及支持一些更为复杂的游戏（例如 doom——其最小版本）。可以通过运行以下代码，使用 pip 命令来安装该开放源项目：

```
pip install gym[all]
```

运行 Python 版的 cart pole 游戏可以通过执行以下代码来完成：

```
import gym
env = gym.make('CartPole-v0')
current_state = env.reset()
```

gym.make 会创建一个供 agent 在其中运行的环境。通过传入 CartPole-v0 字符串，告诉 OpenAIGym 这个任务是 cart pole 游戏。算法返回的 env 对象被用于与 cart pole 游戏进行交互。env.reset() 将环境置于初始状态，返回一个对其进行描述的数组。调用 env.render() 将会使得当前状态可视化，随后通过调用 env.step，OpenAIGym 能够实现与环境的交互，并返回新状态，返回的新状态用于响应 OpenAIGym 调用 env.step 所使用的动作。

为了学习 cart pole 游戏，需要以何种方式来修改简单的一维游戏代码呢？现在无法再访问界定清晰的位置；cart pole 游戏会提供一个作为输入的数组，该数组由描述 cart 和 pole 的位置以及角度的 4 个浮点值组成。数组是神经网络的输入，神经网络由一个隐藏层（带有 20 个节点）和一个 tanh 函数组成。该神经网络会生成一个带有 2 个节点的输出层，其中，一个输出节点学习在当前状态下向左移动的预期奖励，而另一个输出节点学习向右移动的预期奖励。用代码表示如下（完整代码示例位于 Git 存储库的 deep_q_cart_pole.py 中）：

```
feed_forward_weights_1 = tf.Variable(tf.truncated_normal([4,20],
stddev=0.01))
feed_forward_bias_1 = tf.Variable(tf.constant(0.0, shape=[20]))

feed_forward_weights_2 = tf.Variable(tf.truncated_normal([20,2],
stddev=0.01))
feed_forward_bias_2 = tf.Variable(tf.constant(0.0, shape=[2]))

input_placeholder = tf.placeholder("float", [None, 4])
hidden_layer = tf.nn.tanh(tf.matmul(input_placeholder,
feed_forward_weights_1) + feed_forward_bias_1)
output_layer = tf.matmul(hidden_layer, feed_forward_weights_2) +
feed_forward_bias_2
```

为什么需要一个带有 20 个节点的隐藏层？为什么要使用 tanh 函数呢？选择超参数是一门暗黑艺术；作为本书作者，我能给出的最佳答案就是：在尝试时，这些值都运行良好。然而知道了它们在实践中运行良好并且知道了需要什么样的复杂程度来学习 cart pole 游戏，就能够做出猜测，即为什么那样就可以引导读者为其他网络和任务选择超参数。

针对监督学习中隐藏节点数的一个经验法则是：该节点数应该是介于输入节点数和输出节点数之间的一个数字。通常，输入节点数的 2/3 会是一个不错的考虑范围。然而，这个示例代码选择的是 20，这个数字比输入节点数量大 5 倍。一般说来，支持使用更少隐藏节点的原因有两个：一个原因是计算时间，即更少节点数意味着网络能够更快地运行和训练；另一个原因是为了降低过拟合以及改进泛化。从前文已经学习到有关过拟合的内容，以及拥有太复杂的模型存在怎样的风险——即模型会准确地学习训练数据但却没有能力泛化至新数据点。

在强化学习中，这两个原因都不重要。虽然大家关心计算时间，但通常很多瓶颈都是运行游戏时所花费的时间，因此，几个额外的节点就不那么重要了。对于第二个原因，当谈及泛化时，代码中未对测试集和训练集进行分割，仅仅有一个可供 agent 从中获得奖励的环境，所以不必担心过拟合（直至开始训练 agent 运行在多重环境之前）。这也是我们在代码中经常看不到强化学习 agent 使用泛化器的原因。需要注意的是，在训练过程中，随着 agent 在训练过程中的变化，训练集的分布可能会发生重大变化；总会存在 agent 可能会与从环境中已得到的早期样本发生过拟合的风险，从而导致以后的学习变得更加困难。

鉴于这些问题，有意义的做法是：在隐藏层中选择任意大数量的节点，以便为学习输入间复杂交互创造最大的机会。但是要了解唯一有效的算法是进行测试。图 8-7 显示的 cart pole 游戏中运行一个带有 3 个隐藏节点的神经网络。正如所见，尽管该网络最终能够学习，但相比于图 8-7 所示的带有 20 个隐藏节点的神经网络，该网络的表现要差得多。

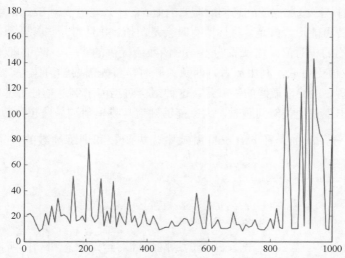

图 8-7 带有 3 个隐藏节点的 cart pole 游戏，其中，y 表示最近 10 场
游戏的平均奖励，x 表示运行的游戏次数

为什么只有一个隐藏层？任务的复杂性能够帮助大家回答这个问题。考虑一下 cart pole 游戏就会明白，网络关心的是输入参数之间的互动关系。基于 cart 的位置，pole 的位置可能好，或者不好。这种程度的互动意味着：权值的纯粹线性组合可能是不满足需求的。这一猜测可以通过一个快速运行得到验证，该运行表明：尽管一个没有隐藏层的神经网络能够比随机网络更好地学习该游戏，但与一个带有单一隐藏层的网络相比，没有隐藏层的网络的执行情况要差得多。

一个具有更多隐藏层的神经网络就会表现得更好吗？也许会更好，但对于这种只有轻微复杂性的任务，更多隐藏层不会对结果产生多大改善。对于当前示例，运行具有多个隐藏层的网络将证实额外的隐藏层不会带来多大变化。在本任务中，一个隐藏层赋予网络学习事物的能力。

至于选择 `tanh` 函数，考虑的因素有几个。ReLU 函数之所以能够在深度网络中流行，是因为饱和度。当运行带有被限制在一个狭窄范围内的激活函数的多层网络时，例如逻辑函数的 0~1，许多节点都将学习到在接近最大值 1 的情况下激活。它们处在 1 时就达到饱和。但当深度网络有着更极端的输入时，通常会希望它发出更大信号。这就是

ReLU 函数受欢迎的原因：它会赋予节点非线性，同时不限制节点的最大激活。ReLU 函数在许多分层网络中尤其重要，因为前面层可能会得到极端激活，这有助于向未来层发送信号。

由于只有一个层，饱和度是一个不需要考虑的问题，因此可以考虑 sigmoid 函数。输出层将能够学习将值从隐藏层缩放到它们所需要的值。有什么理由认为 tanh 函数比 sigmoid 函数更合适呢？读者可能已经知道，目标值有时会是负值，并且对一些参数组合而言目标值的好与坏取决于它们的相对值。这就表明 tanh 函数所提供的 "-1～1" 的取值范围可能要比 sigmoid 函数的取值更可取，利用后者判断负关联时，首先需要学习偏置。这是许多既定事实后的推测和推理，最终，最好的答案是：这种组合对当前示例这项任务非常有效。但这里所期望的是：当出现其他类似问题时，大家能够知道从哪里猜测最佳超参数。

回到代码部分，下面是在 cart pole 游戏中损失函数和训练函数的样子：

```
action_placeholder = tf.placeholder("float", [None, 2])
target_placeholder = tf.placeholder("float", [None])

q_value_for_state_action = tf.reduce_sum(tf.mul(output_layer,
action_placeholder),reduction_indices=1)
```

q_value_for_state_action 变量是网络针对给定状态和动作所描述的 Q 值。将 output_layer 乘以 action_ placeholder（除了 agent 所采取的动作取值为 1，其他值都是 0），然后对其求和，意味着输出是针对那一动作的预期值的神经网络逼近：

```
cost = tf.reduce_mean(tf.square(target_placeholder -
                      q_value_for_state_action))
train_operation = tf.train.RMSPropOptimizer(0.001).minimize(cost)
```

我们的代价是认为的状态和动作的预期奖励与由 target_placeholder 定义的状态和动作应该得到的奖励之间的差。

第 7 章讲到了策略梯度算法。该算法的缺点之一是：所有训练必须在环境中完成。一组策略参数只能通过查看其对环境奖励的效果来做出评估。与策略梯度算法不同的是，通过 Q-learning 算法，网络将尝试学习如何评价一个状态和动作。随着评价特定状态的能力的提高，网络可以使用那些新的信息来更好地评价网络所经历的先前状态。因此，与其总是在当前经历的状态上训练网络，不如让网络保存状态的历史记录，并针对这些状态进行训练。这样的算法就是所谓的经验回放。

8.5.1　经验回放

在每一次采取动作并进入一个新的状态时，网络都会存储一个元组：previous_

state、action_taken、next_reward、next_state 和 next_terminal。这 5 条信息是运行 Q-learning 训练步骤所需的所有信息。当玩游戏时，这些信息会被存储为一个观测值列表。

经验回放帮助解决的另一难题是：训练在强化学习中很难收敛的问题。存在这个问题的部分原因是：训练数据都是高度相关的。学习中的 agent 所经历的一系列状态都是密切相关的；如果一起训练，生成奖励的状态和动作的时间序列必定会对网络权值产生较大影响，并且会撤销很多先前训练。神经网络假设之一是：训练样本都是来自分布的独立样本。经验回放能够帮助解决这个问题，因为它能够让训练从神经网络的记忆中随机进行最小批次采样，这使得样本之间不太可能存在相关性。

从记忆中学习的学习算法称为离线学习算法。另一种算法是在线学习算法，在这种算法中，只能通过直接进行游戏来调整参数。策略梯度算法、遗传算法和交叉熵算法都是在线学习算法的示例。

下面是使用经验回放来运行 cart pole 游戏的代码：

```
from collections import deque
observations = deque(maxlen=20000)
last_action = np.zeros(2)
last_action[0] = 1
last_state = env.reset()
```

先从观测数据开始。Python 双端队列是这样一个队列：一旦达到其容量，它将从队列开头删除队列项。在这里所给出的双端队列具有最大长度 20000，这意味着只能存储最后 20000 个观测值。此外，代码中创建的最后一个动作 np.argmax，将存储执行前面主循环后执行的动作。该动作是一个独热向量。

```
while True:
    env.render()
    last_action = choose_next_action(last_state)
    current_state, reward, terminal, _ =
    env.step(np.argmax(last_action))
```

这部分是主循环代码。首先渲染环境，接着根据所处的 last_state 来决定所要采取的动作，然后采取动作以到达下一个状态。

```
if terminal:
    reward = -1
```

在 OpenAIGym 中的 cart pole 游戏总是会针对每一时间步长给予奖励 1。当到达终止状态时，强制给予一个负奖励，这样 agent 就会获得一个学习避免该负奖励的信号：

```
observations.append((last_state, last_action, reward,
```

```
        current_state, terminal))
if len(observations) > 10000:
    train()
```

代码将转换的信息存储在观测数组。并且，如果观测数组中已经存储了足够的观测值，就可以启动训练。重要的是，只有拥有了大量样本后才能开始训练，否则一些早期观测值可能会严重地偏置训练：

```
if terminal:
    last_state = env.reset()
else:
    last_state = current_state
```

如果游戏处于终止状态，则需要重置环境 env，以便重新开始新的游戏状态，否则，就可以将 last_state 设置为下一个训练循环的 current_state。此外，现在还需要做的是，基于状态决定采取什么动作。下面是实际的训练算法，使用先前一维示例的相同步骤，但改成使用来自观测值的样本。

```
def _train():
    mini_batch = random.sample(observations, 100)
```

从观测值中随机抽取 100 个样本，这些样本是训练所需的 mini_batch。

```
previous_states = [d[0] for d in mini_batch]
actions = [d[1] for d in mini_batch]
rewards = [d[2] for d in mini_batch]
current_states = [d[3] for d in mini_batch]
```

将 mini_batch 元组分解到每个数据类型单独的列表中。这是代码所需要的向神经网络输入数据的格式。

```
agents_reward_per_action = session.run(_output_layer,
feed_dict={input_layer: current_states})
```

得到神经网络针对每个 current_state 所预测的奖励。这里的输出是一个具有 mini_batch 大小的数组，数组的每个项都是一个包含两个元素的数组，其中一个元素是采取动作向左移动的 Q 值的估计，另一个元素是采取动作向右移动的估计。取这些值的最大值，以得到状态的估计 Q 值。连续执行训练循环会改善趋向真实 Q 值的这一估计。

```
agents_expected_reward = []
for i in range(len(mini_batch)):
    if mini_batch[i][4]:
        # this was a terminal frame so there is no future
        reward...
        agents_expected_reward.append(rewards[i])
```

```
else:
    agents_expected_reward.append(rewards[i] +
    FUTURE_REWARD_DISCOUNT *
    np.max(agents_reward_per_action[i]))
```

如果当前状态是非终止状态，则使用网络所预测的奖励来增加实际获得的奖励。

```
session.run(_train_operation, feed_dict={
    input_layer: previous_states,
    action: actions,
    target: agents_expected_reward})
```

最后，在网络上运行训练运算。

8.5.2　Epsilon 贪婪算法

Q-learning 算法存在的另一个问题是：游戏开始时，神经网络在估计动作奖励时的表现会非常差。但这些糟糕的动作奖励估计会决定网络进入的状态。游戏早期的估计可能会非常糟糕，以至于可能进入一个永远无法让网络从中学习的奖励状态。想象一下，如果在 cart pole 游戏中，网络权值被初始化，agent 始终选择向左移动，那么游戏进行几个时间步长之后就会结束。因为只存在 agent 向左移动的样本，所以网络将永远无法开始调整权值使得 agent 向右移动，agent 将永远无法找到获得更好奖励的状态。

针对该问题，有几种不同的解决办法，例如对于网络进入新奇情境（也被称为"新奇搜索"）给予其奖励，或者采用某种修改来寻找具有最大不确定性的动作。

一个简单且经证明有效的解决办法是：通过随机选择动作来启动，以便探索空间，然后随着时间推移，网络估计会越来越好，这时利用通过网络所选择的动作来替换这些随机选择。这称为"Epsilon 贪婪算法"，可以将其作为一种简单算法用于对一系列算法进行探索。这里的 Epsilon 是指用于选择是否使用随机动作的变量，贪婪是指在不随机采取动作的情况下所采用的最大动作。在 cart pole 游戏示例中，代码将这个 Epsilon 变量定义为"probability_of_random_action"。该变量取值从 1 开始，意味着采取随机动作的机会为 0，然后在每个训练步长中，将其一点点减少，直至达到 0：

```
if probability_of_random_action > 0.and len(_observations) >
OBSERVATION_STEPS:
    probability_of_random_action -= 1. / 10000
```

在最后一步中，需要一种算法将神经网络输出转变成 agent 动作。

```
def choose_next_action():
    if random.random() <= probability_of_random_action:
        action_index = random.randrange(2)
```

如果给出的随机值小于 `probability_of_random_action`，则随机选择一个动作；否则，选择神经网络的最大输出。

```
    else:
        readout_t = session.run(output_layer,
        feed_dict={input_layer: [last_state]})[0]
        action_index = np.argmax(readout_t)
    new_action = np.zeros([2])
new_action[action_index] = 1
return new_action
```

图 8-8 显示了针对 cart pole 游戏的训练进展。

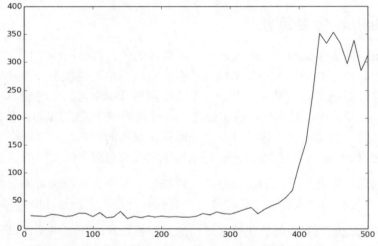

图 8-8　cart pole 游戏，其中 y 表示运行过的最后 10 场游戏的
平均游戏时长（回合），x 表示运行的游戏次数

结果看起来不错。cart pole 游戏的成功被定义为能够持续地运行 200 个回合以上。在运行 400 场游戏之后，平均下来 agent 轻松地打破了每场游戏超过 300 个回合的纪录。因为代码中使用 OpenAIGym 设置了学习任务，所以现在很容易在代码中对其他游戏进行设置。所需要做的就是：改变 `gym.make` 代码，以便取一个新的游戏字符串作为输入，然后调整神经网络的输入和输出数以适应其他游戏。还有一些可在 OpenAIGym 中进行的有趣控制游戏，例如钟摆和杂技。针对这些游戏，Q-learning 算法的表现也不错，但为了挑战一下，让我们来玩一些雅达利游戏吧。

8.6　《雅达利打砖块》游戏

Breakout 是一款经典的雅达利游戏。在该游戏中，玩家控制球拍，并且必须利用这

个球拍将球弹回到屏幕顶部的颜色块。当击中颜色块时，玩家就会得分。如果球在屏幕底部向下穿过了球拍，则玩家就会丢掉 1 性命。当所有颜色块都被破坏，或者如果玩家丢了 3 次性命，则游戏结束，如图 8-9 所示。

考虑一下，与刚刚学习的 cart pole 游戏相比，学习像 *Breakout* 这样的游戏会困难多少。对于 cart pole 游戏，如果做出了一个导致连接杆翻倒的错误移动，则通常会在进行了两三次移动内收到反馈。而在 *Breakout* 中，这样的反馈就少得多。如果把球拍放错了位置，那可能是因为 20 次或更多次的移动导致的。

图 8-9　*Atari Breakout*

8.6.1　《雅达利打砖块》游戏的随机基准

在进行更深入的讲解之前，我们先创建一个通过随机选择移动来运行 *Breakout* 游戏的 agent。这样，就有了一个可用于判断新的 agent 的基准：

```
from collections import deque

import random
import gym
import numpy as np

env = gym.make("Breakout-v0")
observation = env.reset()
reward_per_game = 0
scores = dequeu(maxlen=1000)

while True:
    env.render()

    next_action = random.randint(1, 3)
    observation, reward, terminal, info = env.step(next_action)
    reward_per_game += reward
```

随机选择移动。在 *Breakout* 游戏中，可选的移动有向左移动、保持静止和向右移动。

```
if terminal:
    scores.append(reward_per_game)
    reward_per_game = 0
    print(np.mean(scores))
    env.reset()
```

如果游戏进行到了结束位置，则存储分数、输出分数，并调用 env.reset() 以继续进行游戏。如果运行游戏几百次，会发现，每场游戏中的得分在 1.4 分左右。来看看使用 Q-learning 算法能有多好的表现吧。

相对于 cart pole 游戏，*Breakout* 游戏必须要处理的第一个问题是：状态空间要大得多的问题。cart pole 游戏的输入是 4 个数字构成的一套数字，而 *Breakout* 游戏的输入是全屏幕 210 像素×160 像素，其中每个像素包含 3 个浮点数，每个浮点数代表一种颜色。要理解游戏所处的状态，像素都必须与色块、球拍和球相关联，并且事物之间的相互作用必须通过某种计算来获得。让事情变得更加困难的是，屏幕上的单一图像不足以理解游戏中正在发生的情况。随着时间的推移，球会以一定速度移动；要推断出最佳移动，agent 不能仅仅依赖于当前的屏幕图像。

解决这个问题的算法共有 3 种。一种是使用递归神经网络，该网络将基于先前输出判断当前状态。这种算法能够奏效，但训练起来会困难得多。另一种算法是将屏幕输入作为当前帧和前一帧之间的增量。在图 8-10 中，我们会看到这样一个示例：两个图像帧都已被转换为灰度模式，因为在 *Pong* 游戏中颜色不提供任何信息。前一帧的图像已从当前帧的图像中减去。这样，读者能够看到球的移动路径以及两个球拍正在移动的方向。

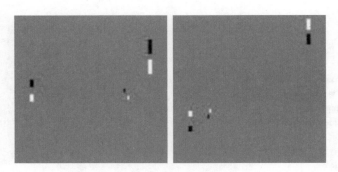

图 8-10 *Pong* 游戏的增量图像

这种算法对 *Pong* 这样的游戏（只有运动元素组成的游戏）很有效，但是对于像 *Breakout* 这样的游戏（即色块处于固定位置），该算法将会失去关于状态的重要信息。的确，只有当色块被击中时，屏幕上才能够看到短暂闪光，而没有被击中的色块都是不可见的。

针对 *Breakout* 游戏，将要采取的第三种算法是：将当前状态设置为游戏最后 n 个状态的图像，其中，n 等于 2 或者大于 2。这样，神经网络就能够拥有它要对游戏状态做出好的判断所需的所有信息。对大多数游戏而言，$n = 4$ 是一个很好的默认值，但对于 *Breakout* 游戏，则 $n = 2$ 已足够。使用尽可能低的 n 值是一件好事，因为这会降低网络需要的参数的数量。

8.6.2 预处理屏幕

关于这个游戏的完整代码可在 Git 存储库的 deep_q_breakout.py 中找到。不过，在当前的 cart pole 游戏中，需要进行一些重要的修改。首先是神经网络的类型。对于 cart pole 游戏，一个带有单一隐藏层的网络就已足够。不过那涉及的是仅仅映射到两个动作的 4 个值。现在，要处理的是映射到 3 个动作的 "screen_width * screen_height * color_channels * number_of_frames_of_state = 201600" 个状态值——具有更高级别的复杂度。

读者能做的让自己感觉更舒服的事情是：将屏幕调整到更小尺寸。通过实验发现，使用一个小得多的屏幕仍然可以玩 Breakout 游戏。通过使用因子 2 来按比例缩小，玩家能够看到球、球拍以及所有色块。而且，对 agent 来说，很多图像空间都不是有用信息。处于屏幕顶部的得分、屏幕两侧位置和顶部的灰色填充区，以及处于屏幕底部的黑色空间都能够从图像中裁剪出来。裁剪掉上述区域，就可以将屏幕（210 像素×160 像素）缩小到一个更易于管理的屏幕（72 像素×84 像素），将输入参数数量减少 3/4 以上。

同样在 Breakout 游戏中，像素的颜色不包含任何有用信息，因此可以用单一颜色（仅仅黑色或者仅仅白色）来替代 3 种颜色，将输入参数数量再次减少到原来的 1/3。现在，输入参数减少到 72×84=6048 位，并且神经网络需要从游戏中的两帧数据进行学习。编写一个处理 Breakout 游戏屏幕的算法：

```
def pre_process(screen_image):
```

screen_image 参数是基于 OpenAIGym 运行 env.reset 或 env.next_step 得到的 Numpy 数组。该数组的大小为 210×160×3，数组中的每个项都是代表着那一颜色（介于 0 和 255 之间）的一个整数（int）。

```
screen_image = screen_image[32:-10, 8:-8]
```

对 Numpy 数组的这一操作会裁剪屏幕，因此会删除顶部的得分、底部的黑色空间和两侧的灰色填充区。

```
screen_image = screen_image[::2, ::2, 0]
```

Python 数组的参数 "::2" 表示选取 Numpy 数组中的第二项，方便的是，Numpy 数组也支持这种操作方法。最后的 "0" 表示为屏幕像素颜色仅仅选取红色通道，这很好，因为将要把它变成黑色和白色。screen_image 的大小现在是 72×84 × 1。

```
screen_image[screen_image != 0] = 1
```

　　该代码会将图像中不完全是黑色的都变成"1"。这可能并不适用于一些需要精确对比的游戏，但是对 *Breakout* 游戏是有效的。

```
return screen_image.astype(np.float)
```

　　最后，这段代码返回 screen_image，确保数据类型被转换为浮点型。稍后在将值放入 TensorFlow 中时，该转换会帮助节省时间。图 8-11 显示了在预处理前、后的屏幕画面。经过处理之后，虽然屏幕画面不再那么漂亮，但它仍然包含了进行游戏所需的所有元素。

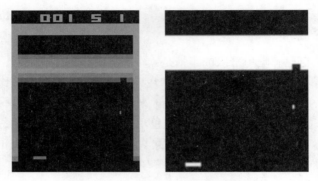

图 8-11　预处理前、后的屏幕画面

　　经过预处理后屏幕上的信息为 72×84×2=12800 位，这意味着游戏中具有 2^{12800} 个可能的需要将 3 个动作映射到的状态。这听起来好像很多，但是可使问题变得简单些——因为虽然那些是 *Breakout* 游戏中可能出现的全系列状态，但只有很少一部分可预测状态集会在游戏中出现。球拍在固定区域水平移动；对球而言，一个单一像素保持活跃，以及在中心区域将会存在一定数量的色块。大家可以很容易想象到的一点是：会有一个小的特征集，而该特征集能够从 agent 想要采取的动作所具有的更好相关性的图像中提取。特征包括：从球到球拍的相对位置、球的速度等，即深度神经网络可以选取的特征种类。

8.6.3　创建一个深度卷积网络

　　接下来，让我们用一个深度卷积网络来代替 cart pole 游戏中的单一隐藏层网络。有关卷积网络的讲解最早出现在第 3 章中。因为现在处理的是图像数据，所以卷积网络是很有意义的。代码中所创建的网络具有生成一个单一平面层的 3 个卷积层，生成单一平面层网络的输出。代码中将要检测来自像素的非常抽象的恒定特征，所以带有 4 个隐藏层的网络很直观，但深度卷积网络也被证明非常适用于一系列架构。因为这是一个深度网络，所以采用 ReLU 函数是有意义的。图 8-12 是将学习运行 *Breakout* 游戏的深度卷积网络架构。

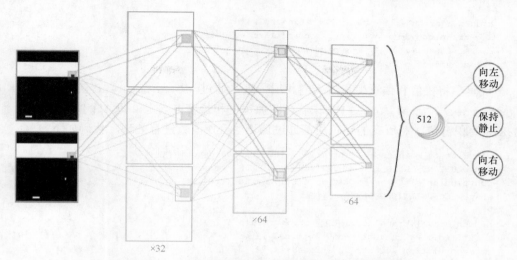

图 8-12　将学习运行 *Breakout* 游戏的深度卷积网络架构

下面是用于创建深度卷积网络的代码：

```
SCREEN_HEIGHT = 84
SCREEN_WIDTH = 74
STATE_FRAMES = 2

CONVOLUTIONS_LAYER_1 = 32
CONVOLUTIONS_LAYER_2 = 64
CONVOLUTIONS_LAYER_3 = 64
FLAT_HIDDEN_NODES = 512
```

这些常数将贯穿应用于 `create_network` 方法中。

```
def create_network():
    input_layer = tf.placeholder("float", [None, SCREEN_HEIGHT,
    SCREEN_WIDTH, STATE_FRAMES])
```

将"输入"定义为"屏幕高度""屏幕宽度"和"状态帧"的乘积；None 维度表示状态批次。

```
convolution_weights_1 = tf.Variable(tf.truncated_normal([8, 8,
STATE_FRAMES, CONVOLUTIONS_LAYER_1], stddev=0.01))
    convolution_bias_1 = tf.Variable(tf.constant(0.01,
    shape=[CONVOLUTIONS_LAYER_1]))
```

第一个卷积层是一个接收两个状态帧的 8×8 窗口（宽度和高度）。也就是获得"图像看起来像什么样子"的当前帧的 8×8 窗口区域以及在前一帧中的那个 8×8 窗口区域的数据。每个区域都映射到作为下一层输入的 32 个卷积。代码中设置一个非常小的正值偏置，这有助于针对使用 ReLU 函数的层减少 ReLU 函数所导致的死亡神经元的数量。

```
hidden_convolutional_layer_1 = tf.nn.relu(
    tf.nn.conv2d(input_layer, convolution_weights_1,
    strides=[1, 4, 4, 1], padding="SAME") +
    convolution_bias_1)
```

代码中将权值和偏置变量置入卷积层，这是通过 `tf.nn.conv2d` 方法创建的。设置 `strides=[1, 4, 4, 1]` 意味着在图像宽度和长度方向上，每 4 个像素应用于一个 8×8 的卷积窗口。对所有的卷积层都通过遍历 ReLU 函数进行处理，代码如下：

```
convolution_weights_2 = tf.Variable(tf.truncated_normal([4, 4,
CONVOLUTIONS_LAYER_1, CONVOLUTIONS_LAYER_2], stddev=0.01))
convolution_bias_2 = tf.Variable(tf.constant(0.01,
shape=[CONVOLUTIONS_LAYER_2]))

hidden_convolutional_layer_2 = tf.nn.relu(
    tf.nn.conv2d(hidden_convolutional_layer_1,
    convolution_weights_2, strides=[1, 2, 2, 1],
    padding="SAME") + convolution_bias_2)
convolution_weights_3 = tf.Variable(tf.truncated_normal([3, 3,
CONVOLUTIONS_LAYER_2, CONVOLUTIONS_LAYER_3], stddev=0.01))
convolution_bias_3 = tf.Variable(tf.constant(0.01,
shape=[CONVOLUTIONS_LAYER_2]))
hidden_convolutional_layer_3 = tf.nn.relu(
    tf.nn.conv2d(hidden_convolutional_layer_2,
    convolution_weights_3, strides=[1, 1, 1, 1],
     padding="SAME") + convolution_bias_3)
```

以相同的方法对接下来的两个卷积层进行处理。最终卷积层 `hidden_convolutional_layer_3` 必须连接到一个平面层。

```
hidden_convolutional_layer_3_flat =
tf.reshape(hidden_convolutional_layer_3, [-1,
9*11*CONVOLUTIONAL_LAYER_3])
```

上述代码将卷积层（维度为 None、9、11、64）改造为单一平面层。

```
feed_forward_weights_1 =
tf.Variable(tf.truncated_normal([FLAT_SIZE,
FLAT_HIDDEN_NODES], stddev=0.01))
feed_forward_bias_1 = tf.Variable(tf.constant(0.01,
shape=[FLAT_HIDDEN_NODES]))

final_hidden_activations = tf.nn.relu(
    tf.matmul(hidden_convolutional_layer_3_flat,
    feed_forward_weights_1) + feed_forward_bias_1)

feed_forward_weights_2 =
tf.Variable(tf.truncated_normal([FLAT_HIDDEN_NODES,
ACTIONS_COUNT], stddev=0.01))
feed_forward_bias_2 = tf.Variable(tf.constant(0.01,
```

```
shape=[ACTIONS_COUNT]))

output_layer = tf.matmul(final_hidden_activations,
feed_forward_weights_2) + feed_forward_bias_2

return input_layer, output_layer
```

然后，以标准方法创建最后两个平面层。注意，最后一个平面层没有激活函数，因为网络在学习给定状态下的动作的值，并且该值具有一个无限制的范围。

主循环现在需要添加以下代码，以使当前状态为多个帧的组合。对于 *Breakout* 游戏，STATE_FRAMES 被设置为 2，但是也可被设置成更高的数值：

```
screen_binary = preprocess(observation)

if last_state is None:
last_state = np.stack(tuple(screen_binary for _ in
range(STATE_FRAMES)), axis=2)
```

如果不存在 last_state，就可构建一个新的 Numpy 数组，该数组仅仅是当前的 screen_binary 按代码中设置的 STATE_FRAMES 的堆叠。

```
else:
    screen_binary = np.reshape(screen_binary, (SCREEN_HEIGHT,
    SCREEN_WIDTH, 1))
    current_state = np.append(last_state[:, :, 1:], screen_binary,
    axis=2)
```

否则，将新的 screen_binary 附加到 last_ state 的第一个位置，以创建新的 current_state。然后，只需要记住在主循环结束时，重新指定 last_state 等于当前状态即可：

```
last_state = current_state
```

现在，程序中可能会遇到的一个问题是，现在游戏的状态空间是一个 84×74×2 数组，并希望以 1000000 个这样的顺序存储这些数据，作为我们要训练的过去观测数据的列表。除非你的计算机无比强大，否则程序运行可能会遇到内存问题。幸运的是，这些数组很多都非常稀疏，并且只包含两个状态，所以解决该问题的一个简单方法是使用内存压缩。为了节省内存，这将牺牲一点 CPU 时间，因此在使用这种方法之前，请考虑哪一方面（内存空间或 CPU 时间）对你更为重要。用 Python 实现该方法只需几行代码即可。

```
import zlib
import pickle

observations.append(zlib.compress(
pickle.dumps((last_state, last_action, reward, current_state,
```

```
terminal), 2), 2))
```

上述代码中，在将数据添加到观测值列表之前，先对其进行压缩。

```
mini_batch_compressed = random.sample(_observations,
MINI_BATCH_SIZE)
mini_batch = [pickle.loads(zlib.decompress(comp_item)) for
comp_item in mini_batch_compressed]
```

接下来从列表中进行采样时，只解压缩会用到的最小批次样本。

程序执行过程中可能会遇到的另一个问题是，相对于 cart pole 游戏只需几分钟的训练时间，*Breakout* 游戏的训练时间将以天为单位。为了防止出错，例如防止出现“计算机断电关机的情况”，程序会期望在进行训练时，设置启动保存网络权值。在 TensorFlow 中，只需几行代码即可实现。

```
CHECKPOINT_PATH = "breakout"

saver = tf.train.Saver()

if not os.path.exists(CHECKPOINT_PATH):
    os.mkdir(CHECKPOINT_PATH)

checkpoint = tf.train.get_checkpoint_state(CHECKPOINT_PATH)
if checkpoint:
    saver.restore(session, checkpoint.model_checkpoint_path)
```

该代码可以放在源文件开头，即代码行位置 `session.run(tf.initialize u all_variables())`。然后，只需运行以下代码：

```
saver.save(_session, CHECKPOINT_PATH + '/network')
```

这意味着每隔几千次训练迭代，就会针对所创建的网络执行定期备份。现在，让我们来看看网络训练会是什么样子，如图 8-13 所示。

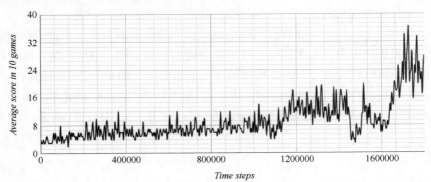

图 8-13　网络训练示意

正如在经过 170 万次迭代后所看到的那样,神经网络操作游戏的水平高于随机水平。同样的 Q-learning 算法已经在许多雅达利游戏中进行了尝试,并且在具有良好的超参数、调优的条件下,神经网络能够在很多游戏中达到人类玩家水平或者更高,包括 *Pong*、*Space Invader* 和 *Q*bert*。

8.6.4　Q-learning 算法中的收敛问题

事物的发展并不总是一帆风顺的。让我们看看前面描述的状态序列的最后部分是如何训练的,如图 8-14 所示。

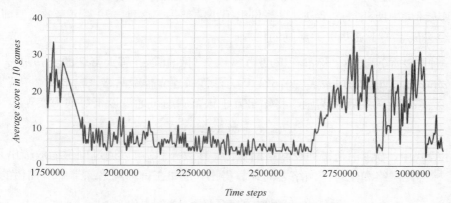

图 8-14　状态序列的最后部分的训练示意

正如所见,在某种程度上,在恢复到类似水平之前,agent 的能力会经历一次巨大而漫长的下降。可能与 Q-learning 算法有关。

Q-learning 算法是基于其认为的状态-动作对应该是如何好的自我期望而进行的训练。自我期望是一个移动目标,因为每执行一个训练步骤,目标就会变化。神经网络被期望朝着更精确的奖励估计方向前进。但在它们前进的过程中,参数的微小变化会导致非常极端的振荡。

一旦神经网络在结束一个空间的训练时发现训练结果比先前估计更为糟糕,则必须调整每一个状态动作以适应当前新的现实。如果神经网络在一个游戏中的平均得分是 30 分,在使用新的策略后,平均得分仅为 20 分,那么整个神经网络都必须调整到这一分数。

目标网络冻结有助于减少这一情况,见 Minh 等人发表于 *Nature* 的 *Human-level Control through Deep Reinforcement Learning*)。第二个神经网络(称为"目标网络")是作为主要的训练中神经网络的副本而创建的。在训练过程中,目标网络被用来生成应用于训练中的主神经网络的目标值。这样，主神经网络就会基于一个更为固定的得分点进行学习。目标网络的权值被冻结，但是一旦通过了一定数量的迭代次数或者达到了收敛标准，目标神经网络就会使用来自主神经网络的值进行更新。这一过程已被证明可大大加快训练速度。

困扰强化学习的另一个问题与具有非常极端奖励的游戏有关。例如，在 *Pac-Man* 游戏中，agent 吃掉大力丸并随后吃掉精灵会得到很高的奖励。agent 所收到的这些极端奖励会引起梯度问题，并且会导致次优学习。解决这一问题有一个非常简单但差强人意的方法——"奖励裁剪"，该方法仅仅适用于在一定范围内（通常使用"−1"到"+1"范围）裁剪从环境中所获得的奖励。只需付出很小的努力，这种方法便可奏效，但问题是：agent 已经丢失了关于这些更大奖励的信息。

另一种方法是所谓的"标准化深度 Q 网络"，见 Hasselt 等人合著的 *Learning Values across Many orders of Magnitude*（2016）。该方法涉及建立神经网络来输出在"−1"到"1"范围内的状态和行为的预期奖励。将输出置于该范围内可通过以下等式来实现：

$$Q(s,a) = \sigma U(s,a) + \mu$$

上述等式中，$U(s, a)$ 是指神经网络的输出。参数 σ 和 μ 可以通过确保缩放输出是恒定的，在目标神经网络和主神经网络之间计算得出，正如在目标网络冻结中所描述的那样：

$$\sigma_1 U_{\text{main}}(s,a) + \mu_1 = \sigma_2 U_{\text{target}}(s,a) + \mu_2$$

使用这种方法，神经网络梯度将更倾向于学习状态和动作的相对值，而不是消耗精力仅仅学习 Q-值的规模。

8.6.5　策略梯度与 Q-learning 算法

虽然针对学习棋盘游戏给出了策略梯度示例，并且针对计算机游戏给出了 Q-learning 算法示例，但无论是策略梯度还是 Q-learning 算法，都并非局限于示例中那些游戏类型。最初，总体说来，Q-learning 算法被认为是一种更好的算法，但随着时间的推移以及更好超参数的出现，调优后的策略梯度常常被证明具有更好的性能。世界上最好的"西洋双陆棋"成绩出现在 1991 年，是利用神经网络和 Q-learning 算法取得的，并且最新研究表明，对大多数雅达利游戏而言，策略梯度是最佳选择。那么，什么时候应该使用策略梯度？什么时候又应该使用 Q-learning 算法呢？

Q-learning 算法的一个约束条件是其只适用于离散动作任务，而策略梯度则能够学习连续动作任务。此外，Q-learning 算法是一种确定性算法，并且对某些任务而言，最优行为涉及一定程度的随机性。例如，在"石头剪刀布"游戏中，任何偏离纯随机性的行为都可能会被对手所利用。

此外，还存在"在线"和"离线"方面的比较。对许多任务而言（尤其是机器人控制任务），在线学习可能会非常昂贵。从记忆中学习的能力是必需的，所以 Q-learning 算法是最佳选择。不幸的是，Q-learning 算法和策略梯度的成功与否很大程度上取决于任务以及超参数的选择，因此，在为新任务确定最佳方案时，实验法似乎是最佳方法。

另外，策略梯度更容易陷入局部极小值，而 Q-learning 算法则更有机会找到全局最优解，但其代价是最优解无法证明会收敛，得分可能会剧烈振荡，或者完全失败。

但有一种算法可以兼具上述两种算法的优点，这就是 actor-critic 算法。

8.7　actor-critic 算法

强化学习算法可分为如下三大类。

（1）基于价值的学习算法：这类学习算法尝试学习处于一个状态时的预期奖励，然后，基于不同状态的相对值，对进入这些状态的意愿进行评估。Q-learning 算法便是基于价值的学习算法的一个示例。

（2）基于策略的学习算法：这类学习算法不会尝试评估状态，但会基于来自环境的实际奖励，试验并评估不同的控制策略。策略梯度就是该类型学习算法的一个示例。

（3）基于模型的学习算法：在这类算法（见 8.9 节）中，agent 会尝试对环境的行为进行建模并选择一个基于 agent 能力——该能力为 agent 通过评估模型来模拟采取动作的结果——的动作。

actor-critic 算法一直围绕着使用两个神经网络进行训练的思想。首先，critic 神经网络使用基于价值的学习算法来学习给定状态下的价值函数，即 agent 所获得的预期奖励；其次，actor 神经网络使用基于策略的学习算法来最大化来自 critic 的价值函数。actor 网络使用策略梯度进行学习，不过此时目标已经改变。策略梯度不再是运行游戏的实际奖励，而是使用 critic 神经网络对奖励的估计。

Q-learning 算法存在的重大问题之一是：在复杂情况下，该算法很难收敛。当对 Q-函数的重新评估改变了选择的动作时，算法所收到的实际价值奖励就会发生很大变化。举例来说，想象一个简单的迷宫行走机器人。当机器人走到迷宫中的第一个丁字路口时，它最初会向左移动。Q-learning 算法的连续迭代最终会引导它做出决定，即向右是更好的移动方向。但因为现在它的路径是完全不同的，其他每一个状态评估现在都必须重新进行计算，之前所学到的知识放在现在没有多少价值。因为策略的很小变动都会对奖励产生很大的影响，所以 Q-learning 算法会出现很大的变化。

在 actor-critic 算法中，critic 神经网络的算法与 Q-learning 算法非常相似，但存在一个关键区别：不像 Q-learning 算法是学习给定状态下的假定最佳动作，critic 神经网络是基于 actor 目前遵循的最大可能次优策略来学习预期奖励。

策略梯度存在逆高方差问题。随着对迷宫进行随机探索，策略梯度算法会选择一些具体移动。这些移动实际上是不错的选择，但是最后会被评估为不好的选择，这是因为在同一移动过程中，算法选择了其他不好的移动。出现这个问题是因为：虽然策略更加稳定，但是它却具有与评估策略相关的高方差。

这正是 actor-critic 算法要交互解决的两个问题。由于策略现在变得更加稳定且可预测，因此现在基于数值的学习具有低方差，对策略梯度学习而言，因为现在有了可从中获得梯度的低方差数值函数而变得更加稳定。

8.7.1　方差缩减基线

actor-critic 算法存在几种不同的变体；大家将会看到的第一种变体是基线 actor critic。这里，critic 神经网络试图从给定位置学习 agent 的平均表现，因此其损失函数将如下所示：

$$[b(s_t) - r_t]^2$$

这里，$b(s_t)$ 是指在时间步长 t 时状态的 critic 神经网络输出，r_t 是自时间步长 t 开始的累积折扣奖励。接下来，可以使用如下目标来训练 actor 神经网络：

$$b(s_t) - r_t$$

因为基线是来自该状态的平均表现，所以这会大大降低训练方差。如果分别使用策略梯度算法和基线算法（不使用批次归一化的情况下）来运行 cart pole 游戏，大家会发现基线算法执行得更好。但是如果对基线算法加入批次归一化，则策略梯度算法和基线算法的运行结果不会存在太大出入。对于比 cart pole 更复杂的游戏——即随着状态的变化奖励会发生很大变化的游戏，基线算法可以大大改善运行结果。从 actor_critic_baseline_cart_pole.py 中可以找到相关的例证。

8.7.2　通用优势估计器

在减少方差方面，基线算法有很好的表现，但该算法不是一个真正的 actor-critic 算法，因为 actor 神经网络没有学习 critic 神经网络的梯度，只是将其应用于归一化奖励。通用优势估计器会更深入一步，将 critic 神经网络梯度纳入 actor 神经网络的学习目标。

为了做到这一点，通用优势估计器不仅需要学习 agent 所处状态的值，还要学习 agent

所采取的状态-动作对。如果 $V(s_t)$ 是状态的值，$Q(s_t,a_t)$ 是状态-动作对的值，那么可以将优势函数定义如下：

$$A(s_t,a_t) = Q(s_t,a_t) - V(s_t)$$

该函数将会给出 agent 在状态 s_t 下的执行动作 a_t 的表现和 agent 在该位置所采取的平均动作的表现之间的差异。朝这个函数的梯度的移动应该会引导 agent 实现最大化奖励。此外，因为事实上 agent 到达 s_{t+1} 状态时的状态的数值函数已存在，所以，不需要另一个网络来估计 $Q(s_t,a_t)$，Q-函数的定义如下：

$$Q(s_t,a_t) = r_t + \gamma V(s_{t+1})$$

在上述等式中，r_t 是指针对那一时间步长的奖励（而非基线等式中的累积奖励），而 γ 是指未来奖励折扣因子。可以将它代入等式 $A(s_t,a_t) = Q(s_t,a_t) - V(s_t)$，以得到关于 V 的优势函数：

$$A(s_t,a_t) = r_t + \gamma V(s_{t+1}) - V(s_t)$$

此外，该函数会给出一个在某个位置"critic 神经网络认为给定动作得到了改善，还是给定动作受到了损害"的度量。上述等式中采用优势函数的结果来代替 actor 神经网络的损失函数中的累积奖励。关于通用优势估计器的完整代码可从 actor_critic_advantage_cart_pole.py 中找到。通用优势估计器算法能够学习 cart pole 游戏，但是与简单使用具有批次归一化的策略梯度算法相比，该算法可能需要更长时间。对于更加复杂的游戏任务（例如学习电子游戏），优势 actor-critic 算法具有最佳表现。

8.8 异步算法

本章介绍了很多有趣的深度学习算法，但这些算法都受限于训练速度非常缓慢这一约束条件。使用这些算法来解决基础的控制问题（如学习 cart pole 游戏）时没有问题，但对于学习雅达利游戏，或者更复杂的人类任务，几天到几周的训练时间就太漫长了。

对于策略梯度算法和 actor-critic 算法，时间约束的很大一部分来源于：当进行在线学习时，一次只能评估一个策略。通过使用更强大的 GPU 以及越来越大的处理器，上述两个算法能够获得显著的速度提升，在线评估策略的速度将始终是性能方面的一个限制。

这正是异步算法旨在解决的问题。该算法的思想是：在多个线程中训练同一个神经网络的多个副本。每个神经网络都在运行于线程上的单独环境示例上进行在线训练。该算法不是针对每个训练步长更新每一个神经网络，而是针对多个线程的训练步长存储更新。每 x 个训练步长，累积批次从每个线程进行更新、求和并应用于所有网络。这意味着网络权值会随着所有网络更新中参数值的平均变化而更新。

已经证明，异步算法适用于策略梯度算法、actor-critic 算法和 Q-learning 算法。并且，该算法还会大大改善训练时间，甚至提高性能。异步算法的最佳版本是异步优势 actor-critic 算法。在编写本书时，异步优势 actor-critic 算法被称为是最成功的通用游戏学习算法之一。

8.9　基于模型的算法

截至目前所展示的所有深度学习算法都可以很好地用于学习各种游戏，但是通过这些算法训练的 agent 仍具有以下局限性。

（1）训练过程非常缓慢。人类通过玩几场就能学会的游戏（像 *Pong*），对 Q-learning 算法而言，达到类似水平需要经历数百万次练习。

（2）对于需要长期规划的游戏，目前展示的所有算法的表现都非常糟糕。想象一个平台游戏，在该游戏中，玩家必须从房间一侧找到钥匙并打开房间另一侧上的门。游戏中很少出现这种场景，以至于玩家学习钥匙是引向来自门的额外奖励的机会也很渺茫。

（3）无法制定战略，或无法适应新对手。在应对 agent 训练时所针对的对手时，它可能表现得很好，但是当对手在游戏中采用一些新颖玩法时，agent 需要很长的时间学着去适应这种新玩法。

（4）如果在给定环境内设置一个新目标，agent 将需要重新训练。如果训练使用左侧球拍玩 *Pong*，然后换右侧球拍玩该游戏，agent 将很难重复使用先前所学的信息。而人类无须思考就能做到这一点。

所有这些局限性都可以说与中心问题相关。Q-learning 算法和策略梯度算法能非常成功地优化游戏的奖励参数，但它们并不学习如何理解游戏。在许多方面人类学习都与 Q-learning 算法的学习不同，但一个重要方面是：当人类学习一个环境时，他们会在某种程度上学习该环境的一个模型；然后，他们会使用那个模型来预测或者设想他们在环境中采取不同行动将会发生的事件。

想想一个学习国际象棋的玩家：他会思考，如果他要走出一个具体棋步，将会发生什么。他会想象在他走出棋步之后棋盘看起来会是什么样子，然后在新的位置他将拥有何种选择。他甚至能够将对手纳入自己的模型中，例如：这个对手是什么类型的个性，他喜欢走什么棋步，他的情绪如何等。

这就是基于模型的强化学习算法所要实现的目标。对于 *Pong* 游戏，基于模型的学习算法旨在建立其可能采取和尝试的不同动作结果的模拟，并且让模拟尽可能接近现实。一旦建立起了一个良好的环境模型，学习最佳动作就会变得简单得多——因为 agent 能够将当前状态视为马尔可夫链的根，并使用第 7 章中的一些技术（如 MCTS-UCT）来从其模型中采样以查看哪些动作拥有最佳效果。甚至可以更深入一步，使用 Q-learning 算法或策略梯度算法在自己的模型（而非环境）中进行训练。

基于模型的算法还有一个优点，那就是让人工智能更容易适应变化。如果已经学习了环境模型，但是想要改变学习目标，可以再次使用同一模型，只需调整模型中的策略即可。以机器人，或者是现实世界中运行的其他人工智能为例，通过执行数百万训练集来使用策略梯度学习算法是完全不切实际的，特别是在考虑到现实世界中的每一个实验都要付出时间成本、精力并且面临意外伤害风险时。基于模型的算法可以解决这类问题。

建立一个模型会引发各种各样的问题。如果正在构建一个基于模型的算法来学习 *Pong* 游戏的 agent，就会知道该游戏发生在一个包含两个球拍和一个球的二维环境中，还会应用最基本的物理学知识。模型中的这些元素都期望被成功建模。但如果手工地去建模这一切，就不会存在继续学习，并且生成的 agent 不是一种通用的学习算法。什么是模型的正确优先级？怎样才能建立一个足够灵活的模型来学习大家在世界上可能会遇到的五花八门的问题，同时还能成功学习细节呢？

在更严谨的术语中，学习模型会被视为学习一个这样的函数，即在给定当前状态-动作对的情况下，函数给出下一个状态：

$$S_{t+1} = f(s_t, a_t)$$

如果环境是随机的，函数甚至可能返回下一个可能状态的概率分布。深度神经网络自然是此类函数的不错选择，然后深度神经网络的学习将按以下步骤进行。

（1）构建一个网络：输入是当前状态和动作，输出是下一个状态和奖励。

（2）采用探索性策略从环境中收集一批状态动作转换。简单地随意移动可能会是一个不错的初始选择。

（3）将下一个状态和状态奖励用作目标，使用状态动作转换的集合以有监督方式来训练神经网络。

（4）利用 MCT、策略梯度或 Q-learning 算法，应用经训练网络转换来确定最佳移动。

以 cart pole 游戏为例，如果使用 MSE 作为损失函数，会发现可以非常容易地训练深度神经网络去精确预测该环境下的所有状态转换，包括何时的新状态是终止状态。此处对应的代码示例可通过 Git 存储库找到。

甚至可以使用卷积和递归层来学习更复杂的雅达利游戏的模型。关于该神经网络架构的示例如图 8-15 所示。

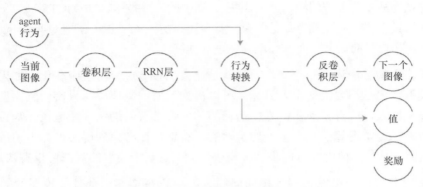

图 8-15　关于该神经网络架构的示例

该神经网络模型是利用卷积和反卷积层以及 128 个节点的 RNN 来学习预测 *Pong* 游戏中的下一帧的。该网络模型能够很成功地预测下一帧的模糊版本，但是发现该模型的健壮性不足，难以运行 MCTS 来预测超未来一帧、两帧。

上述算法的修订版具有更好的效果。在修订版中，网络不会尝试进行反卷积来预测下一个图像，而是尝试预测在下一帧中 RNN 的输入是什么，以免除网络对反卷积的需要。该网络模型能够以击败游戏 AI 的足够高的标准来学习进行 *Pong* 游戏——训练之后每场游戏平均得分是 2.9 分。这个得分距离 20.0 分——可以通过充分训练的深度 Q 网络实现的分数——还有很大差距，但是作为一个非常新的算法，该修订版取得了令人满意的效果。此外，类似的得分也能在 *Breakout* 游戏中获得。

8.10　小结

本章研究了使用强化学习来构建学习玩计算机游戏的 agent。本章介绍了 3 种主要的深度学习算法（策略梯度算法、Q-learning 算法和基于模型的学习算法），并且了解了深度学习是如何使用这些算法来达到人类水平甚至更高水平的。希望通过掌握本章知识，大家能够使用其中技术解决所遇到的问题。目前，强化学习是一个令人难以置信且令人兴奋的研究领域。许多公司（包括谷歌、Deepmind、OpenAI 和微软等）都在投入巨资，以开启该领域的未来。

第 9 章将介绍异常检测，以及了解如何将深度学习算法应用于检测财务交易数据欺诈问题。

第 9 章　异 常 检 测

第 4 章介绍了特征学习，还介绍了用作监督学习任务的无监督学习预训练步骤的自编码器。

本章将针对不同的使用示例，应用类似概念，即异常检测。一个良好的异常检测器的决定因素是：找到能够很容易地表示偏离正态分布的数据表示。深度自编码器在学习底层数据的高层抽象和非线性关系方面非常有效。接下来，向大家展示深度学习是如何适合于异常检测的。

本章先解释异常检测和异常点检测之间的差异以及共同点，引导读者进行一个虚构的欺诈案例研究；然后会列出一些示例，展示在现实应用中具有异常现象以及自动快速检测系统的重要性。

在进入深度学习算法的实现之前，本章将介绍一些被广泛应用于传统机器学习的技术以及它们当前存在的局限性。

本章将应用第 4 章中所述的深度自编码器的架构，但研究对象是一种特殊类型的半监督学习（也称为新奇检测）。这部分将提出两种强有力的方法：一种方法是基于重新建误差；另一种方法是基于低维特征压缩。

本章还将介绍一种构建简单、可扩展前向多层神经网络最需要的开源框架——H2O，最后将使用 H2O 自编码器模型的 Python API 来编写几个异常检测示例。

第一个示例是重新使用第 3 章和第 4 章中的 MNIST 数据集，用于检测写得很难被识别的数字。第二个示例将显示如何检测心电图时间序列中的异常脉冲。

本章涵盖以下主题：什么是异常检测和异常点检测、异常检测的现实应用、流行的浅层机器学习算法、基于深度自编码器的异常检测、H2O 概述，以及 MNIST 数字异常识别和心电图异常脉冲检测示例。

9.1　什么是异常检测和异常点检测

异常检测，大多与异常点检测和新奇检测相关，它是指识别严重偏离同质数据集中所观测到的预期模式的项目、事件或观测值。异常检测就是预测未知。

无论何时，只要发现数据中存在不一致的观测值，就可以将其称为"异常"或"异常点"。尽管这两个词汇经常互换使用，但它们实际上指的是两个不同的概念，正如 Ravi Parikh 在他的一篇博客文章中所描述的那样：

"异常点是指远离分布中的平均值或中值的合理数据点。它可能是不寻常的，就像 9.6s 跑完 100m，但仍然处于现实范围内。异常是指由不同过程产生而不同于其他产生数据的不合理数据点。"

让我们尝试使用一个简单的欺诈检测示例来说明两者的不同。

在交易日志中，观察到特定客户在每个工作日平均花 10 美元（约 70 元人民币）买午餐。突然有一天，他们花了 120 美元（约 857 元人民币）。这当然是一个异常点，但也许那天他们决定用信用卡来支付全部账单。如果其中一些交易的数量级高于预期，就可以将其识别为一个异常。异常是指单一罕见事件的正当性不再成立，例如，存在连续 3 个 120 美元或以上的订单交易。在这种情况下，称之为异常，因为已从通常行为相关的不同过程（可能是信用卡欺诈）产生重复相关联的异常点模式。

虽然阈值规则能够解决许多检测问题，但发现复杂异常则需要更先进的技术。

如果一张被违法复制的信用卡进行了大量 10 美元的小额支付怎么办？基于规则的检测器程序将可能会失效。

通过独立地查看针对每个维度的度量，异常生成过程可能会仍然隐藏在平均分布中。单一维度信号不会触发任何警报。让我们看看，如果在信用卡欺诈示例中添加一些额外维度（例如：地理位置、本地时区中一天的时间以及一周中的一天），那会发生什么。

让我们更详细地分析相同的欺诈案例。本例的客户是一名在米兰上班，但居住在罗马的全职员工。每周一的早上，他都会坐火车去米兰上班；每周六早上，他都会返回罗马看望朋友家人。他喜欢在家做饭；每周只出去吃几顿饭。在罗马，他的住处离亲戚很近，所以他周末从来不必做午饭，但他常常会在晚上和朋友们出去聚餐。预期行为的分布如下所示。

（1）**金额**：5～40 美元（约 36～286 元人民币）。

（2）**地点**：米兰（70%），罗马（30%）。

（3）**一天的时间**：70%位于中午到下午 2 点之间，30%位于晚上 9～11 点。

（4）**工作日**：每周都不变。

一天，他的信用卡被非法复制了。诈骗犯住在他的工作场所附近，并且为了不被抓到，他们每天晚上 10 点左右，都会在一个共犯的街角小店里有系统地进行小额刷卡付款 25 美元

（约 179 元人民币）。

如果从单一维度来看，信用卡欺诈交易将会略微超出预期分布，但仍是可接受的。信用卡交易中有关金额的分布和一周的哪一天的影响将基本相同，而在夜间，信用卡在米兰的交易地点和交易时间会稍微增加。

即使刷卡行为有系统地重复出现，但考虑到客户稍微改变一下生活方式也是一种合理解释。欺诈行为很快就会变成新的预期行为，即常态。

让我们考虑一下消费金额的联合分布情况：

（1）在米兰，占 70% 的 10 美元左右的消费金额对应工作时间日的午餐时间；

（2）在罗马，占 30% 的 20 美元（约 143 元人民币）左右的消费金额对应周末晚餐时间。

在这种情况下，由于在米兰超过 20 美元以上的夜间交易行为非常少见，因此欺诈行为在第一次发生时会被立即标记为异常点。

鉴于前面的示例，大家可能会认为：一起考虑多个维度会使异常检测更加智能。就像其他机器学习算法一样，大家需要在复杂度和泛化之间找到的一个权衡取舍。

拥有太多维度会将所有观测值投射到一个空间中，在其中，所有结果的彼此间隔都相等。因此，所有数据都将是"异常点"，按照定义它的方式，它本质上会使整个数据集"正常"。换句话说，如果每一个点看起来都是一样的，那么就无法区分两种情况。拥有太少维度，模型将无法大海捞针般地发现异常点，并且可能会让异常点更长时间地隐藏在大量分布中或者可能会永远隐藏下去。

然而，仅仅识别异常点是不够的，因为罕见事件、数据收集中的误差或者噪声，都可能会引发异常点。数据总是脏的，充满着矛盾。第一条规则是"永远不要假定你的数据是干净的、正确的"。寻找异常点只是一个标准程序。相反，令人惊讶的事情是：找到偶然和无法解释的重复行为。

"数据科学家意识到，他们最得意的时候是在发现数据中真正奇怪特征的时候。"

——Gerhard Pilcher 和 Kenny Darrell

给定异常点模式的持久性是我们正在监视的系统中发生变化的信号。当观测基础数据生成过程中的系统偏差的时候，会有真正的异常检测发生。

此外，异常检测对数据预处理步骤也会有影响。与许多机器学习问题相反，在异常检测中，我们不能只是过滤掉所有的异常点！你确实需要过滤掉错误数据项、移除噪声、并规范化剩余数据项，然而，应该小心地区分那些异常点的性质。最终，我们需要检测清理后数据集中的新奇事件。

9.2　异常检测的现实应用

任何系统都可能会发生异常。从技术上讲，总是能够找到一个从未出现在系统历史数据中的事件。在某些情况下，检测那些观测值的启示会对系统产生很大影响（无论是正面的，还是负面的）。

在执法领域，异常检测可被用来揭露犯罪活动（假设读者生活在这样一个区域：普通人都很诚实，从而足以让大家识别出从分布中凸显出来的犯罪行为）。

在网络系统中，异常检测有助于找到外部入侵或用户可疑活动，例如，意外或有意从公司内部网向外泄露大量数据的一名雇员，或者可能是一名打开非公共端口和/或协议上的连接的黑客。在互联网安全特定案例中，只要查看到非信任网域访客数量的激增，异常检测便可被用于阻止新的恶意软件传播。即使网络安全不是核心业务，也应该用数据驱动来保护网络，该办法会在遇到无法识别的活动时进行监视并发出警报。

另一个类似例子是：许多主要社交网络的认证系统。特别安全小组已研发出解决方案，该方案能够用来衡量每个单一活动或序列活动，以及那些活动与其他用户活动的中值之间的距离。每当算法将某个活动标记为可疑时，系统都会提示进行其他验证。那些技术可以极大地减少身份被盗的概率，并且可以提供更大的隐私保护。

人类行为所产生的异常属于最流行但也是最难以解决的。就像国际象棋游戏，一方面，需要能开发先进检测系统的主题内容专家、数据科学家和工程师；另一方面，存在着黑客，他们知晓游戏，会研究对手的动作。这就是为什么开发那些类型的检测系统需要大量的领域知识，并且系统应该被设计成反应式的、动态的。

并非所有异常都来源于"坏人"。在市场营销中，异常情况可能代表着孤立但利润很高的客户，针对这些客户，可以提供定制服务。他们的不同、特殊兴趣和/或盈利模式都可使他们被检测为异常客户。例如，在经济衰退时期，寻找一些正在提高利润的客户——尽管大趋势可能会是一种调整产品、重新设计商业战略的思想。

其他的现实应用包括医疗诊断、硬件故障检测、预测性维护等。这些应用也需要具备灵活性。

商业机会就像是新的恶意软件，每天都在增加，并且它们的生命周期可能会非常短，从几个小时到几个星期。如果系统反应迟钝，就可能会太晚做出反应，以至于永远赶不上竞争对手。

人类检测系统无法扩展，并且普遍存在泛化问题。偏离正常行为并不总是很显而易见的，而且分析人员很难记住要进行比较的全部历史数据，而这却是异常检测的核心要求。如果异常模式是隐藏在数据中的实体的抽象、非线性关系，情况就会复杂一些。对能够学习复杂互动并提供实时准确监控的智能全自动系统的需求，是该领域的下一个创新前沿。

9.3 流行的浅层机器学习技术

异常检测并非刚被提出，很多技术已对其进行了广泛研究。建模可被分为两个阶段：数据建模和检测建模。

9.3.1 数据建模

数据建模通常涉及将可用数据分组到想要检测的观测值粒度中，该粒度会包含检测模型所需的所有必要信息。

我们能够确定 3 种主要数据建模技术。

（1）**点异常**。这类似于异常点检测。数据集中的每一行都对应一个独立的观测值。目标是将每个观测数值归类为"正常"或"异常"，或者更好的做法是，提供一个用数字表示的异常分数。

（2）**上下文异常**。每个点都包含额外的上下文信息。一个典型示例是在时间序列中找出异常，其中时间本身表示为上下文，如一月冰淇淋销售额的高峰与七月的不一样。上下文必须被封装到其他特征中。时间上下文可以表示为年、季度、月、星期几的分类日历变量，也可以是布尔值标志，例如它是节假日吗？

（3）**集合异常**。代表潜在异常原因的观测值模式。集合度量应被巧妙地聚合到新特性。一个例子是前面所描述的欺诈检测示例。示例中交易可被划分为会话或间隔，并且统计数据应该从序列中提取，例如支付金额的标准偏差、频率，两个连续交易之间的平均间隔、支出趋势等。

同样的问题可以通过定义不同粒度数据点的多种混合方法来解决。例如，首先可以独立地检测单个异常交易，然后依时间顺序将它们联系起来，封装时间上下文，并在时隙序列上进行重复检测。

9.3.2 检测建模

无论数据类型如何，检测模型的一般输入都包含多维空间（特征空间）中的点。因此，通过一些特征工程，我们可以将任何异常表示转化为单个特征向量。

为此，我们可以将异常检测视为异常点检测的特例。在该特例中，单一点也会封装上下文，也能够代表模式的任何其他信息。

与其他机器学习算法一样，检测建模有监督学习和无监督学习两种算法，还推荐半监督学习算法。

（1）**监督学习算法**。以监督方式进行的异常检测也可被称为异常分类，例如：垃圾邮件检测。在异常分类中，将每个观测值标记为异常（垃圾邮件）或非异常（非垃圾邮件），然后使用二值分类器将每个点分配给相应的类。可以使用任何标准机器学习算法，如支持向量机、随机森林、逻辑回归，当然也可以使用神经网络（尽管它并非本章重点）。

使用这种算法的主要问题之一是：数据的扭曲。根据定义，异常只占总体的一小部分。在训练阶段缺少足够反例会导致检测效果不佳。此外，一些异常可能以前从未见过，而且可能很难针对它们建立一个足够泛化的模型来进行正确分类。

（2）**无监督学习算法**。纯粹的无监督学习意味着没有关于"什么会或者不会构成异常"的基本事实（没有黄金参考）。我们知道数据中可能会有异常，但并没有关于它们的历史信息。

在这些场景下，检测也可被看作一个聚类问题，其目标不仅是将相似观察值分组到一起，还要识别所有剩余孤立点。因此，该场景下的检测引入了关于集群问题的所有问题和考虑。为了能够将每个点按照距离现有"正常行为"集群的点的远近进行排序，数据建模和距离度量应被认真选择。

典型算法是 k 均值或基于密度聚类。聚类问题的主要困难是：其对噪声的高度敏感，以及众所周知的维数灾难。

（3）**半监督学习算法**。也被称为新奇检测，对读者而言，"半监督学习"可能是一个新名词。它可被看作无监督学习（数据未做标记）和单类监督学习（都在同一个标记下）。半监督学习源于这样一个假设：训练数据集完全属于一个单一标记："预期行为"。不是学习关于预测它是否是"预期的"或"异常的"规则，而是学习预测观测点是否是产生自生成训练数据的同一来源的规则。

这是一个很强的假设，也是使得异常检测成为实践中最难解决的问题之一的原因。

流行的半监督检测建模技术包括支持向量机单类分类器和统计分布模型，如多元高斯分布。图 9-1 显示了来自二维空间中可视化的主分布的异常点。

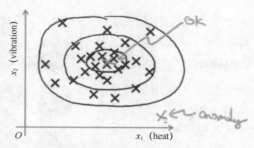

图 9-1　具有一个异常点的正态分布的二维表示

9.4　基于深度自编码器的异常检测

采用深度学习的算法是半监督的，通过下面几个步骤对该算法做出大致解释。

（1）识别一个表示正态分布的数据集。其中，"正态"一词代表一个大家非常确信、可代表非异常实体且不会与高斯正态分布混淆的一个点集。

识别一般都是基于事实的——据知，没有正式确认任何异常。这就是为什么这种算法不是完全的无监督学习算法。该算法依赖于一个假设，即大多数观测值都是非异常的。大家可以使用外部信息（甚至标签）使所选子集的质量更高。

（2）从训练数据集中学习"正态"的含义。经训练的模型将在其数学定义中提供一种度量，即将每个点映射到一个实数的函数，其中，该实数表示为从其自身到表示为正态分布的另一点之间的距离。

基于阈值在异常分数上进行检测。通过选择正确阈值，可以在精确率（更少的错误警报）和召回（更少的被遗漏的检测）之间实现所需要的权衡取舍。

这种算法的优点之一是：有应对噪声的健壮性。该算法可以接受在用于训练的正常数据中存在一小部分异常点，因为该模型将尝试泛化样本总体（而非单一样本的观测值）的主要分布。相对于监督学习算法——其接受的数据仅限于在过去能观测到的情况，半监督学习算法所具有的该特性在泛化方面具有极大优势。

此外，半监督学习算法还可扩展到标记数据，使其适用于各类异常检测问题。由于在建模时没有考虑标记，因此可以将标记从特征空间中丢弃，并在同一标记下考虑所有内容。在验证阶段，标记仍可被用作基本事实。然后，可以将异常评分视作二元分类评分，并使用接受者操作特征（Receiver Operating Characteristic，ROC）曲线和相关度量当作基准。

在本章的用例中，将使用自编码器架构来学习训练数据的分布。正如在第 4 章中所看到的，网络被设计成具有任意层数但相互对称，并在输入层和输出层具有相同数量的神经元的隐藏层。如图 9-2 所示，整个拓扑必须是对称的，其意义在于：左侧的编码部分正好镜像到右侧的解码部分，并且它们共享相同数量的隐藏单元和激活函数。

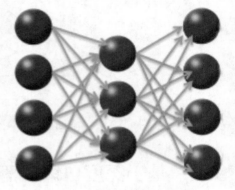

通常使用的损失函数是输入和输出层相应神经元之间的**均方误差**。这样，网络被迫通过原始数据的非线性压缩表示来逼近恒等函数。

深度自编码器也经常被用作监督学习模型和降维的预训练步骤。实际上，正如在上一示例中所看到的那样，自编码器的中心层可被用来表示降维的点。

图 9-2　来自 H2O 培训手册的
自编码器简单表示

然后就可以使用在级联中编码和解码结果的完全重构表示进行分析了。恒等自编码器将重建与原始点完全相同的值——不是很有用处。在实际应用中，自编码器是基于最小化训练误差的中间表示进行重构的。因此，自编码器从训练集中学习这些压缩函数，这样，一个正常点很有可能被正确重建，但是一个异常点会有更高的**重建误差**（原始点和重建点之间的均方误差）。

编码器可以将重建误差用作异常分数。或者，在自编码器中使用一个将网络中间层设置得足够小的技巧，以便能够将每个点转换为低维压缩表示。如果把维数设为 2 或 3，自编码器甚至可以可视化这些点。因此，可以使用自编码器来降低维数，然后使用标准机器学习算法进行检测。

在深入研究这些示例之前，让我们花点儿时间来证明使用 H2O 作为异常检测的深度学习框架是正确的。

H2O 不仅是一个需要安装的程序库或程序包，还是一个丰富的开源分析平台——可提供机器学习算法和高性能并行计算抽象。

H2O 核心技术是围绕 Java 虚拟机构建的，其对分布式数据集合的内存处理进行了优化。

H2O 平台可通过基于 Web 的 UI 进行使用，也可以通过多语言编程使用，例如 Python、R 语言、Java、Scala 和 REST API 中的 JSON。

数据可以从许多常见的数据源加载，如 HDFS、S3、大多数流行的关系数据库（RDBMS）和一些其他的 NoSQL 数据库。

加载后，数据以 H2OFrame 表示，这会使习惯于使用 R、Spark 和 Python pandas 数据帧的人对它不会感到陌生。

H2O 平台的后端可以在不同引擎之间切换。它可以在你的计算机中进行本地化运行，也可被部署在基于 Spark 或 Hadoop MapReduce 之上的集群中。

H2O 将自动处理内存占用，并将优化针对大部分数据操作和模型学习的执行计划。

对训练过的模型，H2O 提供了非常快速的数据点评分；宣称能以纳秒的速度运行。

除了传统的数据分析和机器学习算法，它还具有一些深度学习模型的特征。

建立模型的通用 API 可借助 H2O 估计器。专用的 `H2OdeepLearning Estimator` 类可被用于构建前馈多层人工智能网络。

选择 H2O 进行异常检测的主要原因之一是：它可提供一个对目标非常有用的内置类，即 `H2OAutoEncoderEstimator` 类。

正如将在下面示例中所看到的那样，构建一个自编码器网络只需要指定几个参数，然后该网络将自动调优其余参数。

估计器的输出是一个模型，根据要解决的问题，它可能是一个分类模型、回归、聚类，或者一个自编码器（在我们的示例中）。

H2O 的深度学习并不够详尽，但是非常简单而直接。它具有自适应权值初始化、自适应学习速率、各种正则化技术、性能调优、网格搜索和交叉验证等特征。我们将在第 10 章探讨那些高级特征。

此外，还有望很快看到在 H2O 框架中实现的 RNN 和更先进的深度学习架构。

H2O 的关键点是可扩展性、可靠性和易用性。它非常适用于处理注重生产方面的企业环境。它的简单性和内置功能也使得它非常适用于研究任务，并且适合想要学习和实验深度学习的用户。

9.5　开始使用 H2O

本地模式下的 H2O 可以简单地作为依赖项使用 pip 安装。本地 H2O 示例将会在首次初始化时自动运行。打开 Jupyter 笔记本，并创建一个 H2O 示例：

```
import h2o
h2o.init()
```

若 H2O 初始化成功，屏幕上应该会输出如下类似信息：

"`Checking whether there is an H2O instance running at http://localhost:54321. connected.`"。

现在我们便可以导入数据，并开始构建深度学习网络了。

9.6　示例

下面示例是关于如何应用自编码器来识别异常的。本章不涵盖具体的调优和高级设计考虑事项。我们将在不深入太多理论基础（已经在前文讨论过）的情况下，认可文献中的一些结果。

建议读者仔细阅读第 4 章以及有关自编码器的相应章节。Jupyter 笔记本将被用作本节的示例。也可以使用 H2O Flow，这是一个应用于 H2O 平台的笔记本风格的用户界面，该 H2O Flow 的用户界面与 Jupyter 非常相似，但为避免读者混淆，H2O Flow 并没有在本书中涉及。

示例还假设了一个前提：读者对 H2O 框架、pandas 和相关绘图库（matplotlib 和 seaborn）的工作原理有基本的了解。

在代码中，H2OFrame 示例经常会被转换为 pandas.DataFrame，以便能够使用标准的绘图库，这是可行的。但因本示例中的 H2OFrame 包含小数据，当 H2OFrame 示例的数据很大时，不建议这样做。

9.6.1　MNIST 数字异常识别

这是一个用于基准异常检测模型的标准示例。我们在第 3 章运用过这个数据集。不过，本节并非要预测每幅图像代表哪个数字，而是要预测图像是代表一个清晰的还是丑陋的手写数字。目标是识别书写糟糕的数字图像。

实际上，在示例中，我们将去除包含标记（数字）的相应列。我们感兴趣的不是每幅图像代表的数字，而是这个数字的清晰程度。

我们将遵循 H2O 教程中所提供的相同配置。首先从 pandas 和绘图数据库 matplotlib 导入一些标准库：

```
%matplotlib inline
import pandas as pd
from matplotlib import cm
import matplotlib.pyplot as plt
import numpy as np
from pylab import rcParams
rcParams['figure.figsize'] = 20, 12
from six.moves import range
```

接下来，从 H2O 存储库导入数据（这是原始数据集的重新改编版本，以便更易于解析并加载到 H2O 中）：

```
train_with_label = h2o.import_file("                          .
                                                         ")
test_with_label = h2o.import_file("                           .
                                                         ")
```

加载的训练和测试数据集表示为针对每一行的一幅数字图像，并且包含 784 个列，其中"列"代表着在 28×28 的图像网格中每个像素的灰度值（0～255），加上用作标记（位数）的最后一列。

仅仅将前 784 个列用作预测因子，并且标记将仅用于验证：

```
predictors = list(range(0,784))
train = train_with_label[predictors]
test = test_with_label[predictors]
```

H2O 教程提出了一个浅层模型。该模型由一个带有 20 个神经元节点的隐藏层（将 tanh 函数用作激活函数）和 100 个训练集（扫描数据 100 次）组成。

我们不是要学习如何优化网络，而是要理解异常检测背后的直观知识和概念。编码器容量取决于隐藏神经元的数量。如果容量过大，那么会导出一个不会学习任何令人关注的结构的恒等函数模型。在示例中，设置 784 个像素的低容量数据到 20 个神经元节点中。这样将迫使模型学习通过仅使用代表数据相关结构的几个特征来更好地逼近恒等函数：

```
from h2o.estimators.deeplearning import H2OAutoEncoderEstimator
model = H2OAutoEncoderEstimator(activation="Tanh", hidden=[20],
ignore_const_cols=False, epochs=1)
model.train(x=predictors,training_frame=train)
```

在完成自编码器模型的训练之后，模型可以预测测试集中的数字——该数据集利用新降维表示被重建，并且根据重建误差对其进行排序：

```
test_rec_error = model.anomaly(test)
```

让我们快速地描述一下重建误差：

```
test_rec_error.describe()
```

你会看到误差范围在 0.01 和 1.62 之间，平均值约 0.02，并非对称分布，如图 9-3 所示。

让我们针对所有测试点绘制重建误差的散点图（见图 9-3）：

```
test_rec_error_df = test_rec_error.as_data_frame()
test_rec_error_df['id'] = test_rec_error_df.index
test_rec_error_df.plot(kind='scatter', x='id', y='Reconstruction.MSE')
```

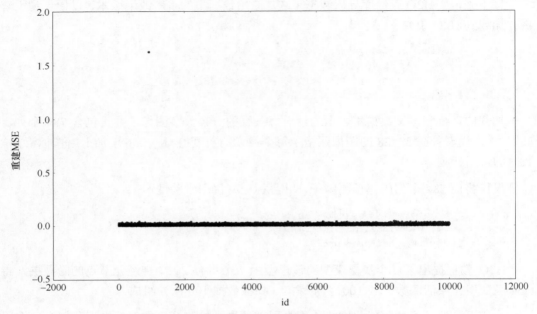

图 9-3　针对所有测试点绘制重建误差的散点图

可以看到，测试集仅包含一个明显的异常点，而其余点均落在[0.0,0.07]范围内。

让我们将测试特征集（包括标签）与重建误差结合起来，抓取异常点，然后尝试使用自编码器模型来重建它：

```
test_with_error = test_with_label.cbind(test_rec_error)
outlier = test_with_error[test_with_error['Reconstruction.MSE'] > 1.0]
[0, :]
outlier_recon = model.predict(outlier[predictors]).
cbind(outlier['Reconstruction.MSE'])
```

代码中需要定义一个辅助函数来绘制单一的数字图像：

```
def plot_digit(digit, title):
    df = digit.as_data_frame()
    pixels = df[predictors].values.reshape((28, 28))
    error = df['Reconstruction.MSE'][0]
    fig = plt.figure()
    plt.title(title)
    plt.imshow(pixels, cmap='gray')
    error_caption = 'MSE: {}'.format(round(error,2))
    fig.text(.1,.1,error_caption)
    plt.show()
```

绘制原始异常点及其重建版本：

```
plot_digit(outlier, 'outlier')
plot_digit(outlier_recon, 'outlier_recon')
```

如图 9-4 所示，虽然异常点似乎清楚地代表了数字 3，但重建版本充满噪声。大家将看到该异常点有一个区别于数字 3 的特殊细节。

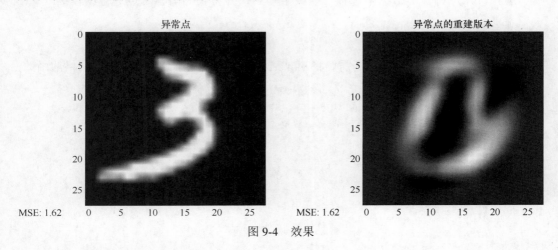

图 9-4　效果

让我们来放大剩余点的误差分布，如图 9-5 所示。

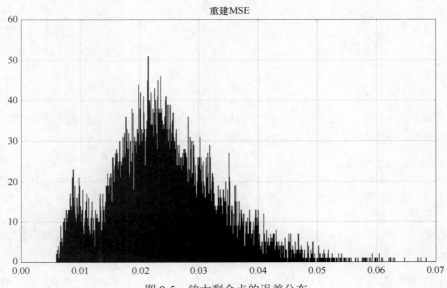

图 9-5　放大剩余点的误差分布

```
test_rec_error.as_data_frame().hist(bins=1000, range=[0.0, 0.07])
```

在分布中，可以将处于 0.02 的"中央钟状形"区分成"好"的数字（在左侧）和"不好"的数字（在右侧）。最右侧的尾巴（大于 0.05）可被认为是"丑陋"数字或者最异常数字。

现在，从"好"的数据中选择一些数字"3"，并将它们与异常点进行比较：

```
digits_of_3 = test_with_error[(test_with_error['C785'] == 3) &
(test_with_error['Reconstruction.MSE'] < 0.02)]
```

为了可视化多个数字，我们需要将 plot 工具函数扩展成一个可绘制图像网格的函数：

```
def plot_multi_digits(digits, nx, ny, title):
    df = digits[0:(nx * ny),:].as_data_frame()
    images = [digit.reshape((28,28)) for digit in
    df[predictors].values]

    errors = df['Reconstruction.MSE'].values
    fig = plt.figure()
    plt.title(title)
    plt.xticks(np.array([]))
    plt.yticks(np.array([]))
    for x in range(nx):
        for y in range(ny):
            index = nx*y+x
            ax = fig.add_subplot(ny, nx, index + 1)
            ax.imshow(images[index], cmap='gray')
            plt.xticks(np.array([]))
            plt.yticks(np.array([]))
            error_caption = '{} - MSE: {}'.format(index,
            round(errors[index],2))
            ax.text(.1,.1,error_caption)
    plt.show()
```

现在我们可以在设置好"6（nx）"乘以"6（ny）"的网格上绘制 36 个随机数字的原始值以及这些数字的重建值（见图 9-6 和图 9-7）：

```
plot_multi_digits(digits_of_3, 6, 6, "good digits of 3")
plot_multi_digits(model.predict(digits_of_3[predictors]).cbind(digits_
of_3['Reconstruction.MSE']), 6, 6, "good reconstructed digits
of 3")
```

乍看之下，异常点与归类为"好"的数字之间并没有多大不同。许多重建图像看起来都与原始图像相似。

如果仔细查看这些数字会发现，重建版本的数字不再有几乎延伸到角落的左下部分。

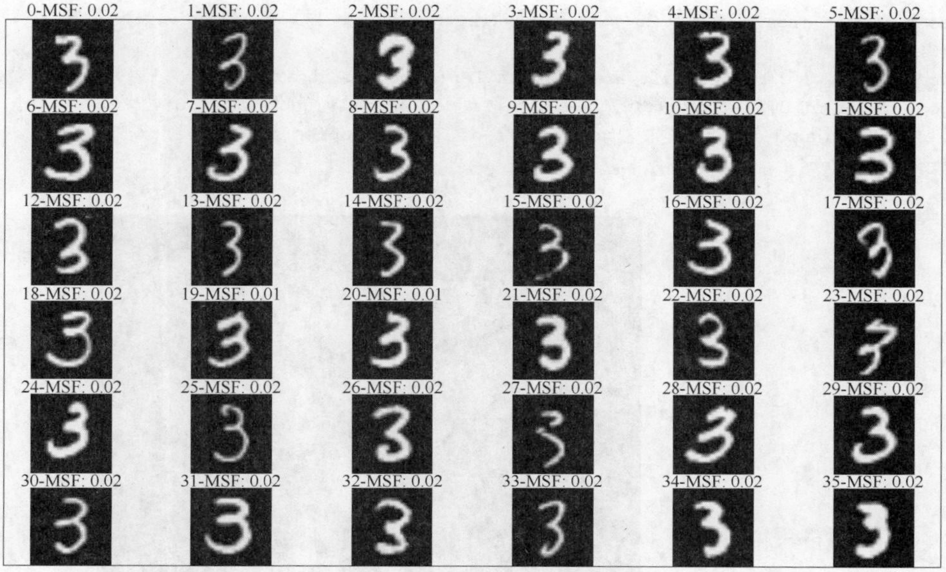

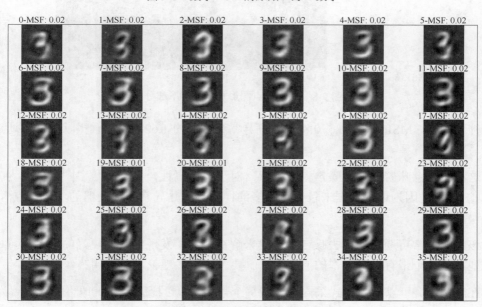

图 9-6 数字"3"的原始"好"数字

图 9-7 数字"3"的"好"数字的重建版本

让我们选择带有索引"1"的数字,该数字得分为 0.02,然后从异常点图形中复制左下部分(最后 16 像素×10 像素),如图 9-8 所示。接下来将重新计算经修改后图像的异常分数:

```
good_digit_of_3 = digits_of_3[1, :]
```

```
bottom_left_area = [(y * 28 + x) for y in range(11,28) for x in range
(0, 11)]
good_digit_of_3[bottom_left_area] = outlier[bottom_left_area]
good_digit_of_3['Reconstruction.MSE'] = model.anomaly(good_digit_of_3)
plot_digit(good_digit_of_3, 'good digit of 3 with copied bottom left
from outlier')
```

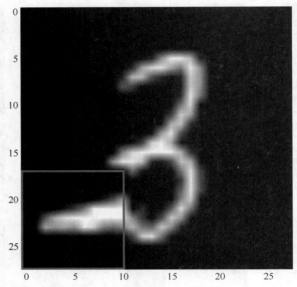

图 9-8　从异常点图形中复制左下部分

神奇的是，MSE 增加到了 0.86。对高异常分数（约 1.62）的剩余贡献或许可通过异常书写风格来解释。

这种解释意味着模型对噪声太过敏感。对于正当属性，模型将数字图像标记为"异常"，这仅仅是因为训练数据未包含足够多的样本。这是异常点检测器的"异常点"，即一个误报示例。

该问题通常可通过使用去噪自编码器来解决。为了发现健壮性更好的表示，可以训练模型重建一个带有噪声版本的原始数据。要了解更多理论，可查阅第 4 章。

在用例中，可以用二项式采样来屏蔽每个数字，即以概率 p 随机地将像素设置为 0。然后，损失函数就是噪声版本重建图像和原始图像间的误差。在编著本书时，H2O 尚未提供这一特征，也没有损失函数的定制。因此，针对该示例，要凭借自己能力单独实现它实在太复杂了。

数据集包含数字的标记属性，然而数据集并没有关于数字的质量的任何评估。因此，代码中不得不进行人工检查，以获得模型正常工作的信心。

代码中抓取位于底部的 100（好的）个点和位于顶部的 100（不好的）个点，并在 10×10 网格中对其进行可视化处理，如图 9-9 和图 9-10 所示：

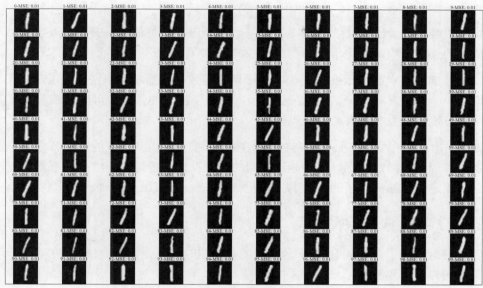

图 9-9 位于底部的"好"数字的重建误差

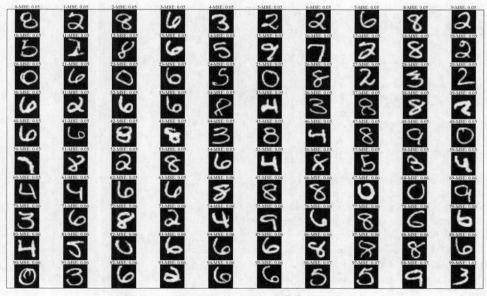

图 9-10 位于顶部的"不好"数字的重建误差

```
sorted_test_with_error_df = test_with_error.as_data_frame().sort_
values(by='Reconstruction.MSE')
test_good = sorted_test_with_error_df[:100]
plot_multi_digits(test_good, 10, 10, "good digits")
test_ugly = sorted_test_with_error_df.tail(100)
plot_multi_digits(test_ugly, 10, 10, "ugly digits")
```

可以很容易地看出，"好"数字表示数字"1"，该数字是最容易书写的数字，因为它有着简单的直线结构。因此，数字"1"不太容易被写错。

位于顶部的数字群显然很"丑陋"。由于圆形导致相似数字的识别更加困难，很大程度上取决于个人的书写笔记。因此，处于顶部的数字群中的数字最可能代表着"异常"。它们最有可能偏离大多数人的书写风格。

注意，由于存在着接下来所解释的 HOGWILD!算法，由其生成的竞争条件而导致的可扩展的原因，不同的运行可能会导致不同的结果。为了使得运行结果可重复生成，代码中应该指定一个随机种子 seed，并设置 reproductability=True。

9.6.2　心电图脉冲检测

我们特意准备了一个从 H2O 平台获取的心电图时间序列数据的快照，在第 2 个示例中将其作为异常检测示例。

所准备的数据可以通过 H2O 公共存储库获得。准备好的数据集包含"20 个好的 ECG 心电图时间序列"，外加"3 个异常心跳的 ECG 心电图时间序列"。每行具有代表排序序列的数值样本的 210 个列。

首先，代码要加载 ECG 心电图数据，并导出训练集和测试集：

```
ecg_data = h2o.import_file(
                                              ")
train_ecg = ecg_data[:20, :]
test_ecg = ecg_data[:23, :]
```

在代码中定义一个堆栈和绘制时间序列的函数：

```
def plot_stacked_time_series(df, title):
    stacked = df.stack()
    stacked = stacked.reset_index()
    total = [data[0].values for name, data in
    stacked.groupby('level_0')]
    pd.DataFrame({idx:pos for idx, pos in enumerate(total)},
    index=data['level_1']).plot(title=title)
    plt.legend(bbox_to_anchor=(1.05, 1))
```

然后，绘制数据集（图 9-11）：

```
plot_stacked_time_series(ecg_data.as_data_frame(), "ECG data set")
```

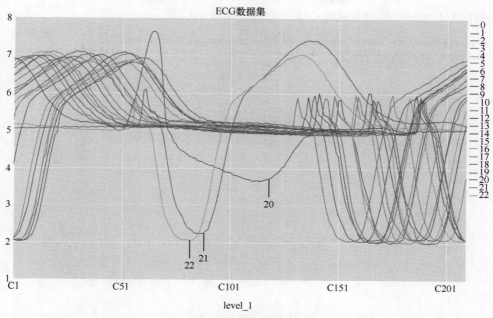

图 9-11　绘制数据集

可以清楚地看到，前 20 个时间序列都是正常的，而后 3 个时间序列（标识为：20、21 和 22）与其他时间序列存在很大不同。

因此，在前 20 个样本上训练模型会更好些。在这次运行中，代码中使用一个由 5 个隐藏层组成的更深架构，其中，两端的隐藏层各自包含 50 个神经元、20 个神经元和 20 个神经元、50 个神经元，中间层包含 2 个神经元。请记住，自编码器的拓扑结构总是对称的，并且通常都带有递减的神经元层大小。其中心思想在于：学习如何将原始数据编码到具有最小信息损失的低维空间中，然后能够从该压缩表示中重建原始值。

这次运行，代码会固定随机种子 seed 的取值，使得运行结果可重复生成：

```
from h2o.estimators.deeplearning import H2OAutoEncoderEstimator
seed = 1
model = H2OAutoEncoderEstimator(
    activation="Tanh",
    hidden=[50,20, 2, 20, 50],
    epochs=100,
    seed=seed,
    reproducible=True)
model.train(
```

```
    x=train_ecg.names,
    training_frame=train_ecg
)
```

执行如下代码，绘制重建的心电图信号，如图 9-12 所示：

```
plot_stacked_time_series(model.predict(ecg_data).as_data_frame(),
"Reconstructed test set")
```

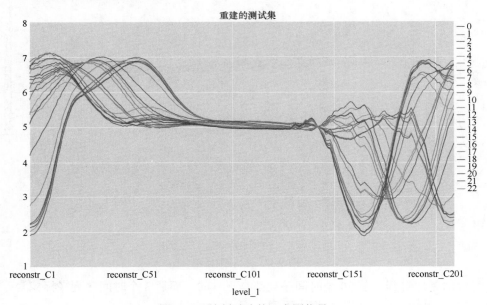

图 9-12 绘制重建的心电图信号

重建的心电图信号看起来都很相似。现在，无法识别异常点（20、21 和 22），这意味着它们一定具有更高的重建误差。

执行如下代码来计算并绘制重建误差（图 9-13）：

```
recon_error = model.anomaly(test_ecg)
plt.figure()
df = recon_error.as_data_frame(True)
df["sample_index"] = df.index
df.plot(kind="scatter", x="sample_index", y="Reconstruction.MSE",
title = "reconstruction error")
```

很容易将最后 3 个点识别为异常点。现在我们尝试从不同角度来看问题。通过将中心层大小设置为 2，我们可以使用编码器输出对之前得出的重建误差点进行压缩，并将其绘制在二维绘制图中。在代码中使用训练模型的 deepfeatures API 来绘制一个新的具有二维表示的数据帧。新数据帧指定了隐藏层索引（索引从 0 开始，中间帧索引位于"2")。代码如下：

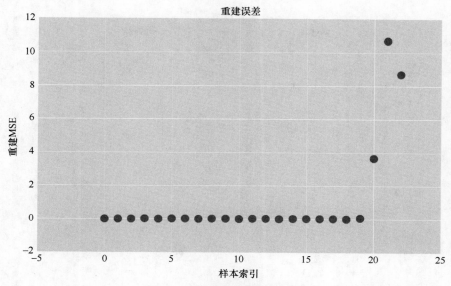

图 9-13　计算并绘制重建误差

```
from matplotlib import cm
def plot_bidimensional(model, test, recon_error, layer, title):
    bidimensional_data = model.deepfeatures(test,
    layer).cbind(recon_error).as_data_frame()
    cmap = cm.get_cmap('Spectral')
    fig, ax = plt.subplots()
    bidimensional_data.plot(kind='scatter',
                            x= 'DF.L{}.C1'.format(layer+1),
                            y= 'DF.L{}.C2'.format(layer+1),
                            s = 500,
                            c = 'Reconstruction.MSE',
                            title = title,
                            ax = ax,
                            colormap=cmap)
    layer_column = 'DF.L{}.C'.format(layer + 1)
    columns = [layer_column + '1', layer_column + '2']
    for k, v in bidimensional_data[columns].iterrows():
        ax.annotate(k, v, size=20, verticalalignment='bottom',
        horizontalalignment='left')
    fig.canvas.draw()
```

然后，使用带有随机种子"1"的先前获得的经训练的模型来可视化所有点：

```
plot_bidimensional(model, test_ecg, recon_error, 2, "2D
representation of data points seed {}".format(seed))
```

通过执行上述相同流程，但设置不同的随机种子值（被设置为 2、3、4、5 和 6）来重新训练模型，代码执行会获得图 9-14 所示的实际结果。

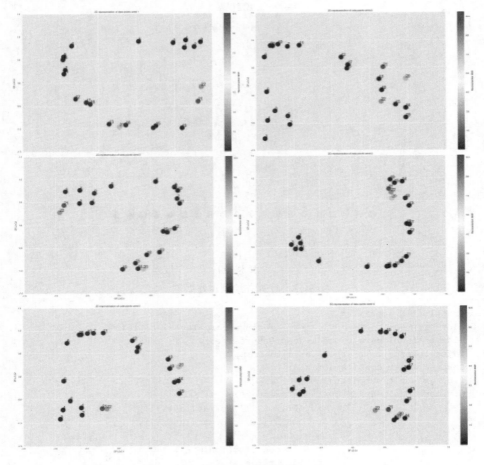

图 9-14 实际效果

正如所见，每个随机种子都会给出完全不同的二维表示。更有趣的是，异常点（标记为 20、21 和 22）总是具有相同的重建误差（根据它们的颜色给出）。对于模型，那些点都是包含相同数量信息并且能够被解码为原始时间序列的有效二维压缩表示。

然后，可以使用自编码器来降低维数，使用无监督学习算法（例如基于密度的聚类）对相似点进行聚类。通过针对每个随机种子重复聚类，代码可以应用一致性聚类来确定哪些点一致性最强（总是聚集在一起的点）。这种方法不一定指出异常在哪里，但它会帮助理解数据并发现可以进行下一步调查的小维度集群。该集群越小并且离其他聚类越远，则其异常得分越高。

9.7　小结

异常检测是一个存在于许多应用中的普遍问题。本章先描述了一些可能用例，并根据上下文和应用程序要求，重点说明了主要类型以及区别，接着简要介绍了使用浅层机器学习算法来解决异常检测的一些技术。这些技术的主要区别在于特征的生成方式。在浅层机器学习中，这通常是人工任务，也称为"特征工程"。使用深度学习的优点是：它可以在无监督情况下自动学习智能数据表示。好的数据表示可以在很大程度上帮助检测模型发现异常。

本章还介绍了 H2O，并总结了 H2O 在深度学习的应用，尤其是在自编码器方面。为了更好地帮助读者了解如何应用自编码器来解决异常检测问题，本章列举了几个验证概念的示例。对于数字识别，根据模型重建误差所给出的异常分数，对每个图像进行了排序。类似方法也可进一步扩展到其他应用，例如签名验证、通过手稿识别作者或通过图像进行故障检测等。

数字识别是一种单点异常点检测。该示例使用了仅由一个隐藏层组成的浅层架构。

在本章的心电图示例中，使用了一种更深层结构，并展示了基于压缩特征表示（而非完全重建）的另一种检测技术。使用了网络的编码器部分来将原始数据的非线性关系压缩到更小维度空间中。更新后的特征表示可用于预处理，以便应用经典异常检测算法，例如高斯多元分布。通过缩小到二维空间，代码甚至能够对数据点进行可视化，并识别主要椭圆分布边缘的异常。

然而，自编码器并非使用深度学习进行异常检测的唯一方法。除此之外还可以使用机器学习的有监督学习算法从数据中提取部分信息，并尝试基于剩余信息进行估计。预测值将代表正常预期行为，偏离该值时将代表异常。例如，在时间序列的情况下，读者可以使用递归神经网络或 RNN 在长短期记忆网络中的演变作为递归模型，以便预测时间序列的下一个数值将是什么，然后将预测值和观测值之间的误差用作异常得分。因为半监督学习算法可用于许多现实应用，并且半监督学习算法可以在 H2O 平台得到很好的实现，所以首选这种方法。

本章中大多数代码是针对数据分析、操作和可视化而编写的。通过使用 H2O，使用其内置类仅以几行代码就实现了深层神经网络。与使用其他框架的开销相比，这相当令人印象深刻。此外，H2O 估计器和模型提供大范围的可定制参数和不同配置。此外，我们发现 H2O 在扩展到其当前不支持的作用域方面是非常有限的。总的来说，这是一项非常有前途的技术，并且还有很大的改进空间。

注意，本章所介绍的技术仅作为深度学习如何应用于异常检测的概念证明。在处理生产数据时，需要考虑许多问题以及陷阱，包括技术和实际问题。其中的一些技术和问题，将在第 10 章中讲解。

第 10 章　构建一个可用于生产环境的入侵检测系统

第 9 章详细说明了什么是异常检测以及如何使用自编码器来实现异常检测；提出了一种可用于新奇检测的半监督学习算法；介绍了 H2O 框架，并且列举了几个在该框架上实现并在本地模式下运行的示例（MNIST 数字异常识别和心电图脉冲检测）。这些示例用到了一个已被清洗并备好用作概念验证的小数据集。

真实世界的数据以及企业环境以非常不同的方式运行。本章将介绍如何利用 H2O 框架和通用实践构建一个可部署于生产环境中的可扩展分布式系统。

本章以在网络环境中带有检测入侵和攻击的入侵检测系统为例，会提出几个针对入侵检测构建数据产品时可能面临的实际技术问题。

特别指出的是，我们将学到以下内容。

- 什么是数据产品。
- 如何更好地初始化深度网络的权值。
- 如何在多线程环境下使用 HOGWILD!来并行化随机梯度下降算法。
- 如何基于 Apache Spark 的 Sparkling Water 框架之上使用 Map/Reduce 来进行分布计算。
- 调优可扩展及实施参数的几个经验法则。
- 自适应学习算法综合列表。
- 如何在有真相和无真相两种情况下进行验证。
- 如何在精度和缩减错误报警之间做出正确取舍。
- 一个同时兼顾技术和业务两个方面的详尽的评估框架示例。

- 模型超参数和调优技术之概述。

- 如何将经训练模型导出为 POJO 并将其部署到异常检测 API 中。

10.1　什么是数据产品

数据科学的终极目标是：通过采用数据密集型解决方案来解决问题。焦点不仅在于回答问题，还包括满足企业要求。

仅仅建立数据驱动解决方案是不够的。现今，几乎任何 App 或网站都是通过数据驱动的。构建一个列出待售商品的网络平台会消耗数据，但不一定是数据产品。

对此，Mike Loukides 给出了一个很好的定义：

数据应用程序需要从数据本身获取其数值，从而创建更多数据；它不仅仅是一个带有数据的应用程序；它也是一个数据产品。数据科学能够促成数据产品的创建。

——摘自 *What is Data Science*

数据产品的基本要求是：系统能够从数据中获取数值——而不仅仅直接消费——并且会生成作为输出的知识（以数据或见解的形式）。数据产品是指一个允许我们从原始数据提取信息、创建知识并有效使用它来解决具体问题的自动化技术。

第 9 章中的两个示例是关于"数据产品不是什么"的定义。我们打开笔记本，加载了一个数据快照，用深度学习启动了分析和实验操作，并最终制作和证实了一些我们可以将自编码器用于检测异常的策划。尽管整个分析是可复制的——需在最好的情况下，我们才能完成对一个概念证明或玩具模型的构建——但这适合用于解决现实世界问题吗？这是适用于企业的最小化可行产品（Minimum Viable Product，MVP）吗？也许答案是否定的。

机器学习、统计和数据分析技术并非什么新事物。数理统计的起源可追溯到 17 世纪；机器学习是 AI 的一个子集，这是由艾伦·图灵（Alan Turing）于 1950 年用图灵测试证明的。大家可能争论说数据革命起始于数据收集的增长和技术的进步。作为作者，我想说的是：正是这一点使得数据革命顺利进行。真正的转变可能发生在企业开始意识到自己能够开发新产品、提供更好的服务，以及通过信赖自己的数据来极大地改善决策的时候。然而，创新并不在于以人工形式从数据中寻找答案，而在于集成从数据驱动系统生成的信息流，这些信息流能够提取并提供驱动人类行为的知识。

数据产品是科学和技术为形成人工智能而互动的结果，能够代表大家扩展和采取无偏置决策。

因为数据产品能够通过消耗更多数据来实现增长并且变得更好，它本身也会生成数据，所以从理论上讲，数据生成效应能够建立一个无限信息流。为此，数据产品还必须是自适应的，并且必须能够随着新观测值的收集，逐步地整合新的知识。统计模型只是最终数据产品的一个组件。例如，在异常检查后，异常检测系统将会返回一系列可被重用于训练后续产品的统计模型的有标记数据。

然而，数据分析在每一个组织机构中都是极其重要的。在组织机构中，由数据科学家和分析人员组成的团队是很常见的。中间结果的人工监督、检查和可视化是构建成功解决方案的必要条件。我们力求消除对有限产品的人工干预。换言之，开发阶段会涉及许多探索性分析和人工检查点，但最终交付物通常是一个端到端的管道（或一系列独立的微服务），该管道会接收作为输入的数据并生成作为输出的数据。整个工作流最好是自动化的、可测试的并且可扩展的。在理想情况下，我们希望能够拥有融入企业系统的实时预测系统，其能够在每次检测后做出反应。

例如，工厂里可能有一块大屏幕，以便显示来自运行中的机器的实时测量的实时仪表盘，并在出现问题时发出警报。该数据产品不会为我们修复机器，但是会作为人工干预的支持工具。

在上述例子中，通常会发生如下形式的人机互动：通过设置来自其经历的先验知识获得领域专业知识、开发和测试，以及产品的最终消费。

在入侵检测系统中，使用数据为安全分析小组推荐行动，以便他们能够确定轻重缓急，做出更好的决策。

10.2　训练

训练一个网络意味着已经设计了它的拓扑结构。为此，我们依据输入数据的类型和预期的用例为设计指南的自编码器部分（见 4.1 节）。

一旦定义了神经网络的拓扑结构，我们就处在了训练的起点。现在模型需要在训练阶段进行拟合。本章会介绍用于扩展和加速训练算法学习的一些技术，这些技术非常适用于具有大型数据集的生产环境。

10.2.1　权值初始化

初始权值会严重地影响到神经网络的最终收敛。根据已选的激活函数，希望在第一次迭代中有一个带陡坡梯度，以便梯度下降算法能够快速地进入最优区域。

对于第一层（直接连接到输入层）中的隐藏单元 j，维数 d 的训练样本 x 的第一次迭代中的数值之和是：

$$h_j = \sum_{i=1}^{d} w_{o,i} x_i$$

上述等式中，$w_{o,i}$ 是第 i 维度的初始权值。

由于选择的权值为独立同分布且独立于输入的权值，因此单元 j 的平均值为：

$$E(h_j) = \sum_{i=1}^{d} E(w_{o,i}) E[x_i] = d \mu_{wo} \mu_x$$

如果输入值 x_i 经过正则化，使得 $\mu_x = 0$ 并且标准偏差 $\sigma_x = 1$，则均值将为 $E(h_j)$，方差将为：

$$E(h_j^2) = \sum_{i=1}^{d} E[w_{o,i}^2] E[x_i^2] = d \sigma_{w_0}^2 \sigma_x^2 = d \sigma_{w_0}^2$$

隐藏单元 j 的输出将通过其激活函数转换为：

$$y_j = activation(h_j + b)$$

在上述等式中，b 是偏置项，该偏置项可被简单地初始化为 0 或者非常接近 0 的某个值，例如在 ReLU 函数的情况下，偏置项为 0.01。

在 sigmoid 函数的情况下，对于较大数值（包括正数和负数），上述等式会有非常平坦的曲线。为了有一个较大梯度，希望其值处于[−4,+4]。

如果从均匀分布 $U\left(-\dfrac{1}{\sqrt{d}}, \dfrac{1}{\sqrt{d}}\right)$ 中得到初始权值，单元 j 的方差为：

$$E(h_j^2) = d \frac{\left(\dfrac{1}{\sqrt{d}} - \left(\dfrac{1}{\sqrt{d}}\right)\right)^2}{12} = d \frac{\left(\dfrac{2}{\sqrt{d}}\right)^2}{12} = d \frac{\dfrac{4}{d}}{12} = \frac{1}{3}$$

h_j 落在[−4, +4]之外的概率将会很小。不管 d 的大小如何，都会有效地降低早期饱和的概率。

这种将初始权值指定为输入层 d 中节点数的技术被称为"均匀自适应初始化"。在默认情况下，H2O 会应用均匀自适应选项，这通常是比固定的均匀或正态分布更好的一个选项。

如果网络中只有一个隐藏层，则只需初始化第一层的权值就足够了。如果是深度自编码器，则可以预训练一组单层自编码器。也就是说，创建一组浅层自编码器，其中第一个编码器会重建输入层，第二个编码器则会重建第一个隐藏层的潜在状态，以此类推。

让我们使用标签 L_i 来标记第 i 层，其中 L_0 是指输入层，最后一个层是指最终输出层，而中间的所有其他层都是隐藏层。

例如，一个 5 层网络 $L_0 \rightarrow L_1 \rightarrow L_2 \rightarrow L_3 \rightarrow L_4$ 可以分解为 2 个网络，即 $L_0 \rightarrow L_1 \rightarrow L_4$ 和 $L_1 \rightarrow L_2 \rightarrow L_3$。

第一个自编码器在训练后会初始化 L_1 的权值，并将输入数据转换成 L_1 的潜在状态。这些状态被用于训练第二个自编码器，而第二个编码器则将用于初始化 L_2 的权值。

解码层会共享编码层的相同初始权值和偏置。因此，只需预训练网络的左半部分即可。

同样地，7 层网络 $L_0 \rightarrow L_1 \rightarrow L_2 \rightarrow L_3 \rightarrow L_4 \rightarrow L_5 \rightarrow L_6$ 可以分解为 $L_0 \rightarrow L_1 \rightarrow L_6$、$L_1 \rightarrow L_2 \rightarrow L_5$ 和 $L_2 \rightarrow L_3 \rightarrow L_4$。

一般说来，如果深度自编码器有 N 个层，我们可以将其视为一组 $\dfrac{(N-1)}{2}$ 堆栈的单层自编码器：

$$L_{i-1} \rightarrow L_i \rightarrow L_{N-i} \quad \forall 1 \leqslant i \leqslant \frac{(N-1)}{2}$$

经过预训练，我们可以使用所有指定的权值来训练整个网络。

10.2.2　使用 HOGWILD!的并行随机梯度下降算法

正如在前几章中所看到的那样，深度神经网络是通过产生于损失函数的给定误差的反向传播进行训练的。反向传播会提供模型参数的梯度（每层的权值 $\boldsymbol{W}$ 和偏置 $\boldsymbol{B}$）。一旦计算出梯度，网络就可以用它来追随最小化误差的方向。**随机梯度下降**（Stochastic Gradient Descent，SGD）是最流行的算法之一。

随机梯度下降算法可以总结如下。

（1）初始化 $\boldsymbol{W}$、$\boldsymbol{B}$。

（2）在尚未达到收敛时：

获得训练样本 i；

针对 W 中的任何 w_{jk}，则有

$$w_{jk} := w_{jk} - \alpha \frac{\partial L(W, B \mid j)}{\partial w_{jk}};$$

针对 B 中的任何 b_{jk}，则有

$$b_{jk} := W_{jk} - \alpha \frac{\partial L(W, B \mid j)}{\partial w_{jk}}。$$

在上述等式中，W 是指权值矩阵，B 是指偏置向量，∇L 是指通过反向传播计算的梯度，而 α 是指学习率。

随机梯度下降实际上是许多机器学习模型中最流行的训练算法之一，但该算法不能高效地并行。文献中提出了许多并行化版本，但大多数版本因为受到处理器之间同步和内存锁定的制约，而没有发挥出参数更新稀疏性的优势。参数更新稀疏性是神经网络的一个共同特征。

在大多数神经网络问题中，更新步骤通常都是稀疏的。对于每一个训练输入，只有少数与错误地做出反应的神经元相关联的权值会被更新。一般说来，都会建立一个神经网络，使每个神经元只有在特定特征的输入时才会被激活。事实上，针对每一个输入而激活的神经元并不是很有用。

HOGWILD!算法是允许每个线程覆盖彼此的工作并提供更好性能的另一种算法。使用 HOGWILD!算法，多核处理器能够异步处理训练数据的不同子集，并对梯度 ∇L 的更新做出贡献。

如果将数据维度 d 分割为 $\{1, \cdots, d\}$ 个小子集 E，以及分割 x_e 为向量 x 在以 e 为索引的坐标上的部分，则可以将整个成本函数 $L(x)$ 分离为：

$$L(x) = \sum_{e \in E} L_e(x_e)$$

所利用的神经网络关键特性是：成本函数是稀疏的，从某种意义上说，$|E|$ 和 d 可以很大，而 L_e 只能在小得多的输入向量（x_e）分量上进行计算。

如果运行环境中具有 p 个处理器，所有处理器都共享同一内存并且都能够访问向量 x，由于加和属性，分量方式的更新将是原子性的：

$$x_v \leftarrow x_v + a \quad v \in \{1, \cdots, d\}$$

这意味着，神经网络可以在没有单独的锁结构的情况下更新单个单元的状态。另一种情况是一次更新多个向量，其中每个处理器都会异步地重复以下循环：

（1）从 E 进行均匀随机采样获得 e。

（2）读取当前状态 x_e，并计算 $G_e(x)$。

（3）对 $v \in e$，执行 $x_v \leftarrow x_v - \gamma b_v^{\mathrm{T}} G_e(x)$。

在上述表示中，G_e 等于梯度 ∇L 乘以 $|e|$。b_v 是一个位掩码向量，其中 1 对应选定索引 e，γ 是指步长大小——该步长大小在每个轮次结束时都以因子 β 递减。

因为计算梯度不是瞬时完成的，而且任何处理器均可能在任何时候修改 x，所以可以采用一个许多时钟周期之前的旧值来计算的梯度更新 x。HOGWILD!算法的新奇之处就是提供这种异步、增量梯度算法收敛。

特别地，该算法已被证明，梯度被算出的时间和梯度被使用的时间之间的间隙总是小于或等于最大值 "τ"。τ 的上界值取决于处理器的数量，并且当接近算法的标准串行版本时，它会收敛到 0。如果处理器的数量小于 $d^{1/4}$，那么会得到接近相同数量的系列版本梯度步长，这意味着，算法获得处理器数量的线性加速。而且，输入数据越稀疏，处理器之间的内存争用概率也就越小。

在最坏的情况下，即使梯度是计算密集型，该算法也总能提供一定的速度改进。

10.2.3　自适应学习

我们在前面已经讲到了权值初始化的重要性，并简单介绍了随机梯度下降算法的相关内容——随机梯度下降算法的基础版本使用学习率固定值 α。两者都是保证快速、准确收敛的重要条件。

可以采用一些先进技术来动态地优化学习算法。特别地，可以将其分为两种技术类型：一种试图在任何便利的情况下加快学习率，另一种在接近局部极小值时减慢学习率。

如果 θ_t 表示在迭代 t 时进行更新的数量（权值和偏置参数），则通用随机梯度下降算法更新如下：

$$\theta_t = \theta_{t-1} + \Delta(t)$$
$$SGD : \Delta(t) = -\alpha \nabla L(\theta_{t-1})$$

10.2.4　学习率退火

我们需要选择 α 值。低学习率具有陷入局部极小值的风险，需要大量迭代才能收敛。高学习率会引起不稳定。如果算法包含太多动能，则最小化 θ 的步骤将会导致它混乱地反弹。

当在训练中消耗数据点时，学习率退火会缓慢地降低 α_t。有一种技术针对每 k 个样本更新一次 $\alpha_t = 0.5\alpha_{t-1}$：

$$Rate\ annealing : \Delta(t) = -\alpha_t \Delta L(\theta_{t-1})$$

因此，衰减率对应于将学习率减半所需的训练样本数量的倒数。

10.2.5 动量法

动量法考虑了先前迭代学习的结果，并用其来影响当前迭代的学习。在此引入一个新的速度矢量 v，并将其定义如下：

$$Momentum : \Delta(t) = v_t = \mu v_{t-1} - \alpha \nabla L(\theta_{t-1})$$

在上述等式中，μ 是指动量衰减系数。使用梯度不是为了改变位置，而是改变速度。动量项负责在梯度沿着同一方向继续的维度上进行加速学习，以及在梯度符号发生变化（即对应具有局部最优区域的区域）的维度上进行减速学习。

这个动量项有助于更快地达到收敛。不过，动量过大可能会导致发散。假设带有动量并针对足够多的轮次运行随机梯度下降算法，那么最终速度会是：

$$v_\infty = \lim_{t \to \infty} v_t = \lim_{t \to \infty} \mu^t v_0 - \alpha \sum_{k=0}^{t-1} \mu^{t-k-1} \nabla L(\theta_k)$$

如果 μ 小于 1，则上述等式的右端是一个等比级数，其极限值会按以下比例收敛：

$$v_\infty = \alpha \frac{1}{1-\mu}$$

在这个公式中，当 μ 接近 1 时，系统会移动得很快。

此外，在学习开始时，可能已经存在较大梯度（权值初始化的影响）。因此，希望从一个小动量开始（如 0.5）；一旦大梯度消失，可以增加动量，直到它达到最终稳定值（如 0.9）并保持不变。

10.2.6 Nesterov 加速法

标准动量计算当前位置的梯度，并在累积梯度方向上放大步长。它就像把球推下山一样，球会无目地沿着山坡下滑。我们可以粗略地估计球落地的地点，所以希望在计算梯度时将该信息考虑在内。

请记住，参数 θ 在时间 t 时的值为：

$$\theta_t = \theta_{t-1} + \Delta(t) = \theta_{t-1} + \mu v_{t-1} - \alpha \nabla L(\theta_{t-1})$$

如果忽略二阶导数，θ_t 的梯度可以逼近为：

$$\nabla L(\theta_t) = \nabla L(\theta_{t-1} + \mu v_{t-1} - \alpha \nabla L(\theta_{t-1})) = \nabla L(\theta_{t-1} + \mu v_{t-1}) - \alpha \nabla^2 L(\theta_{t-1})$$
$$\cong \nabla L(\theta_{t-1} + \mu v_{t-1})$$

使用时间 t（而非 $t-1$）时的梯度来计算更新步长：

$$Momentum + Nesterov : \Delta(t) = \mu v_{t-1} - \alpha \nabla L(\theta_t) = \mu v_{t-1} - \alpha \nabla L(\theta_{t-1} + \mu v_{t-1})$$

Nesterov 变体首先会在先前累积梯度方向上迈出一大步，然后会在完成跳跃后，使用计算出的梯度对其进行修正。这种修正可以防止它速度过快，并且能提高稳定性。

在"球滚下山"的模拟中，Nesterov 修正会根据山坡的坡度来调整速度，并且只有在可能的情况下才会加速。

10.2.7 牛顿迭代法

单阶方法仅仅使用梯度和函数求值来最小化 L，而二阶方法还可以使用曲率。在牛顿迭代法中，可以计算黑塞矩阵 $\boldsymbol{H}_{L(\theta)}$，该矩阵是损失函数 $L(\theta)$ 的二阶偏导数的平方矩阵。用黑塞矩阵的逆矩阵定义 α 值，最后方程式为：

$$Newton : \Delta(t) = -\boldsymbol{H}_{L(\theta_{t-1})}^{-1} \nabla L(\theta_{t-1}) = -\frac{\nabla L(\theta_{t-1})}{|\operatorname{diag}(\boldsymbol{H}_{L(\theta_{t-1})})| + \varepsilon}$$

在上述等式中，使用对角线的绝对值来保证梯度相反方向达到最小化 L。参数 ε 用于带有小曲率的平滑区域。

通过使用二阶导数，可以在更高效的方向上执行更新。特别地，对于浅（平）曲率，可执行更积极的更新；对于陡峭曲率，可执行更小步长的更新。

该方法的最大特点是：除了确定的小值平滑参数，该方法没有任何超参数，这样，它就少了一个要调优的维度。该方法最主要的问题是计算和内存的开销。$\boldsymbol{H}$ 的大小是神经网络大小的平方。

许多拟牛顿迭代法已被开发用于逼近黑塞矩阵的逆矩阵。例如，L-BFGS（Limited Memory Broyden-Fletcher-Goldfarb-Shanno）仅仅存储几个隐含地代表逼近和所有先前向量最新更新的历史的向量。由于黑塞矩阵基于先前梯度估计的逼近构建而成，因此在该方法优化过程中不改变目标函数是非常重要的。另外，此处简单的实现方法要求所有数据集都在单一的步长内完成计算，因此不是很适合于最小批次训练。

10.2.8　Adagrad 算法

　　Adagrad 算法是随机梯度下降的另一种优化算法，该优化算法在每个维度的基础上基于所有先前计算梯度的 L2 范数来调整每个参数的学习率。

　　α 的值取决于时间 t 和第 i 个参数 $\theta_{t,i}$：

$$Adagrad : \alpha(t,i) = \frac{\alpha}{\sqrt{G_{t,ii} + \varepsilon}}$$

　　上述等式中，G_t 是指大小为 $d \times d$ 和元素 i 的对角矩阵，i 是指 $\theta_{k,i}$ 的梯度多达 $t-1$ 次迭代的平方和，具体如下：

$$G_{t,ii} = \left(\sum_{k=1}^{t-1} \nabla L(\theta_{k,i})^2 \right)$$

　　每个维度都有一个与梯度成反比的学习率。也就是说，较大梯度具有较小的学习率，反之，较小梯度具有较大的学习率。

　　参数 ε 是一个用于避免被 "0" 除的平滑项。该参数通常介于 1e-4～1e-10。

　　向量化的更新步长由元素矩阵矢量乘法⊙给出，具体如下：

$$Adagrad : \Delta(t) = -\frac{\alpha}{\sqrt{G_t + \varepsilon}} \odot \nabla L(\theta_{t-1})$$

　　由于算法会在完成几次迭代后自动调整全局学习率 α，因此可以将位于分子的全局学习率 α 设置为默认值（如 0.01）。

　　现在，该算法已经获得了与学习率退火相同的衰减效果，但却具有良好的特性，即随着时间的推移，每个维度上的进度都趋于平衡，就像二阶优化方法一样。

10.2.9　Adadelta 算法

　　Adagrad 算法存在的一个问题是：它对初始状态非常敏感。如果初始梯度很大，并且如果我们希望它们像权值初始化中所描述的那样大，那么从训练开始时，相应的学习率将会非常小。因此，必须通过设置较高的 α 值来抵消这种影响。

　　Adagrad 算法存在的另一个问题是：分母在每次迭代中都在不断累积梯度并不断增长。这使得学习率最终会变得无穷小，以至于算法无法再从剩余的训练数据中学习到任何新知识。

　　Adadelta 算法的目标是通过将过去积累的梯度的数量固定为某个值 w（而不是 $t-1$）

来解决 Adagrad 算法的第二个问题。该算法不再存储 w 之前的值，而是递归地对 t 时刻的运行平均值进行增量衰减。我们可以使用过去梯度的衰减平均值来替换对角线矩阵 G_t，具体如下：

$$E[\nabla L(\theta)^2]_t = \rho E[\nabla L(\theta)^2]_{t-1} + (1 - \rho)\nabla L(\theta_{t-1})^2$$

上述等式中，ρ 是指衰减常数，其数值通常介于 0.9～0.999。

真正需要的是 $E[\nabla L(\theta)^2]_t + \varepsilon$ 的平方根，该值逼近于时间 t 时的均方根（Root Mean Square，RMS），具体如下：

$$RMS[\nabla L(\theta)]_t \cong \sqrt{E[\nabla L(\theta)^2]_t + \varepsilon}$$

更新步长如下所示：

$$Adadelta^{(*)}: \Delta(t) = -\frac{\alpha}{RMS[\nabla L(\theta)]_t}\nabla L(\theta_{t-1})$$

算法已经定义了在每次迭代时要添加到参数向量的更新步长 Δ。为了使得等式成立，算法应该确保这些单位的匹配。如果参数有一个假设单位，那么 Δ 应该使用相同单位。迄今为止所考虑的所有一阶方法都使得 Δ 的单位与参数梯度相关联，并且假设成本函数 L 无单位：

$$units(\Delta) \propto units[\nabla L(\theta)] \propto \frac{1}{units(\theta)}$$

相反，二阶方法（如牛顿法）可使用黑塞矩阵信息或者其逼近值来得到更新步长 Δ 的正确单位，具体如下：

$$units(\Delta) \propto units[\boldsymbol{H}_{L(\theta)}^{-1}\nabla L(\theta)] \propto \frac{\nabla L(\theta)}{\nabla^2 L(\theta)} \propto units(\theta)$$

对于 Adadelta$^{(*)}$ 方程式，算法需要使用一个与 $\Delta(t)$ 的均方根成正比例的数量来代替 α 项。

由于 $\Delta(t)$ 是未知的，因此只能计算在 $\Delta(t-1)$ 的相同大小窗口 w 上的均方根，具体如下：

$$RMS[\Delta]_{t-1} = \sqrt{E[\Delta^2]_{t-1} + \varepsilon}$$

等式中使用了同一个常数 ε。使用 ε 具有两个目的，第一个目的是：在 $\Delta(0)=0$ 时，开始第一次迭代；第二个目的是：即使由于分母处的累积梯度的饱和效应导致先前步长更新值很小，等式也能确保成立。

如果曲率足够光滑，可以逼近 $\Delta(t) \cong \Delta(t-1)$，此时 Adelelta 方程式将变为：

$$Adadelta : \Delta(t) = -\frac{RMS[\Delta]_{t-1}}{RMS[\nabla L(\theta)]_t} \nabla L(\theta_{t-1})$$

最终的 Adadelta 方程式涵盖了先前方法中所讨论的许多特性。

（1）它是对角线 Hessian 函数的逼近值，但仅仅使用 ΔL 和 Δ 的均方根测度，每次迭代仅仅计算一个梯度。

（2）它总是遵循随机梯度下降的负梯度。

（3）分子比分母慢 1 拍。这使得针对加速的大梯度学习更具健壮性——在分子能够做出反应之前增加分母并降低学习率。

（4）分子充当加速器项，就像动量一样。

（5）分母的作用类似于在 Adagrad 算法中所看到的每个维度上的衰减，但固定的窗口可确保在任何步长中每一个维度都能始终取得进展。

总之，在涉及速度、稳定性和陷入局部最优的概率方面，有许多可供优化学习的技术。与动量相关的非自适应学习率可能会给出最好结果，但它需要对更多参数进行调优。Adadelta 在复杂度和性能之间做了权衡，因为它只需要两个参数（ρ 和 ε）并且能够适应不同场景。

10.2.10　通过 Map/Reduce 实现分布式学习

在多个并发线程中进行并行化训练是一个巨大改进，但它会受到单个机器中可用内核和内存数量的约束。换言之，只能通过购买资源更加丰富的机器来实现纵向扩张。

结合并行计算和分布式计算可以实现所期望的水平可扩展性，从理论上讲，只要能够添加额外节点，水平扩展就是无限的。

选择 H2O 作为异常检测框架的两大原因是：一个原因是它提供一个易于使用的自编码器内置实现；另一个原因是它在功能（我们想要实现的）和实现（我们如何操作）之间提供一个抽象层。这个抽象层会提供透明、可扩展的实现，允许以 Map/Reduce 的方式获得分布计算和数据处理。

如果数据在每个节点被均匀分割成更小的碎片，那么可以将高层次的分布式算法描述如下。

（1）**初始化**（Initialize）：已提供权值和偏置的初始模型。

（2）**洗牌**（Shuffling）：数据可以在每个节点中完全可用，或者被引导使用某些数据。

我们将在后文讨论此处的数据复制问题。

（3）**映射**（Map）：每个节点都基于本地数据，通过使用 HOGWILD！算法，以异步线程方式来训练一个模型。

（4）**减少**（Reduce）：将每个经训练模型的权值和偏置平均到最后一个模型中。这是一个单向可交换运算；平均值是可结合的和可交换的。

（5）**验证**（Validate，可选）：可以使用用于监视、模型选择和/或早期停止标准的验证集来对当前平均模型进行评分。

（6）**迭代**（Iterate）：多次重复整个工作流，直到满足收敛条件为止。

H2O 深度学习架构如图 10-1 所示。

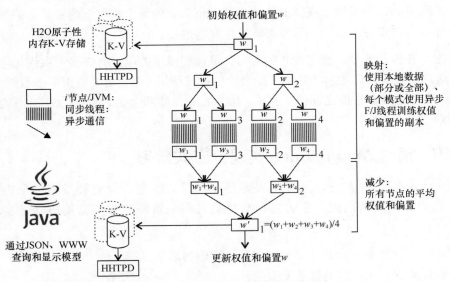

继续遍历数据，不时进行记分。最小批次：每次迭代的总行数可小于1个epoch。

图 10-1　H2O 深度学习架构

每次迭代的时间复杂度是 $O(n/p+\log(p))$，其中，n 是指每个节点中的数据点的数量，而 p 是指处理器（节点）的数量。线性项是指映射计算的复杂度，对数项是指减少计算的复杂度。

在前面的复杂度公式中，没有考虑内存占用和数据洗牌的开销。我们可以忽略在减少步骤中取模型平均值的复杂度，因为假设模型参数与数据大小相比足够小。特别地，模型大小是对应于"网络神经元数量"加上"隐藏层数量（偏置项）"的参数数量。假设有 100 万个神经元，那么模型的总大小将会小于 8MB。

最终的可扩展性将取决于计算的并行性、内存缓冲、网络流量和 I/O。

并行计算的目标是找到模型准确率和训练速度之间合适的均衡点。使用术语迭代来表示仅在 `train_samples_per_iteration` 值指定的数量上训练单个 Map/Reduce 的步骤。参数轮次定义为完成训练而遍历数据的必要次数。

`train_samples_per_iteration` 参数可以对应整个数据集，或者更小（无替代随机抽样）的数据集，甚至更大（替代随机抽样）的数据集。

`train_samples_per_iteration` 的数值会影响内存占用以及模型取平均值的时间（即训练速度）。

另一个重要参数是布尔值标志 `replicate_training_data`。如果启用，则每个节点都会获得整个数据的副本。本选项允许每个模型更快地进行训练。

另一个链接参数是 `shuffle_trainingd_data`，该参数决定着数据是否能够在节点之间进行洗牌。

如果 N 是可用节点的数量，n 是训练数据集的大小，那么以 `train_samples_per_iteration` 的具体数值以及 `replicate_training_data` 的是否激活为特征，来识别以下几个运行模式，如表 10-1 所示。

表 10-1　　　　　　　　　　　　　几个运行模式

train_sample_per_iteration	replicate_training_data	描述
0	假	仅仅一个轮次，在使用本地数据建立的 N 个模型间取平均值
−1	真	每个节点每次迭代都处理整个数据集。这会导致每次迭代中在 N 个节点并行地训练 N 个轮次
−1	假	所有节点仅处理本地存储数据。一个轮次对应一次迭代。我们可以有很多个轮次
−2	真	基于计算时间和网络的开销自动调优每次迭代样本数量。完整数据集被复制，无替换抽样
−2	假	基于计算时间和网络的开销自动调优每次迭代样本数量。仅本地数据可用；它可能要求替换取样
>0	真	每次迭代从完整数据集采样的固定样本数量
>0	假	每次迭代仅从本地可用数据中采样的固定样本数量

如果 n=1000000、N=4，则平均每个节点都在本地存储 25KB 大小的数据。如果设置

samples_per_iteration 为 200000，那么单次 Map/Reduce 迭代处理 200000 条记录。也就是说，每个节点处理 50000 行。为了完成一个轮次，需要进行对应于 20 个本地训练步长的 5 次 Map/Reduce 迭代。

在前面的示例中，每个节点都可获得来自本地可用数据的 50000 个采样，采样与否取决于本地数据是大于还是小于所请求的数据。替换采样可能会对模型的准确性产生负面影响，因为模型在有限且重复的数据子集上进行训练。如果启用了复制，则在每个节点上始终拥有最多的本地数据——假设数据可以容纳在节点的内存中。

一种特殊情况是：希望在不进行采样的情况下（train_samples_per_iteration = -1），精确地处理本地数据。在这种情况下，模型在每次迭代时反复遍历相同的数据集，这对于多个轮次是多余的。

另一种特殊情况是：在启用复制并且当 samples_per_iteration 值接近或大于 $N*n$ 的时候。在这种情况下，每个节点在每次迭代时使用几乎全部数据或更多数据进行训练。同样地，在每次迭代中的训练重复使用几乎相同的数据。

对于以上两种特殊情况，shuffle_training_data 会自动打开。也就是说，在每次训练之前，本地数据会被随机洗牌。

总而言之，基于数据的大小，我们可以复制或不复制每个节点中的数据。H2O 通过均衡 CPU 计算成本和网络开销，提供了一种智能方法来自动调整和适应每次迭代数据的大小。除非需要对系统进行微调，否则可能要使用系统的自调优选项。

深度学习的分布式算法有利于提高最终模型的准确率以及训练速度。即使可能没有非常大的数据集，但对于生产系统，还是要考虑使用这种分布式方法。

10.2.11　Sparkling Water

尽管 H2O 能够在其自有独立的集群上运行，但企业环境可能已经有了一个分布式数据处理集群。管理两个独立集群，即使物理上是在同一台机器上，也可能是昂贵的，或者是相互冲突的。

Apache Spark（以下简称 Spark）是用于大型数据集以及用于建造可扩展数据产品的业界标准计算框架。H2O 框架包括 Sparkling Water，这是一个允许将数据和算法与本机框架的所有特性和功能一起建模的抽象层，但它具有 Spark 的功能。

Sparkling Water 是执行机器学习的 ML 和 MLlib 框架的替代选项，也是在 Spark 上进行深度学习的少数替代选择之一。

Spark 是使用 Scala 设计并实现的。要理解 H2O 和 Spark 的互操作性，我们需要参考原生的 Scala API。

在 Sparkling Water 架构中，驱动节点上的 H2O 上下文与 Spark 上下文共存。此外，现在 Spark 2 中主要入口点为 SparkSession。类似地，H2O 和 Spark 执行器共存于工作节点。因此，它们会共享相同的 **Java 虚拟机**（Java Virtual Machine，JVM）和内存。资源分配和设置都可以通过 YARN 进行，YARN 是指用于资源管理和作业调度的一个 Hadoop 组件。

我们可以将 Spark 和 MLlib 的优点同 H2O 的特性结合起来，构建端到端管道。

例如，可以将 Spark 和 H2O 一起用于数据转换，并交替使用不同的转换函数。然后，在 H2O 中执行深度学习建模。最终，返回可被集成到一个更大应用的经训练的模型。

Spark 提供用于存储、建模和操作数据的三类 API：类型化的**弹性分布式数据**（Reslient Distributed Data，RDD）、**数据帧**（DataFrame）以及新近发布的统一数据集 API。DataFrame 是类型 sql.Row 对象的一个 RDD，因此在当前这个集成框架中，它们被认为是类似的。

Sparkling Water 目前提供 H2OFrame 与 RDD、H2OFrame 与 DataFrame 在双向上的转换。当将一个 H2OFrame 转换为 RDD 时，会创建一个封装类，该封装类会将列名映射到绑定在产品特征中的指定类类型的相应元素。也就是说，代码中必须声明一个 Scala 的 case 类，case 类充当从 H2OFrame 转换而来的数据的容器。该转换存在着局限性，即 case 类最多只能存储 21 个平面字段。对于较大数据表，读者可以使用嵌套结构或字典。

将 H2OFrame 转换为 Spark DataFrame 不需要任何类型的参数。模式是由 H2OFrame 的列名和类型动态派生的。

反之亦然，从现有 RDD 或 DataFrame 到 H2OFrame 的转换需要对数据进行复制和重新加载。由于 H2OFrame 注册在 Key/Value 存储中，可以选择性地指定帧的名称。对于 RDD，不需要指定显式类型，因为 Scala 编译器可以对其做出推断。

应该根据表 10-2 匹配列的原始类型：

表 10-2　　　　　　　　　　　　　　　　原始类型

Scala/Java 类型	SQL 类型	H2O 类型
NA	BinaryType	Numeric
Byte	ByteType	Numeric
Short	ShortType	Numeric

续表

Scala/Java 类型	SQL 类型	H2O 类型
Integer	IntegerType	Numeric
Long	LongType	Numeric
Float	FloatType	Numeric
Double	DoubleType	Numeric
String	StringType	String
Boolean	BooleanType	Numeric
java.sql.TimeStamp	TimestampType	Time

RDD 和 H2OFrame 会共享 JVM 中的相同内存空间；在完成转换和复制之后，可以很方便地取消持久化。

既然已经了解了原生 Scala 与 Spark 的集成是如何工作的，就可以考虑 Python 封装类了。

在驱动节点的程序中，Python SparkContext 使用 Py4J 来启动驱动节点程序的 JVM，并启动 Java 相应的 SparkContext。SparkContext 创建 H2OContext，然后 H2OContext 启动 Spark 集群中的 H2O 云。在该准备阶段完成之后，可以使用 H2O 和 PySpark 的 Python API 来与数据和算法进行交互。

尽管 PySpark API 和 PySparkling API 是基于 Python 在 Spark 和 H2O 之上进行开发的不错选择，但请记住，Python API 是以 JVM 为中心的封装类。使用 Python API 来维护和调试分布式环境中的复杂项目可能会比坚持使用原生 API 更麻烦。尽管如此，在大多数情况下，Python API 都运行得很好，因此不必在 Python 和原生语言之间进行切换。

10.3　测试

在探讨数据科学中的测试意义之前，让我们先总结几个概念。

首先，一般来说，在科学领域，模型是什么？我们可以引用以下定义：

在科学中，模型是被用于描述和解释无法直接体验的现象的一个思想、一个对象、甚至一个过程或一个系统的一种表示。

—— Scientific Modelling

科学模型是对现实世界现象的一个概念、数学或物理表示。当我们部分地理解了一个对象或过程但却难以直接地观察它时，通常会为其构建一个模型。这类示例包括代表分子的棍子和球、代表行星运动或理想气体定律等概念性原理的数学模型。由于自然界中实际存在的无限变化，除了最简单以及最模糊模型外，其他模型都是现实世界现象的不完全表示。

——*What is a model in Science?*

为了以假设形式来简化一个系统的复杂度，我们需要建立一个模型。深度神经网络已被证明能够描述复杂的非线性关系。即使只是用比浅层模型稍复杂的模型来近似一个真实的系统，最终这只是另一种逼近。我怀疑任何一个真实系统实际上都是一个神经网络。神经网络的灵感源自人类大脑处理信息的方式，但它们是人类大脑处理信息的一个简化版本。

模型是根据一些参数来定义的（参数模型）。一方面，将模型定义为将输入空间映射到输出的一个函数。另一方面，为了应用映射，设置函数所需的一系列参数，例如权值矩阵和偏置。

模型拟合和模型训练是两个术语，指的是评估模型参数的过程，该过程使模型能很好地描述基础数据。模型拟合是经由一种学习算法进行的，该算法会根据模型参数和数据来定义一个损失函数，并会尝试通过评估模型参数的最佳数值集合来最小化该函数。最常见的算法之一是梯度下降算法，以及它的所有变体（见 10.2 节）。对于自编码器，算法要最小化重建误差以及正则化惩罚（如果存在的话）。

验证有时会与测试和评估相混淆。验证和测试通常使用相同的技术和/或方法，但它们有不同的目的。

模型验证相当于一种假设验证，认为数据可以通过一个模型来做出很好的描述。此处的假设是：如果模型是正确的，那么在完成训练之后（参数估计），模型能够以其描述训练集的相同方式来描述看不到的数据。假设：模型在给定模型被使用的场景范围内足够泛化。模型验证的目的是：找到一种测度（通常称为指标）来量化模型与验证数据的匹配程度。对于有标记的数据，我们可以从验证数据的异常分数上计算出的**接受者操作特征曲线**或**准确率-召回率**（Precision-Recall，PR）曲线中获得一些指标。针对无标记数据，我们可以使用 **Excess-Mass**（简称 **EM**）曲线或 **Mass-Volume**（简称 **MV**）曲线为例。

虽然模型验证可以是评估性能的一种方法，但它却被广泛应用于模型选择和调优。

模型选择是指在一组候选模型中选择在验证中得分最高的模型的过程。这组候选模型可以是同一模型的不同配置、许多不同的模型、不同特征的选择、不同正则化、和/

或转换技术等。

在深度神经网络中，由于将识别和生成相关特征的任务委托给了网络本身，因此可以省略特征选择。此外，在学习过程中，正则化也会丢弃特征。

假设空间（模型参数）取决于模型的拓扑选择、激活函数、大小和深度、预处理（例如，图像白化或数据清理）和后处理（例如，使用自编码器来降低维度，然后运行聚类算法），可以将整个管道（在给定配置上的组件集）视为一个模型——虽然每个部分的拟合都能够独立进行。

类似地，学习算法将引入一些参数（例如，学习率或衰减率）。尤其是，由于想要最大化模型的泛化，通常会在学习运行期间引入正则化技术，并且会引入额外的参数（例如，稀疏系数、噪声比或正则化权值）。

此外，算法的具体实现也会有一些参数（例如，轮次、每次迭代的样本数）。

可以使用相同的验证技术来量化模型和学习算法的性能。可以想象有一个单一的较大参数向量，其包含模型参数以及超参数。为了达到最小化验证指标的目的，可以对所有项进行调优。

通过验证进行模型选择和调优之后，获得一个系统，该系统会：

（1）获取一些可用的数据；

（2）将数据分成训练数据集和验证数据集，确保不会引入偏置或者不平衡；

（3）创建一个由一组不同模型，或不同配置、不同学习参数和不同实现参数组成的搜索空间；

（4）根据指定参数利用给定损失函数（包括正则化），通过使用训练数据和学习算法来拟合训练数据集上的每个模型；

（5）通过在验证数据集上应用拟合模型来计算验证指标；

（6）在搜索空间中选择一个可最小化验证指标的点。

选定点会形式化为最终理论。该理论认为，观测值来自一个模型，该模型是管道对应于所选点的成果。

评估是指验证最终理论是否是可接受的以及从技术和商业角度量化其质量的过程。

科学文献解释了一种理论在历史进程中是如何继承另一种理论的。在不引入认知偏差的情况下选择正确理论，需要理性、准确的判断以及逻辑解释。

确认理论是引导科学推理（而非演绎推理）的研究，它能够帮助定义一些原则。

放到本书中，就是要量化理论的质量，并验证它是否足够好，以及相对于简单得多的理论（例如基线），它是否具有明显优势。基线可能是系统的简单实现。以异常检测器为例，基线可能是简单的基于规则的阈值模型。在该阈值模型中，每个观测值的异常（其特征值在静态阈值集之上）被标记。此类基线理论也许是能够随着时间推移实现并进行维护的最简单理论。基线理论可能无法满足全部的接受标准，但它将有助于证明为什么需要另一种理论，也就是需要一种更加先进的模型。

Colyvan 在他的 *The Indispensability of Mathematics* 一书中，基于 4 种重要标准总结出接受一个好的理论来代替另一个理论的标准。

（1）**简单性/简约性**。如果实证结果具有可比性，那么简单结果就好过复杂结果。只有当我们需要克服一些限制时，才需要复杂度。否则，无论是在数学形式上，还是在本体论承诺上，都应优先考虑简单性。

（2）**统一/解释能力**。一致性地解释现有观测值及未来观测值的能力。此外，统一意味着最小化解释所需的理论的数量。一个好的理论会提供一种直观方式来解释"为什么给定预测是可预期的"。

（3）**显著性/多产性**。一个显著性理论是这样的，即如果该理论是真的，它将能够预测和/或解释更多我们正在建模的系统。显著性帮助拒绝那些对我们已有知识贡献甚少的理论。一方面，可用它来阐述一些新的创新性证据，然后尝试用已知证据来反驳它。如果不能证明一个理论是正确的，则可以证明证据并不能证明相反理论。另一个方面是启发式潜能。一个好的理论可以支持更多的理论。在两种理论中，倾向于更多产的理论——更有潜力被重新应用于未来或者能在未来被扩展的理论。

（4）**形式优雅**。一种理论必须具有美学上的吸引力，并且应该足够强大，可以对一个失败理论进行专门修正。优雅是以清晰、经济、简洁的方式解释事物。优雅还能够促成更好的检查和维护。

就神经网络而言，上述这些标准可译为如下 4 项。

（1）具有几个层的小容量浅层模型将是首选。正如在前文所讨论的那样，从一些简单的神经网络开始，如果需要，还可以逐步增加神经网络的复杂度。最终，复杂度将收敛，并且复杂度的任何进一步增加均不再带来任何好处。

（2）必须区分解释能力和统一能力。

- **解释能力**的评估与模型验证过程类似，但评估过程使用的是不同数据集。正如前文所提到，将数据分成 3 组：训练数据集、验证数据集和测试数据集。接下来使用训练数据集和验证数据集来制定理论（模型和超参数），即模型在由训练数据集和验证数据集结合的新训练集上进行再训练；最终，在测试数据集上评估经验证的最终模型。在这个阶段，重要的是要考虑训练数据集和测试数据集上的验证指标。我们会期望模型在训练数据集上有着更好表现，但是如果训练数据集和测试数据集拥有太大差距，则意味着模型不能很好地解释它未看见的观测值。

- **统一能力**可用模型稀疏性来表示。

解释意味着将输入映射到输出，统一意味着降低应用映射所需的元素数量。通过增加正则化惩罚，可以使得特征更加稀疏，这意味着，可以使用更少的回归器（理论设备）来解释观测值及其预测值。

（3）显著性和多产性可以分为以下两个方面。

- **显著性**。通过测试驱动方法来表示。除了尝试弄清楚模型做什么，以及为什么那么做之外，在测试驱动方法中，我们可将系统视为一个黑匣子并查看其在不同条件下的反应。对于异常检测，我们可以系统地创建一些具有不同程度异常的失败场景，并测量系统检测和反应的级别。或者对于时间响应型检测器，我们可以测量检测出数据漂移需要多长时间。如果测试通过，那么就会确认，不管怎样，该模型都是有效的。这可能是机器学习中最常见的方法之一。我们可以尝试认为可行的一切方法；当关键努力并不成功时，我们要仔细评估并暂时性地接受（即测试通过）。

- **多产性**。来自给定模型和系统的可重用性。

理论与具体用例的耦合性是否太强？自编码器用到的领域知识很少，可独立于基础数据运行。因此，如果该理论是一个给定自编码器可被用来解释在其工作条件下的一个系统，那么我们就可对其进行扩展，并重用它来检测任何类型的系统。如果理论中引入一个预处理步骤（如图像白化），那么就是在假设输入数据是一个图像的像素，即使这个理论与我们的用例非常拟合，它对更大的可用性的贡献也会更小。然而，如果特定领域的预处理会显著地改善最终结果，那么会把它视为理论的一个重要部分。但如果贡献可以忽略不计，建议拒绝使用该预处理，转而使用更可重复使用的预处理。

（4）深度神经网络中的优雅可以含蓄地表示为从数据中学习特征（而非人工制作特征）的能力。如果是这样的话，可以测量相同模型是任何能够通过学习相关特性来适应不同场景的。例如，对于我们认为正常的任何数据集，总是可以验证我们能够构建出一个学习正态分布的自编码器。根据一些生成具有不同分布的数据集的外部条件，我们可以从该数据集或分区中添加或删除特性。然后，可以检查所学习的表示，并测量模型的重建能力。我们可用具有学习能力的神经元实体来描述模型，而不是将其描述为特定输入特征和权值的函数。可论证的是，这是关于优雅的一个很好的示例。

从企业角度来看，确实需要仔细思考验收标准是什么。

我们至少需要回答以下问题：我们正在尝试解决什么问题，业务将如何从中受益；从实际和技术角度来看，该模型将如何被整合到现有系统中，以及最终可使用且可执行的可交付物是什么？

接下来，我们尝试以入侵检测系统为例来回答上述问题。

在入侵检测系统示例中，系统希望实时监控网络流量，捕捉各个网络连接并将它们标记为"正常"连接或"可疑"连接。这使得企业在应对入侵者的入侵时，系统可为其提供更强大的保护。已标记的网络连接会被停止，并进入队列以供人工检查。安全专家小组会查看那些连接，并确定它是否是一个错误警报，在存在确认攻击的情况下，使用一个可用标签标记该连接。因此，模型必须提供一个按其异常得分进行排序的实时连接列表。列表内不能包含超出安全小组能力范围的更多连接。此外，模型需要平衡允许攻击的成本、存在攻击情况下的损害成本，以及检查攻击所需的成本。为了概率性地限制最坏情况，模型必须有一个包含精度和召回率的最低要求。

所有这些评价策略都主要是以定性（而非定量）进行定义的。要比较和报告一些无法用数字来衡量的事物是相当困难的。

数据科学的从业者 Bryan Hudson 表示：

如果你不能定义它，你就不能测量它。如果它不能被测量，就不应被报告。定义，然后测量，然后报告。

定义，然后测量，然后报告。但是要小心，因为我们可能会考虑定义一个可以兼顾迄今为止所讨论的每个可能方面和场景的新评价指标。

虽然许多数据科学家都可能会尝试使用单一效用函数来量化对一个模型的评估（正如在验证过程中所做的那样），对于实际的生产系统，这是不建议采用的。正如在 *the Proffessional Data Science Manifesto* 中所述的那样：

产品需要评价其品质的一系列措施。单个数字不能捕捉到现实的复杂度。

—— *the Proffessional Data Science Manifesto*

即使在定义了关键绩效指标（Key Performance Indicator，KPI）之后，当与基线相比时，KPI 的真正含义也是相对而言的。必须思考为什么我们需要这个解决方案，而不是一个更加简单或已有的解决方案。

评价策略需要定义测试用例和 KPI，以便能够涵盖更多的科学方面和业务方面的需求。测试用例和 KPI 中的某些部分都是聚合数字，其他的可以用图表来表示。目标是：总结所有这些信息，并在一个单一评估仪表板中有效地呈现它们。在下文中，我们将会看到使用有标记数据和无标记数据进行模型验证的一些技术。

接下来，我们将介绍如何使用一些并行搜索空间技术来调优参数空间，并在最后给出一个使用 A/B 测试对网络入侵用例进行最终评估的示例。

10.3.1　模型验证

模型验证的目的是：评估量化经验证的模型的假设评估/预测的数值结果是否是独立数据集的可接受描述。主要原因是：由于模型已经看到了其他观测值，因此训练数据集上的任何测度都存在偏置、乐观。如果我们没有用于验证的不同数据集，则可以从训练数据集中获得数据的一个组，并将该组用作基准。另一种常用技术是交叉组验证以及它的分层版本，在该技术下，整个数据集被分割成多个组。为简单起见，接下来讨论留一法（hold one out），同样的标准也适用于交叉组验证。

分割成训练数据集和验证数据集的操作不能是完全随机的。验证数据集应代表我们在其中使用评分模型的未来假设场景。重要的是，不要使用与训练数据集高度相关的信息来污染验证数据集（泄露）。

一系列标准可供考虑。最简单的标准是时间。如果数据是按时间顺序排列的，我们会希望选择的验证数据集总是位于训练数据集之后。

如果部署计划是每天进行一次重新训练，并为接下来 24h 内的所有观测值进行评分，那么验证数据集应该正好是 24h 内的观测值。24h 后的所有观测值都不再使用最后一个经训练的模型进行评分，而是使用经另外一个 24h 内的观测值训练的模型进行评分。

当然，仅使用 24h 的观测值进行验证限制太多。我们不得不执行一些验证，并在验证过程中选择一些时间分割点；对于每个时间分割点，将模型训练到该点，并在接下来的验证窗口中对数据进行验证。

分割点的数量的选择取决于可用资源的数量。在理想情况下，希望绘制出训练模型所采用的准确频率，也就是说，在过去一年左右的时间里，每天一个分割点。

在分割训练数据集和验证数据集时，我们需要考虑如下一系列操作事项。

（1）无论数据是否有时间戳，实际时间都应根据当时可用的时序时间来设置。换句话说，假设从数据生成的时间到数据转换为用于训练的特征空间的时间有 6h 的延迟，我们应该考虑后一个时间点，以便过滤掉给定分割点之前或之后的数据。

（2）训练过程需要多长时间？假设模型需要 1h 来完成重新训练，我们要把训练时间安排在前一模型到期前的 1h。训练期间的分数包含在前一个模型中。这意味着无法预测在接下来的 1h 内收集到的训练数据的任何观测值。这会在训练数据集和验证数据集之间引入一个差异。

（3）模型如何应对第 0 天恶意软件的攻击（模型冷启动问题）？在验证过程中，我们会希望将模型投射到最坏场景（而非过于乐观的场景）。如果能够找到一个分区属性（如设备 id 或网卡 MAC 地址），然后将用户分成代表不同验证部分的存储区，并执行交叉部分验证——即迭代地选择一个用户部分，以验证使用其余用户部分训练过的模型，就总是能够对那些从未见过其历史数据的用户执行预测验证。这有助于真实测量那些案例——训练数据集中已经包含了过去连接中相同设备的强烈异常信号的案例——的泛化程度。在那一情况下，模型很容易识别出异常，但是它们不必匹配一个真实的案例。

（4）选择进行分割模型的属性（主键）并不简单。我们想要尽可能地减少组间的相关性。如果巧妙地以设备 id 进行分割，将如何处理带有多设备的同一个用户，或者带有多设备的同一个机器？都使用不同识别码进行注册吗？分割键的选择是一个实体解析问题。解决这一问题的正确方法是：先聚类属于同一实体的数据，然后进行分割，以便同一实体的数据永远不会被分割到不同组中。实体的定义取决于特定用例的上下文。

（5）在执行交叉部分验证时，我们仍然需要确保时间限制。也就是说，对于每个验证组，都需要在与其他训练数据组的交集处找到一个时间分割点。以实体 id 和时间戳过滤训练数据集；然后，根据验证窗口和差异过滤验证组中的数据。

（6）交叉部分验证引入了类不平衡问题。根据定义，异常是罕见的，因此数据集是高度扭曲的。如果随机采样实体，那么很可能得到一些没有异常的组，以及一些有着太多异常的组。因此，需要应用分层交叉组验证——即在每个组中保持异常的均匀分布。对于无标记数据，这是一个棘手问题，但是仍然可以对整个特征空间和分区进行一些统计，从而最小化组之间的分布差异。

以上列出了定义分割策略时需要考虑的几个常见事项。现在，需要计算一些指标。验证指标的选择对实际操作用例是非常重要的。

在下文中，我们会看到为有标记数据和无标记数据所定义的一些指标。

10.3.2　有标记数据

有标记数据的异常检测可被看作一个标准的二值分类器。

假设 $s : R^d \rightarrow R^+$ 是异常评分函数，在该函数中，分数越高，异常发生的概率就越高。对于自编码器，它可以是在重建误差上计算出的 MSE，且重新缩放到[0,1]。我们感兴趣的是相对排序，而非绝对值。

现在，我们可以使用 ROC 曲线或 PR 曲线来进行验证。

为此，需要做的是：设置一个对应于评分函数的阈值 a，并将所有评分 $s(x) \geq a$ 的点 x 归类为异常。

对于每个 a 值，我们都可以按照表 10-3 所示的内容计算混淆矩阵。

表 10-3　　　　　　　　　　　计算混淆矩阵所依照的数据

观测值数量 n	预测异常 $s(x) \geq a$	预测非异常 $s(x) < a$
真异常	真阳（True Positive，TP）	假阴（False Negative，FN）
真非异常	假阳（False Positive，FP）	真阴（True Negative，TN）

从对应于 a 值的每个混淆矩阵，我们可以得出真阳率（True Positive Rate，TPR）和假阳率（False Positive Rate，FPR）的测量，如下：

$$TPR = \mathrm{Recall} = \frac{TR}{TP + FN}$$

$$FPR = False\ positive\ ratio\ \frac{FP}{FP + TN}$$

可以在二维空间中画出 a 的每一个值，生成由 $TPR = f(FPR)$ 组成的 ROC 曲线。

解释这个曲线图的方法如下：在 y 轴上的每个分界点给出验证数据集的所有异常中发现的异常的比例（召回率）。x 轴为误报率，即在全部正常观测值中标记为异常的观测值比例。

如果将阈值 a 设置为接近 0，那么意味着我们将把所有观测值标记为异常，所有正常观测值都将产生误报；如果将其设置为接近 1，就永远不会触发异常。

假设针对给定的 a 值，相应的 $TPR = 0.9$、$FPR = 0.5$，这意味着检测到了 90% 的异常，但异常队列也包含一半的正常观测值。

最佳阈值点是位于坐标(0,1)的阈值点——该点对应于 0 个假阳和 0 个假阴。这种情况永远不会发生，所以需要在召回率和误报率之间找到一个平衡点。

ROC 曲线的问题之一是，它不能很好地显示高度扭曲数据集的情况。如果异常只代表 1% 的数据，x 轴很可能会较小，并且我们可能会被诱导放宽阈值，以便在没有对 x 轴造成任何重大影响的情况下提高召回率。

准确率-召回率图会互换 x 轴、y 轴，并用如下定义的准确率来替代 FPR：

$$Precision = \frac{TR}{TP + FP}$$

准确率是一个更有意义的指标，它表示检测到的异常列表中异常的比例。

现在的想法是最大化这两个轴。在 y 轴上，可以观察到要检查的部分的预期结果，而 x 轴表示我们遗漏多少异常，两者在规模上仅依赖于异常概率。

拥有一个二维图可以帮助我们了解检测器在不同场景中的行为，但是为了应用模型选择，需要最小化单个实用函数。

可综合一系列测度来生成这一效用函数。最常见的测度是指**曲线下面积**（Area Under the Curve，AUC），它是探测器在任何阈值下的平均性能指标。对于 ROC 曲线，AUC 可被解释为均匀随机异常观测值排序高于均匀随机正态观测值的概率。对于异常检测，AUC 不是很有用。

以同样比例定义的准确率和召回率的绝对值可以用调和平均数（也称为 **F-score**）进行累加：

$$F_\beta = (1 + \beta^2) \frac{Precision * Recall}{(\beta^2 Precision) + Recall}$$

在以上等式中，β 是指一个衡量召回率比准确率更重要的程度的系数。

添加 $(1 + \beta^2)$ 项，以便依比例将分数限制在 0～1。在对称的情况下，我们会得到 F_1-score：

$$F_1 = \frac{2 * Precision * Recall}{Precision + Recall}$$

此外，安全分析人员还可以基于针对准确率和召回率的最低要求设置首选项。在那种情况下，我们可以将偏好中心分数（Preference-Centric score，PC-score）定义为：

$$PC(r_{min}, p_{min}) = \begin{cases} F_1 + 1 & r \geqslant r_{min},\ p \geqslant p_{min} \\ F_1 & \text{其他} \end{cases}$$

PC-score 允许选择一个可接受的阈值范围，并根据 F_1-score 对中间的点进行优化。在上式的第一种情况下，单位项被加入，因此上式的第一种情况总是比第二种情况好。

10.3.3　无标记数据

不幸的是，在大多数情况下，数据都没有标记，要分类每个观测值的话，需要付出大量人力。

相对于 ROC 曲线和 PR 曲线，推荐两个替代方案：**MV** 曲线（见图 10-2）和 **EM** 曲线。

这次，假设 $s : R^d \rightarrow R^+$ 是反异常评分函数，根据该函数，分数越小，成为异常的概率就越高。在自编码器的情况下，可以使用重建误差的倒数：

$$s = \frac{1}{RMSE + \varepsilon}$$

上述等式中，ε 是一个小的代数项，在重建误差接近 0 的情况下函数值会稳定下来。该评分函数给出每个观测值的顺序。

假设 $f : R^d \rightarrow [0,1]$ 是一组 I I D 观测值集合 $(X_1, \cdots, X_n)$ 上的正态分布概率密度函数，F 是其累积密度函数。

对于不属于正态分布的任何观测值，函数 f 返回一个非常接近 0 的分数。我们需要找到一个衡量评分函数 s 与 f 的接近程度的方法。理想的评分函数与 f 一致。这被称作 s 的性能标准 $C(s)$。

给定关于一个 Lebesgue 测度的可积分评分函数集合 S。s 的 MV 曲线是映射的绘制图：

$$\alpha \in (0,1) \rightarrow MV_s(\alpha) = \inf_{t \geq 0} Leb(\{x \in X, \mathbb{P}(s(x) \geq t) \geq \alpha\})$$

其中，$Leb(s \geq t, \alpha) = Leb(\{x \in X, \mathbb{P}(s(x) \geq t) \geq \alpha\})$。

集合 X 的 Lebesgue 测度是通过将集合划分为存储区（开放间隔序列）并对每个存储区的 n-volume 求和来获得。n-volume 是被定义为差值的每个维度长度的乘积，该差值介于最大值和最小值之间。如果 X_i 是一系列 d 维点的子集，那么它们在每个轴上的投影都将给出长度，并且长度的乘积都将给出 d 维体积。

α 处的 MV 测度与 n-volume 相对应，n-volume 对应于阈值 t 所定义的集合 X 的下确界子集，因此，在 t 处的 $s(X)$ 的 c.d.f.将会高于或等于 α。

我们希望找到评分函数 s，使 L1 范数在一个感兴趣的区间 I^{MV}（大密度水平集，例如[0.9,1]）上与 MV_f 的点差最小。

已证明 $MV_f \leq MV(s) \forall \alpha \in [0,1]$，由于 MV_s 始终低于 MV_f，$\arg\min_s \|MV_s - MV_t\|_{L1(I^{MV})}$ 对应于 $\arg\min_s \|MV_s\|_{L1(I^{MV})}$。MV 的性能标准是 $C^{MV}(s) = \|MV_s\|_{L1(I^{MV})}$。$C^{MV}$ 值越小，评分

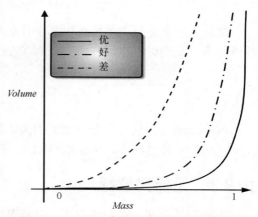

图 10-2　来自 "Mass Volume 曲线和异常排序" 的 Mass-Volume 曲线，作者 S Clemencon，巴黎高科/法国国家科研中心（CNRS），UMR LTCI 编号：5141

函数则越好。

MV 曲线的一个问题是：如果分布的支持是无限的（可能值的集合没有限制），那么曲线下面积（AUC）在 $a = 1$ 时会是发散的。

一种变通方案是：选择区间 $I^{MV}=[0.9, 0.999]$。

一种更好的变体是被定义为映射图的 Excess-Mass（EM）曲线：

$$\alpha \in (0,1) \rightarrow EM_s(\alpha) = \sup_{t \geq 0} \mathbb{P}(S(X) \geq t) - t * Leb(s \geq t, \alpha)$$

性能标准是 $C^{EM}(s) = \|EM_s\|_{L1(I^{MV})}$ 和 $I^{MV} = [0, EM_s^{-1}(0.9)]$，其中 $EM_s^{-1}(\mu) = \inf_{t>0}(EM_s(t) \leq \mu)$。$EM_s$ 现在始终都是有限的，如图 10-3 所示。

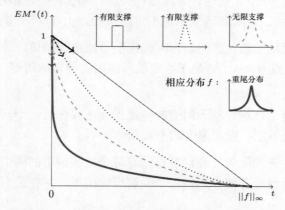

图 10-3　来自"异常排序和 Excess-Mass 曲线"的 Excess-Mass 曲线，作者 N Goix、A Sabourin 和 S Clemencon，巴黎高科/法国国家科研中心（CNRS），UMR LTCI 编号：5141

EM 曲线存在的一个问题是：大型水平集合的区间与总计支撑体积的倒数具有相同的数量级。对于具有大维度的数据集，这会是一个问题。此外，对于 EM 曲线和 MV 曲线，正态数据的分布 f 是未知的，必须进行估计。关于实用性，Lebesgue 体积可以通过蒙特卡罗逼近进行估计，该近似值只适用于小维度。

为了扩展到较大维度数据，可以沿着随机固定特征数量 d'，利用替换通过迭代方式对训练数据和验证数据进行子样本采样，以便计算 EM 或 MV 曲线的性能标准得分。只有在针对每个特征子集采样之后，才能进行替换。

最终的性能标准是通过将这些局部标准沿着不同特征图取平均值得到的，缺点是无法验证超过 d' 个特征的组合。此外，倘若想要选择使用输入数据不同视图的模型，这种特征采样允许我们估计较大维度的 EM 或 MV，并且允许对比来自不同维度空间的模型。

10.3.4　验证总结

我们已经了解了如何绘制曲线图，以及如何在有标记数据和无标记数据的情况下计算聚合测度。

本章展示了如何选择评分函数阈值的子范围，以使得聚合测度对异常检测更具有意义。对于 PR 曲线，可以设置准确率和召回率的最低要求；对于 EM 曲线或 MV 曲线，我们可以选择与较大水平集合相对应的任意区间，即使它们没有直接对应的含义。

在网络入侵示例中，我们对异常点进行评分，并将其存储到队列中以供进一步的人工检查。在该场景中，还需要考虑安全团队的处理能力。假设他们每天只能检查 50 个连接，只能对队列顶部的 50 个元素进行性能指标计算，那么即使模型能够在前 1000 个元素上达到 100%的召回率，在实际场景中也不可能检查这 1000 个元素。

这种情况在某种程度上简化了问题，因为模型自动选择阈值，该阈值给出预测异常的预期数量，与真阳或假阳无关。这是在给定最可能属于异常的顶部 N 个观测值情况下，模型能够做到的最好程度。

在交叉验证的情况下，这种基于阈值的验证指标还存在另一个问题，那就是聚合技术。有两种主要的聚合方法：微观聚合和宏观聚合。

宏观聚合是一种常见的聚合，我们可以计算每个验证组中的阈值和指标，然后对它们取平均值。微观聚合包括存储和连接每个验证组的结果，并在最后计算一个单一阈值和指标。

一方面，宏观聚合会给出稳定性测度，以及如果通过使用不同样本来扰乱系统，系统性能会发生多大变化。另一方面，宏观聚合将更多偏置引入模型估计，特别是在像异常检测这样的稀有类别中。因此，通常首选微观聚合。

10.3.5　超参数调优

根据前文完成深度神经网络的设计之后，以一系列参数调优结束本部分内容的讲解。其中的一些参数具有默认值或推荐值，无须执行代价高昂的细微调优，其他参数则严重依赖于基础数据、特定应用领域和一组其他组件。因此，找到最佳值的唯一方法是根据所需的计算验证数据组的指标进行验证，来执行模型选择。

现在列出一个可考虑调优的参数表。注意，每个程序库或框架都可能会有额外的参数以及设置这些参数的专有方式。表 10-4 源于 H2O 框架中的可调优选项，总结了创建用于生产中的深度自编码器网络时的常见参数（但并非所有参数）。

表 10-4　　　　　　　　　　　　　　　　H2O 框架中的可调优选项

参数	描述	推荐值
activation	可微激活函数	取决于数据的性质。常用函数有 sigmoid 函数、tanh 函数、rectifier（整流）函数和 maxout 激活函数，每个函数都会被映射到相应的 dropout 版本
hidden	层的大小及数量	当网络是一个自编码器时，编码和解码之间的层数总是奇数的、对称的； 大小取决于网络设计和正则化技术； 在没有正则化的情况下，编码层应该连贯性地小于前一层； 通过正则化，可以拥有比输入大小更大的容量
epochs	在训练数据集上的迭代次数	一般介于十到几百之间。根据算法的不同，它可能需要额外的轮次来收敛。如果使用提前停止，则不需要担心有太多的轮次。对于使用网格搜索的模型选择，最好保持足够小的数量（小于 100）
train_samples_per_iteration	Map/Reduce 迭代的训练样本数量	此参数仅适用于分布式学习。这在很大程度上取决于实现。H2O 提供自动调优选项。请参阅 10.2.10 小节
adaptive_rate	启用自适应学习率	每个程序库可能会有不同的策略。H2O 实现为默认的 Adadlta 算法。在 Adadelta 算法情况下，必须指定附加参数 rho（介于 0.9~0.999）和 epsilon（介于 1e-10~1e-4）。请参阅 10.2.3 小节
rate, rate_decay	学习率和衰减因子（如果不是自适应学习）	较高的学习率可能会导致模型不稳定，较低的学习率则会减慢收敛速度，合理值为 0.005。衰减因子表示学习率在层之间衰减的速率
momentum_start, momentum_ramp, momentum_stable	动量技术参数（如果不是自适应学习）	当动量起点和稳定值之间存在差距时，动量斜率将在训练样本数量中进行测量。默认值通常是一个较大值，例如 1e6
Input_dropout_ratio, hidden_dropout_ratio	训练过程中每个层要忽略的输入节点的分数	针对输入，默认值为 0（所有特征）；对于隐藏层，默认值约为 0.5
l1, l2	L1 和 L2 正则化参数	较高的 L1 值将会导致许多权值变为 0，而较高的 L2 值将会减少，但会保留大部分权值
max_w2	进入节点的平方权值之和的最大值	一个对于无边界激活函数（如 ReLU 或 Maxout）有用的参数
initial_weight_distribution	初始权值的分布	具有代表性的值是 Uniform、Normal，或者 UniformAdaptive。后者通常是首选

参数	描述	推荐值
loss	在反向传播过程中要使用的损失函数	它取决于数据的问题和性质。具有代表性的函数有交叉熵、二次函数、绝对函数、Huber 函数。请参阅 4.1.1 节
rho_sparsity, beta_sparsity	稀疏自编码器的参数	rho 是指平均激活频率，beta 是指与稀疏惩罚相关的权值

上述这些参数可以使用搜索空间优化技术进行调整。H2O 支持的两个最基本的流行技术是：网格搜索和随机搜索。

网格搜索是一种详尽的方法。每个维度都规定了可能值的有限数量，并且由笛卡儿积生成搜索空间。每一个点都以并行方式进行评估，得分最低的点会被选中。评分函数是通过验证指标来定义的。

一方面，网格搜索具有等于"维数的幂"的维度灾难；另一方面，它是高度并行的。也就是说，每个点都是可以完全并行的，并且该点的运行独立于其他点的运行。

作为选择之一，在密集搜索空间中的随机选择点可能会更加有效，并且能够通过更少的计算得到类似结果。徒劳的网格搜索尝试的次数与搜索维数呈指数关系，而搜索维数与特定数据集无关。在调优期间，并非每个参数都具有相同的重要性。随机搜索不受低重要性维度的影响。

在随机搜索中，每个参数都必须根据参数的值提供连续的或离散的分布。试验是独立于这些分布的采样点。

随机搜索的主要优点如下。

（1）可以修复预算（要探索点的最大数量，或最大允许时间）。

（2）可以设定一个收敛标准。

（3）添加不影响验证性能的参数动作不会影响效率。

（4）在调优过程中，可以在无须调整网格、无须增加尝试数量的情况下，动态地添加额外参数。

（5）如果试验由于任何原因失败，可以在不损害整个调优算法的情况下，放弃或者重启试验。

随机搜索的常见应用与提前停止有关。特别是在具有许多不同模型的高维空间中，收敛到全局最优之前的试验次数可能会很多。当学习曲线（训练）或验证曲线（调整）

变平时，提前停止将停止搜索。

此外，因为可能限制计算费用，所以可以设置这样的标准：当 RMSE 相较于最好的 5 个模型的移动平均值的提高值不到 0.0001 时，可停止搜索，但前提条件是搜索时间不超过 1h。

基于指标的提前停止与最大运行时间相结合，通常会给出最佳的折中方案。

此外，多阶段调优也很常见，在这种情况下，可以运行随机搜索来识别可能存在最佳配置的子空间，然后仅在选定子空间进行进一步的调优阶段。

此外，更先进的技术还会利用顺序算法、自适应搜索/优化算法——在该算法中，一次试验的结果会影响下一次试验的选择，并且/或者超参数会被联合优化。目前正在进行尝试预先设定超参数的可变重要性的研究。此外，对那些自动化技术难以收敛的系统而言，领域知识和手动调优也很有价值。

10.3.6 端到端评估

从业务角度来看，真正重要的是最终的端到端性能。没有利益相关者会对训练误差、参数调优、模型选择等感兴趣。重要的是在最终模型上计算关键绩效指标。评估可被视为最终的裁定。

而且，正如我们所预期的，评估一个产品不能使用单一指标。一般说来，内部仪表盘是一项不错且有效的实践，它可以构建一个能以聚合数字形式或者易于理解的可视化图表来实时报告、测量一系列产品的指标，从而一眼就能掌握整个画面的内容，并将其转化为业务中的数值。

评估阶段可以并且通常情况下确实包括与模型验证一致的方法。在前文中，我们已经了解了一些在有标记数据和无标记数据情况下进行验证的技术。那些数据可作为评估阶段的起点。

除此之外，还有以下特定的测试场景。

（1）**已知与未知检测性能**。这意味着测量已知和未知攻击下检测器的性能。可以使用这些标签来创建不同的训练数据集，有些完全没有攻击，有些只有很小的百分比；请记住，在训练数据集中有太多的异常将不利于异常的定义。我们可以测量训练数据集中异常百分比的函数中最前面 N 个元素的准确率。这将会提供一个关于显示检测器相对于过去异常和假定新奇异常的一般性程度的指标。根据正在尝试构建的内容，我们可能会对新奇异常或已知异常更加感兴趣。

（2）**相关性能**。重要的是评分刚好达到阈值或者被选入最高优先级序列，但是排名也同样重要。我们会希望最相关异常总是排在队列的最前面。在这里，可以定义不同标签的优先级并计算排名系数（如 Spearman 相关系数），或者使用一些应用于推荐系统的评估技术。后者的一个示例是用于信息检索的 k（MAP@k）处的平均准确率，以便返回文件的相关性对查询引擎评分。

（3）**模型稳定性**。在验证过程中选择最佳模型。如果以不同方式采样训练数据，或者使用稍微不同的验证数据集（包含不同类型的异常），我们会希望最好总是同一个模型，或者至少是处在所选择的前几个最佳模型当中。我们可以创建直方图来显示被选择的给定模型的频率。如果没有明显的赢家或者没有频繁候选的子集，那么模型选择就有些不稳定。每一天，都可能选择一种有利于应对新攻击但是要以损失稳定性为代价的不同模型。

（4）**攻击结果**。如果模型检测到一次得分很高的攻击，并且该攻击得到了安全分析人员的确认，那么该模型是否也能用于检测系统是否已经受损，或者系统已经恢复常态吗？测试这个问题的一种方法是：在发出警报后，立即测量异常分数的分布。将异常分数的新分布与旧分布进行比较，并测量两者之间的任何差距。一个好的异常检测器应该能够告诉我们系统的状态。评估仪表板可以将这些信息可视化，以显示上次或最近检测到的异常。

（5）**故障案例模拟**。安全分析人员可以定义一些场景并生成一些合成数据。一个企业的商业目标可能会是：能够保护自己免遭未来类型的攻击。专用性能指标可以从这个企业的人工数据集中导出。例如，到同一主机和端口的网络连接的不断增长可能会是一个**拒绝服务**（Denial of Service，DoS）攻击的迹象。

（6）**检测时间**。检测器一般会独立地对每个点进行评分。对于基于上下文和基于时间的异常，相同的实体可能会生成许多点。例如，我们打开一个新的网络连接，可以在它仍处于打开状态时开始对它进行评分，并且每隔几秒就会生成一个新的带有在不同时间间隔所收集到的特性的点。类似地，将多个顺序连接收集到一起，形成一个单独的点来评分。我们会测量检测器多久做出反应。如果第一个连接不被认为是异常的，可能在连续 10 次尝试之后，检测器就会做出反应。可以选择一个已知的异常，将其分解为按顺序增长的数据点，然后报告在多少个基于上下文的异常之后，检测器提出异常。

（7）**损害成本**。如果能够以某种方式来量化攻击所造成的损害或由于检测产生的节省成本，我们应该将该节省成本纳入最终评估。可以将上一个月或上一年的节省成本用作基准并估计未来的节省成本。如果自那时起已经部署了解决方案，希望这一结余是正值，或者如果在上一周期已部署了当前解决方案，则希望真实节省是正值。

我们会想要在一个单独的仪表板中总结所有这些信息。仪表板中的说明信息如下：异常检测器能够检测先前所看到的异常，即准确率为 76%（±5%）、平均反应时间为 10s 的异常；能够检测准确率新奇异常，即准确率为 68%（±15%）、反应时间为 14s 的异常。

系统平均每天观测到 10 个异常。考虑到每天检查 1000 个连接的能力，我们可以在队列的顶部的 120 元素中填充与 6 个异常相对应的 80%最相关检测值。其中，只有 2/10 最相关的检测值包含在本列表。然后，可以将检测值分为两个等级：第一等级立即响应前 120 个元素的检测，第二等级则处理剩下元素。针对目前模拟的失败场景，在其中的 90%的异常中，系统都会受到保护。

10.3.7　A/B 测试

到目前为止，我们只考虑了基于过去历史数据（回顾性分析）和/或基于合成数据集模拟的评估。还有一种情况是基于对未来所发生的特定失败场景的假设。仅基于历史数据的评估假定系统将始终在这些条件下运行，并且当前数据分布也会描述未来数据流。此外，任何关键绩效指标或绩效指标的评估应该是相对于基线的，如产品所有者想要证明项目的投资是合理的。假使同样的问题能以更便宜的方式解决，那将会怎么样呢？

为此，评估任何机器学习系统的唯一真理就是 A/B 测试。在对照实验中，A/B 测试是一种带有两个变体（对照和变体）的统计假设测试。A/B 测试的目标是确定两组之间的性能差异。它是一种被广泛应用于网站或广告和/或营销活动的用户体验设计的测试。在异常检测的情况下，可以将基线（最简单的基于规则的检测器）用作对照版本，将当前选择的模型用作变体候选。

下一步是要找到一个可量化投资回报的有意义评估。

投资回报将由提升量（uplift）来表示，定义如下：

$$uplift = KPI\,(variation) - KPI\,(control\,)$$

这两个关键绩效指标之间的差异量化了处理的有效性。

为了使对比更公平，必须确保两组数据的总体分布相同。需要消除由于个人选择（数据样本）所带来的任何偏差。在异常检测器的情况下，原则上，我们可以将相同的数据流应用于两个模型，但不建议这样做。通过应用一个模型，我们会影响到一个给定过程的行为。具有代表性的示例是模型首先探测到一个入侵者，并且系统会通过断开其打开连接来做出反应。一个聪明的入侵者会意识到他已被发现，并且不会再尝试连接。在这种情况下，由于第一个模型的影响，第二个模型可能永远观察不到给定的预期模式。

通过在两个不相交的数据子集上分离两个模型，确保这两个模型不会相互影响。此外，如果用例中的异常需要安全分析人员进一步调查，那么异常就不能被重复。

在这里，必须按照在数据验证中所看到的相同标准进行数据分割，无数据泄露和实体子采样。A/A 测试是可以确认两组数据是否是实际恒等分布的最后一个测试。

顾名思义，A/A 测试要在两组数据上重复使用对照版本。据预计，性能应该非常类似，提升量接近于 0。这也是性能差异的一个指标。如果 A/A 提升量不为 0，那么必须重新设计对照试验，使其更加稳定。

A/B 测试可以很好地用于测量两个模型之间的性能差异，但模型并非是影响最终性能的唯一因素。如果考虑到作为企业核心的损害成本模型，那么该模型必须准确地生成要调查的异常优先列表，并且必须要求安全分析人员善于识别、确认和应对异常。

因此，需要考虑两个因素：模型准确性和安全团队效能。我们可以将对照实验分为 A/B/C/D 测试，在控制试验中，要创建 4 个独立的模型，如表 10-5 所示。

表 10-5　　　　　　　　　　　　　　　4 个独立的模型

	基础模型	先进模型
没有来自安全小组的动作	A 组	B 组
有来自安全小组的干预	C 组	D 组

可以计算出一系列用来量化模型的准确率和安全小组效能的提升量度量。需要特别强调的是以下几个。

（1）uplift(A,B)：只有先进模型有效能。

（2）uplift(D,C)：在安全干预情况下先进模型有效能。

（3）uplift(D,A)：先进模型和安全干预都有效能。

（4）uplift(C,A)：安全干预对低准确率队列有效能。

（5）uplift(D,B)：安全干预对高准确率队列有效能。

这只是一个我们想要执行以便用数字来量化企业真正关心的一切有意义的实验和评估示例。

此外，还有一系列用于 A/B 测试的先进技术。仅列举一个流行示例，多臂老虎机算法允许读者动态地调整不同测试组的大小，以适应测试组的性能并最小化低性能组所造成的损失。

10.3.8　测试总结

总之，对于使用神经网络和标记数据的异常检测系统，我们可以做出如下定义。

（1）将模型定义为对网络拓扑结构（隐藏层的数量和大小）、激活函数、预处理和后处理转换的定义。

（2）将模型参数定义为隐藏单元权值和隐藏层的偏置。

（3）将拟合模型定义为带有参数估计值且能够将样本从输入层映射到输出层的模型。

（4）将学习算法（也称为训练算法）定义为 SGD 或其变体（HOGWILD!，自适应学习）+损失函数+正则化。

（5）训练数据集、验证数据集和测试数据集是指保持相同分布的 3 个不相交且可能独立的可用数据子集。

（6）将模型验证定义为使用来自训练数据集上拟合的模型在验证数据集上计算出的 ROC 曲线的最大 F-measure 分数。

（7）将模型选择定义为一组可能配置（1 个隐藏层或 3 个隐藏层，50 个神经元或 1000 个神经元，Tanh 函数或 sigmoid 函数，Z-scaling 或 Min/Max 正则化等）中的最佳验证模型。

（8）将超参数调优定义为使用算法和实现参数进行的模型选择扩展，参数包括学习参数（训练数据集、批量大小、学习率、衰减因子、动量……）、分布式实现参数（每次迭代的样本数）、正则化参数（L1 和 L2 中的 lambda、噪声因子、稀疏约束……）、初始化参数（权值分布）等。

（9）将模型评估（或测试）定义为最终的企业指标和验收标准，这些指标和标准是使用训练数据集和验证数据集都已拟合过的模型在测试数据集上计算而得到。一些示例是仅针对前 N 个测试样本的准确率、召回率、检测时间等。

（10）将 A/B 测试定义为模型相对于基线的评估性能的提升量，该提升量是通过在两个不同但同质的实时数据总体的子集上（对照组和变异组）计算而得到。

至此，读者应该已经明白在测试可用于生产环境的深度学习入侵检测系统时需要考虑的必不可少的最重要步骤。对于不同用例，这些技术、指标或调优参数可能会不同，但希望给出的研究方法可以为任何数据产品提供指导。

对于构建数据科学系统，有一个很好的指导和最佳实践资源——*the Professional Data Science Menifesto*——可供使用。数据科学系统具有科学上的正确性，对企业而言具有价值。建议读者围绕所列出的原则，进行阅读和推理。

10.4　部署

到本阶段，我们几乎已经完成了构建异常检测器（或者一般而言使用深度学习的数据产品）所需的所有的分析和开发工作的学习。

只剩下最后一个重要的步骤：部署。一般而言，部署会针对具体的用例和企业基础架构。本节介绍一些在数据科学生产系统中通常使用的方法。

10.4.1　POJO 模型导出

10.3 节总结了在机器学习管道中的不同实体，着重介绍了模型、拟合模型、学习算法的定义以及区别。在训练、验证和选择最终模型之后，我们便有了可供使用的最终拟合版本。在测试阶段（A/B 测试除外），通常只对在训练模型的机器中的历史数据进行评分。

在企业架构中，通常有一个数据科学集群，可在其中构建模型，以及在其中部署和使用已拟合模型的生产环境。

一种常见的导出一个已拟合模型的方法是（Plain Old Java Object，POJO）。POJO 的主要优点是，它可以很容易地集成到 Java 应用程序中，并被安排在特定数据集上运行，或者被部署进行实时评分。

H2O 允许我们以编程方式提取一个拟合模型，或者从 Flow Web UI 中提取，本书不涉及从 Flow Web UI 中提取。

如果模型是拟合模型，我们可以通过运行以下代码，将该模型保存为指定路径中的 POJO 压缩包：

```
model.download_pojo(path)
```

POJO 压缩包内包含基类 `hex.genmodel.easy.EasyPredictModelWrapper` 的独立运行的 Java 类，该类不依赖于训练数据或者整个 H2O 框架，只依赖于定义 POJO 接口的 `h2o-genmodel.jar` 文件。POJO 压缩包可以在 JVM 中运行的任何类中进行读取和使用。

POJO 对象包含与 H2O 中所使用的模型 id（`model.id`）相对应的模型类名，并且用于异常检测的模型类别是 `hex.ModelCategory.AutoEncoder`。

来自 h2ostream 邮件列表的 Roberto Rösler 通过实现其自有版本的 `Autoencodel Prediction` 类，解决了这个问题：

```
public class AutoEncoderModelPrediction extends AbstractPrediction {
  public double[] predictions;
  public double[] feature;
  public double[] reconstrunctionError;
  public double averageReconstructionError;
}
```

并且修改了 `EasyPredictModelWrapper` 类中的 `predictAutoEncoder` 方法，具体如下：

```
public AutoEncoderModelPrediction predictAutoEncoder(RowData data)
throws PredictException { double[] preds =
preamble(ModelCategory.AutoEncoder, data);
  // save predictions
  AutoEncoderModelPrediction p = new AutoEncoderModelPrediction();
  p.predictions = preds;
  // save raw data
  double[] rawData = new double[m.nfeatures()];
  setToNaN(rawData);
  fillRawData(data, rawData);
  p.feature = rawData;
  //calculate and reconstruction error
  double[] reconstrunctionError = new double [rawData.length];
  for (int i = 0; i < reconstrunctionError.length; i++) {
  reconstrunctionError[i] = Math.pow(rawData[i] - preds[i],2); }
  p.reconstrunctionError = reconstrunctionError;
  //calculate mean squared error
  double sum = 0; for (int i = 0; i < reconstrunctionError.length;
  i++) {
    sum = sum + reconstrunctionError[i];
  } p.averageReconstructionError =
    sum/reconstrunctionError.length;
  return p;
  }
```

定制修改的 API 将公开一个方法，用以检索每个预测行上的重建误差。

为了使 POJO 模型起作用，我们必须指定在训练期间所使用的相同数据格式。数据应该加载到 hex.genmodel.easy.RowData 对象中，其中，这些对象仅仅是 java.util. Hashmap<String, Object>的示例。

在创建 RowData 对象时，我们必须确保以下几点。

（1）使用相同的 H2OFrame 列名和类型。对于分类列，必须使用字符串；对于数值列，可以使用 Double 或 String 类型。不同的列类型不被支持。

（2）对于分类特征，除非明确将模型封装器中的 convertUnknownCategorical LevelsToNa 设置为 true，否则这些值必须属于用于训练的同一集合。

（3）可以指定额外的列，但额外的列会被忽略。

（4）任何缺失的列将被视为不适用（默认）。

（5）相同的预处理转换也应该应用于数据。

最后一个要求可能是最棘手的。如果机器学习管道是由一系列转换器组成的，那么必须在部署中完全复制这些转换器。因此，只有 POJO 类是不够的，除了 H2O 神经网络，还应该转换管道中所有剩余的步骤。

下面是一个关于 Java 主方法的示例，该方法会读取一些数据，并针对所导出的 POJO 类进行评分：

```java
import java.io.*;
import hex.genmodel.easy.RowData;
import hex.genmodel.easy.EasyPredictModelWrapper;
import hex.genmodel.easy.prediction.*;

public class main {
  public static String modelClassName = "autoencoder_pojo_test";

  public static void main(String[] args) throws Exception {
    hex.genmodel.GenModel rawModel;
    rawModel = (hex.genmodel.GenModel)
    Class.forName(modelClassName).newInstance();
    EasyPredictModelWrapper model = new
    EasyPredictModelWrapper(rawModel);

    RowData row = new RowData();
    row.put("Feature1", "value1");
    row.put("Feature2", "value2");
    row.put("Feature3", "value3");

    AutoEncoderModelPrediction p = model.predictAutoEncoder(row);
    System.out.println("Reconstruction error is: " +
    p.averageReconstructionError);
  }
}
```

我们已经了解了如何将 POJO 模型示例化为 Java 类，以及如何使用它对模拟数据点进行评分。我们可以改写该代码，将其集成到现有企业的基于 JVM 的系统中。如果将其集成到 Spark 环境中，可以简单地将例子主类中实现的逻辑封装到函数中，并从 Spark 数据集合的映射方法中调用它。只需将模型的 POJO 压缩包加载到做出预测的 JVM 中。另外，如果企业的 IT 技术堆栈是基于 JVM 的，那么就会存在几个应用入口点，例如 hex.genmodel.PredictCsv 类。它允许我们指定一个 CSV 文件作为输入文件和一个存储输出的路径。由于在 Easy API 中尚不支持 AutoEncoder 类，因此必须根据之前所看到的自定义补丁修订 PredictCsv 主函数类。另一个架构可能像这样：使用 Python 创建模型，为生产环境部署一个基于 JVM 的应用。

10.4.2 异常得分 API

将模型导出为 POJO 类是一种在现有 JVM 系统中以编程方式包含模型的方法，这与导入外部库的方式非常相似。

在许多其他情况下，例如在微服务架构中或基于非 JVM 的系统中，使用自包含 API 可以更好地进行集成。

通过附加到 HTTP 请求内、指定要评分的行数据的 JSON 对象，H2O 提供了在 REST API 中包装可调用的经训练的模型的功能。REST API 背后的后端实现能够执行 Python H2O API 的一切操作，包括前期处理和后期处理。

REST API 可通过以下方式进行访问：任何使用简单插件的浏览器，如 Postman；curl 工具——最流行的客户端 URL 传输工具之一；任何可选语言——REST API 是完全语言无关的。

尽管使用了 POJO 类，但是 H2O 所提供的 REST API 依赖于 H2O 集群的一个运行示例。读者可以在运行示例提供的 `http://hostname:54321` 链接中访问 REST API，链接中需加上版本号（最新版本为 3）和资源路径。例如访问链接 `http://hostname:54321/3/Frames`，结果会返回所有帧的列表。

REST API 支持 5 个动词或方法：GET、POST、PUT、PATCH 和 DELETE。GET 方法用于无副作用的读取资源；POST 方法用于创建新资源；PUT 方法用于更新和完全替换现有资源；PATCH 方法用于修正现有资源的一部分；DELETE 方法用于删除资源。H2O REST API 不支持 PATCH 方法，并且添加一个名为 HEAD 的新方法。HEAD 方法类似于 GET 请求，但只返回 HTTP 状态，可在不加载资源的情况下，检查资源是否存在。

H2O REST API 中的端点可以是 Frames、Models 或 Clouds，它们是与 H2O 集群中节点状态相关的信息片段。

每个端点都会指定自己的负载和模式。

H2O 在 Python 模块中针对所有 REST 请求提供一个连接处理程序：

```
with H2OConnection.open(url='http://hostname:54321') as hc:
 hc.info().pprint()
```

hc 对象有一个名为 request 的方法，可以用来发送 REST 请求：

```
hc.request(endpoint='GET /3/Frames')
```

可以使用参数 data（x-www 格式）或 json（JSON 格式）并指定键-值对的字典来添加 POST 请求的数据负载。通过指定映射到本地文件路径的 filename 参数，可以上传文件。

在当前阶段下，无论是使用 Python 模块，还是任何 REST 客户端，为了上传数据并获得模型评分，都必须执行以下步骤。

（1）通过使用 ImporFilesV3 模式，导入读者想要使用 POST/3/ImportFiles 进行评分的数据，包括加载数据的远程路径（通过 HTTP、S3 协议或其他协议）。相应的目标帧名称将是文件路径：

```
POST/3/ImportFiles HTTP/1.1
Content-Type: application/json
{ "path" : "                                                " }
```

（2）猜测解析参数。服务返回一系列从数据推断出的参数，用于最终的解析（我们可以跳过这一步骤，并手动指定那些参数）：

```
POST /3/ParseSetup HTTP/1.1
Content-Type: application/json
{ "source_frames" : "                                        " }
```

（3）根据解析参数进行解析：

```
POST /3/Parse HTTP/1.1
Content-Type: application/json
{ "destination_frame" : "my-data.hex" , source_frames : [ "
                                      " ] , parse_type : "CSV" , "number_
of_columns" : "3" , "columns_types" : [ "Numeric", "Numeric",
"Numeric" ] , "delete_on_done" : "true" }
```

（4）从响应中获取工作名，轮询以完成数据导入：

```
GET /3/Jobs/$job_name HTTP/1.1
```

（5）当返回状态为完成时，我们可以执行以下代码来运行模型评分：

```
POST /3/Predictions/models/$model_name/frames/$frame_name HTTP/1.1
Content-Type: application/json
{ "predictions_frame" : "$prediction_name" , "reconstruction_
error" : "true" , "reconstruction_error_per_feature" : "false" ,
"deep_features_hidden_layer" : 2 }
```

（6）在解析完结果后，我们可以删除输入帧和预测帧：

```
DELETE /3/Frames/$frame_name

DELETE /3/Frames/$prediction_name
```

让我们来分析预测 API 的输入和输出。reconstruction_error、reconstruction_error_per_feature 和 deep_features_hidden_layer 是自编码器模型的特定参数，并且决定了输出中所包含的内容。输出是一个 model_metrics 类型的数组，对

于自编码器，包含以下几项。

（1）**MSE**：预测的均方误差。

（2）**RMSE**：预测的均方根误差。

（3）**scoring_time**：自本次评分运行开始以来训练数据集的时间（单位：ms）。

（4）**prediction**：包含所有预测行的帧。

10.4.3　部署总结

我们已经看到了导出和部署一个经训练的模型的两个选择：将模型作为 POJO 导出，并将其集成到基于 JVM 的应用程序中；或者使用 REST API 来调用一个模型——该模型已经加载到运行中的 H2O 示例内。

通常，使用 POJO 是一个更好的选择，因为它不依赖于运行中的 H2O 集群环境。因此，可以使用 H2O 来构建模型，然后将该模型部署到任何其他系统上。

如果想要实现更多的灵活性，并且如果只要 H2O 集群在运行就能够在任何时候生成来自任何客户的预测的话，那么 REST API 将是有帮助的。不过与 POJO 部署相比，该过程需要多个步骤。

另一种推荐架构是使用导出的 POJO 并利用框架（例如用于 Java 的 Jersey 以及 Play 或 akka-http 框架，如果读者偏爱 Scala 的话）将其封装进 JVM REST API 中。构建自己的 API 意味着可以通过编程方式定义要接受输入数据的方法，以及要在单个请求中返回什么作为输出。构建自己的 API 与 H2O 中的多个步骤相对应。此外，REST API 可以是无状态的。也就是说，读者不必将数据导入帧中后再删除它们。

最后，如果希望基于 POJO 的 REST API 能够被轻松地移植和部署到任何地方，建议使用 Docker 将其封装进一个虚拟容器中。Docker 是一个开放源码框架，其允许将一个软件封装到完整文件系统中，该文件系统中包含着要运行的代码、运行时间、系统工具、库和其他需要安装的所有一切。通过这种方式，可以获得一个轻量级容器，该容器在每个环境中始终运行相同的服务。

容器化的 API 可以很容易地发布和部署到生产服务器上。

10.5　小结

在本章中，我们经历了一场将神经网络转变为入侵检测数据产品的漫长的优化、调整、测试策略和工程实践之旅。

我们特别定义了可从原始数据中提取数值并返回可操作知识（作为输出）的数据产品（作为系统）。我们了解了训练深度神经网络的一些更快速、使其可扩展并且更具健壮性的优化。通过权值初始化，我们解决了早期饱和的问题。通过随机梯度下降的并行多线程版本以及 Map/Reduce 中的分布式，我们实现了可扩展性。我们还了解了 H2O 如何通过 Sparkling Water 利用 Apache Spark 作为计算后端的架构。

此后，我们讨论了测试的重要性以及模型验证和完全端到端评估之间的差异。一方面，模型验证可用于拒绝或接受给定模型，也可用于选择最佳性能模型，还可用于超参数调优；另一方面，端到端评估可以更加全面地量化完整解决方案是如何解决实际业务问题的。

终于，我们完成了最后一步，即把经测试的模型导出为 POJO 对象，或者通过 REST API 将其转换为服务的形式，将经测试的模型直接部署到生产环境中。

本章总结了构建健壮机器学习系统和更深神经网络架构方面的一些经验，希望读者根据每个实际用例，将所有这些经验用于进一步开发和制订解决方案。